国家精品课程配套教材

21世纪高等学校计算机规划教材
21st Century University Planned Textbooks of Computer Science

单片机基础实验、课程设计与习题解答（第2版）

MCU Basic Experiment, Course Design and Problem Solving (2nd Edition)

张毅刚◎主编

魏德宝 彭喜元◎副主编

名家系列

人民邮电出版社
北京

图书在版编目（CIP）数据

单片机基础实验、课程设计与习题解答 / 张毅刚主编. -- 2版. -- 北京：人民邮电出版社，2020.8（2021.1重印）
21世纪高等学校计算机规划教材
ISBN 978-7-115-52381-5

Ⅰ. ①单… Ⅱ. ①张… Ⅲ. ①单片微型计算机－高等学校－教学参考资料 Ⅳ. ①TP368.1

中国版本图书馆CIP数据核字(2019)第248541号

内 容 提 要

本书为8051单片机课程实践教学环节的辅助教材，列出的22个基础实验题目和87个课程设计题目可作为实验和课程设计实践教学环节的作业题目，也可作为课后综合性设计训练的大作业题目，这些题目涵盖了8051单片机课程的基本内容。

本书同时还给出了有关8051单片机教材各章的习题与参考解答，以及16套试题及其参考答案，作为课后巩固单片机课程的基本知识点和基本原理之用。

本书可作为各高校与职业技术学院单片机课程的基础实验和课程设计环节的教材，也可作为广大工程技术人员学习、掌握单片机系统的参考资料。

◆ 主　　编　张毅刚
副 主 编　魏德宝　彭喜元
责任编辑　邹文波
责任印制　王　郁　陈　犇

◆ 人民邮电出版社出版发行　　北京市丰台区成寿寺路11号
邮编　100164　电子邮件　315@ptpress.com.cn
网址　https://www.ptpress.com.cn
北京鑫正大印刷有限公司印刷

◆ 开本：787×1092　1/16
印张：14.25　　　　　　　2020年8月第2版
字数：376千字　　　　　　2021年1月北京第2次印刷

定价：45.00元
读者服务热线：(010)81055256　印装质量热线：(010)81055316
反盗版热线：(010)81055315
广告经营许可证：京东市监广登字20170147号

前　言

　　单片机课程是一门对实践环节要求较高且与实际应用密切结合的课程，把实践环节与课堂讲授有机地结合起来，使学生具有较强的软硬件设计与调试能力和实际动手能力，是课程教学的主要目的。本书为 8051 单片机课程实践教学环节的辅助教材，列出的 22 个基础实验题目和 87 个课程设计题目，可作为实验和课程设计实践教学环节的作业题目，也可作为课后综合性设计训练的大作业题目。这些题目也是我校近年来的课程教学中，学生所完成的基础实验、课程设计以及大作业题目的积累与总结，涵盖了 8051 单片机课程的基本内容。

　　本书同时还给出了有关 8051 单片机教材各章的习题与参考解答，以及 16 套试题及其参考答案，作为课后巩固单片机课程的基本知识点和基本原理之用。

　　本书为编者负责的国家精品课程深入教学改革与课程建设的部分内容，同时也是哈尔滨工业大学教学方法与考试方法改革项目的研究内容。教学改革实践证明，在基础实验与课程设计（或大作业）教学环节中，给学生布置一定数量的基础实验题目与课程设计的题目，让他们尽量独立完成且虚拟仿真通过，或在硬件实验系统验证通过，对学生巩固基本知识点以及提高实际设计调试能力确实很有益处。

　　全书共分 4 章。

　　第 1 章介绍了 22 个单片机课程的基础实验题目，这些题目可根据课程的教学内容部分完成或全部完成，既可采用虚拟仿真也可采用在实际的应用系统硬件上运行通过。

　　第 2 章为 87 个单片机课程设计的题目。

　　第 3 章介绍单片机教材的各章习题与参考解答。

　　第 4 章为单片机课程的 16 套试题及其参考答案。

　　无论是基础实验题目，还是课程设计题目，当虚拟仿真通过后，若有条件最好能在单片机硬件实验系统（如广州风标电子的 E 型模块化的实验系统）进行验证通过，也可不通过虚拟仿真，直接在单片机硬件实验系统验证通过。

　　在本书出版之际，特别感谢广州风标电子有限公司总经理匡载华先生为本书的编写与出版给予的大力支持和帮助，十分感谢广州风标电子有限公司提供的技术资料、网络版的 Proteus 仿真实验平台以及与其配套的 E 型模块化实验装置。

　　本书由哈尔滨工业大学电气工程及自动化学院张毅刚教授担任主编，魏德宝讲师、彭喜元教授担任副主编。

　　由于时间仓促，书中难免存在错误及疏漏之处，敬请读者批评指正，并请与人民邮电出版社（邮箱：zouwenbo@ptpress.com.cn）或编者本人联系（邮箱：zyg@hit.edu.cn）。

　　本书可作为各高校与职业技术学院单片机课程的基础实验和课程设计环节的教材，也可作为广大工程技术人员学习、掌握单片机系统的参考资料。

　　特别说明： 为保持本书的实用性，书中电路图的元器件符号及管脚等尽量保持与 Proteus 环境中的一致，某些标注可能与国标并不一致。

编者

2020 年 6 月于哈尔滨工业大学

目　录

第1章
基础实验题目

本章共列出了 22 个基础实验题目及其要求。基础实验是用来巩固课堂讲授内容的综合性小实验，读者可根据课堂教授的内容来选择所做的实验。读者可运行电路原理图文件来查看本实验的硬件电路设计以及实验的虚拟仿真运行结果，便于深入理解实验的要求，以便设计电路原理图或正确编写程序来完成实验要求。当然读者如果不看电路原理图文件，自己独立设计出电路原理图和程序且调试通过，那么效果将会更好。

实验既可在 Proteus 环境下仿真通过，也可在相应的硬件实验系统（如广州风标电子开发的 E 型或 F 型模块化实验装置）上验证通过。

实验 1　单片机 I/O 口实验——LED 流水灯

一、实验要求

利用单片机及 8 个 LED 发光二极管等器件，制作一个单片机控制的流水灯系统。

单片机的 P2.0～P2.7 引脚接有 8 个发光二极管。运行程序时，单片机控制 8 个发光二极管进行流水灯操作，流水灯从上到下依次点亮，反复循环。

原理电路如图 1-1 所示。

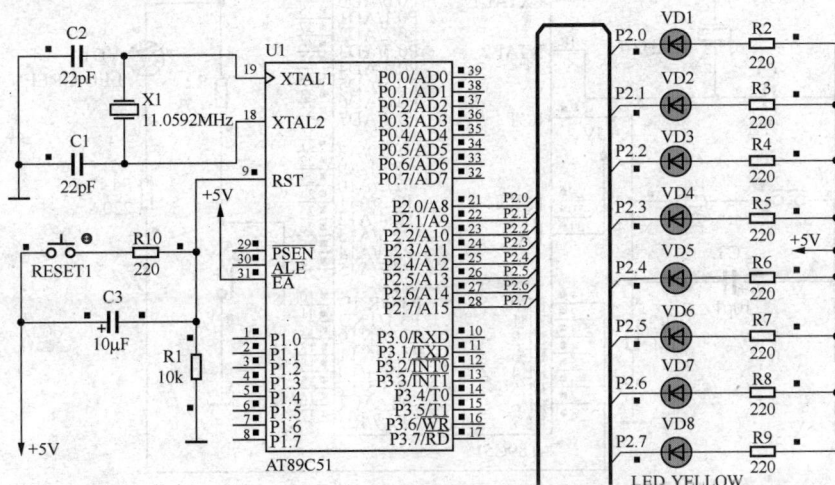

图 1-1　单片机控制的流水灯原理电路

二、实验目的

1. 掌握单片机最小系统的构成。
2. 掌握 I/O 口的使用，以及如何控制 I/O 口来驱动 LED 发光二极管。
3. 掌握移位和软件延时程序的编写。

三、知识点

单片机最小系统的构成、单片机 I/O 口的使用以及软件延时程序的编写。

1. 单片机最小系统由单片机芯片、时钟电路以及复位电路构成。
2. 单片机对 I/O 口的控制。
3. 延时子程序的编写及延时计算。

四、实验的改进

对本实验进行改进，增加一个按键接到某 I/O 口线，按一下可实现流水灯的停止显示，再按一下又可实现流水灯的重新显示。

实验 2　单片机 I/O 口实验——模拟开关灯

一、实验要求

利用单片机、按钮开关和发光二极管，构成一个模拟开关灯的系统。

单片机 P3.0 引脚接开关，P1.0 引脚接发光二极管的阴极。当开关闭合时，发光二极管亮；开关打开时，发光二极管灭。

原理电路如图 1-2 所示。

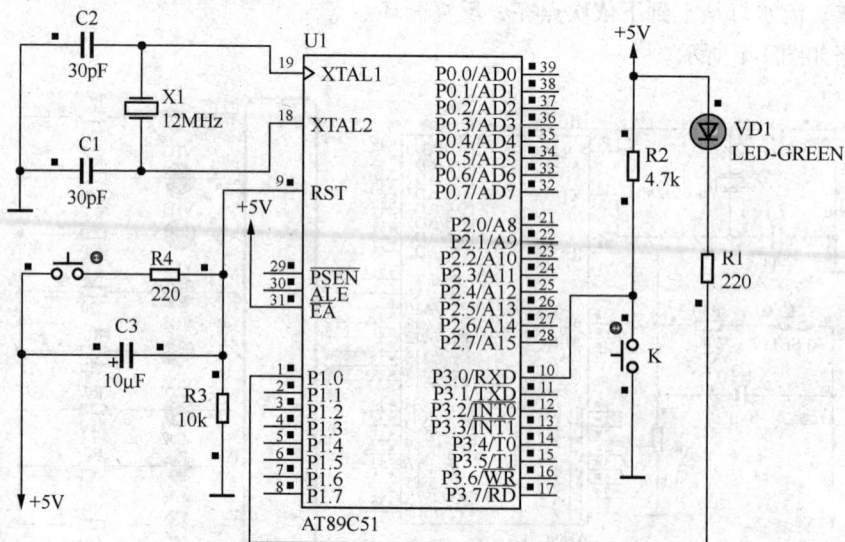

图 1-2　单片机模拟开关灯原理电路

二、实验目的

1. 了解单片机 I/O 口输入/输出的使用。
2. 掌握单片机 I/O 口位操作的编程。
3. 掌握简单的分支程序的设计。

三、知识点

1. 开关状态的检测

单片机的 P3.0 引脚接有 1 个按钮开关 K，单片机对开关 K 状态的检测就是检测单片机的 P3.0 引脚的输入电平，只有高、低电平两种。当开关 K 闭合时，P3.0 引脚输入为低电平；当开关 K 打开时，P3.0 引脚输入为高电平。

2. 输出控制

使用共阳极发光二极管，阳极接+5V，阴极接 P1.0 引脚。当 P1.0 引脚输出高电平，即 P1.0=1 时，发光二极管 VD1 熄灭；当 P1.0 引脚输出低电平，即 P1.0=0 时，发光二极管 VD1 亮。

实验 3　单个外部中断实验

一、实验要求

单片机的外中断输入引脚 $\overline{\text{INT0}}$（或 $\overline{\text{INT1}}$）接一个按键开关，产生外部中断请求；通过 P1 口连接的 8 个 LED 发光二极管的状态，来反映中断程序的作用。原理电路如图 1-3 所示。

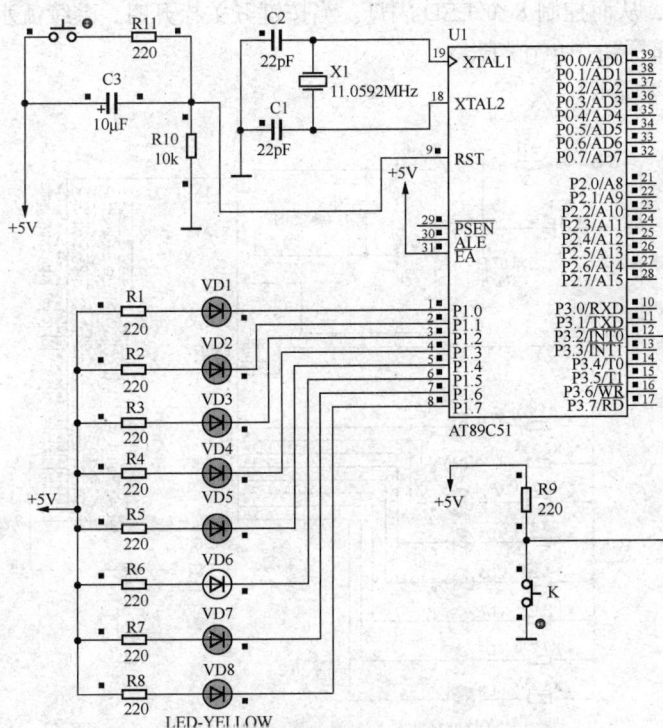

图 1-3　单个外部中断实验原理电路

中断未发生时，P1 口连接的 8 个 LED 为闪烁状态，当按键开关 K 按下，即外中断请求产生时，8 个 LED 呈现流水灯操作。按键开关松开，8 个 LED 为闪烁状态。

二、实验目的

1. 理解外部中断源、中断请求、中断标志、中断入口等概念。
2. 掌握中断程序的设计方法。

三、知识点

有关外部中断的响应过程。
1. 外部中断请求的产生与响应。
2. 堆栈的概念。
3. 中断响应的过程：保护断点、装入中断入口地址、保护现场、执行中断服务程序、恢复现场、返回断点、继续执行原来的程序。

实验 4　中断嵌套实验

一、实验要求

本实验使用了一个外部中断和定时器中断，通过 P1 口连接的 8 个发光二极管显示中断的作用。

外部中断未发生时，即引脚 $\overline{INT0}$ 的按键开关没有按下时，系统通过定时器定时中断的方法，使 LED 为流水灯操作；当有外部中断产生，即引脚 $\overline{INT0}$ 的按键开关 K 按下时，外部中断 $\overline{INT0}$ 打断定时器定时中断，从而控制 8 个 LED 闪烁。当按键开关松开时，继续流水灯的操作。本实验体现了外部中断对定时器的中断嵌套。

原理电路如图 1-4 所示。

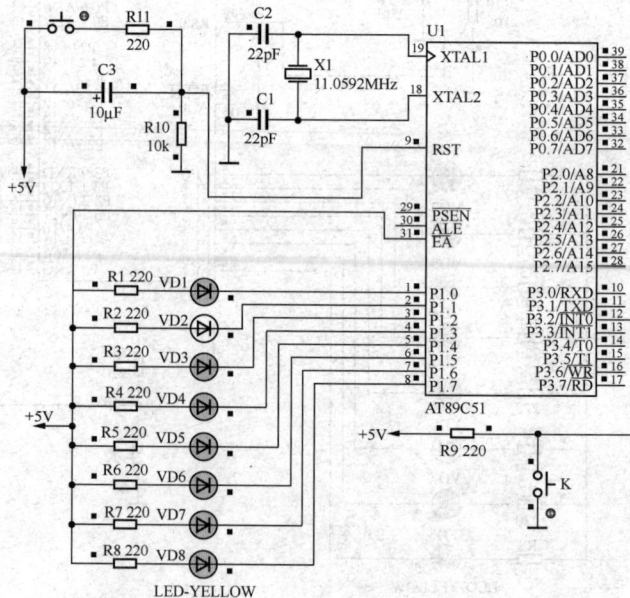

图 1-4　中断嵌套实验原理电路

二、实验目的

了解中断嵌套及中断优先级的概念，掌握同时使用定时器中断与外部中断的编程方法。

三、知识点

中断优先级的概念。在中断响应时，高优先级可以打断低优先级的中断服务，形成中断嵌套。中断优先级的设置。

实验 5　定时器实验

一、实验要求

利用片内定时器/计数器来定时，定时时间间隔为 1s。单片机的 P1.0 引脚接 1 个发光二极管，控制发光二极管闪烁，时间间隔 1s。

原理电路如图 1-5 所示。

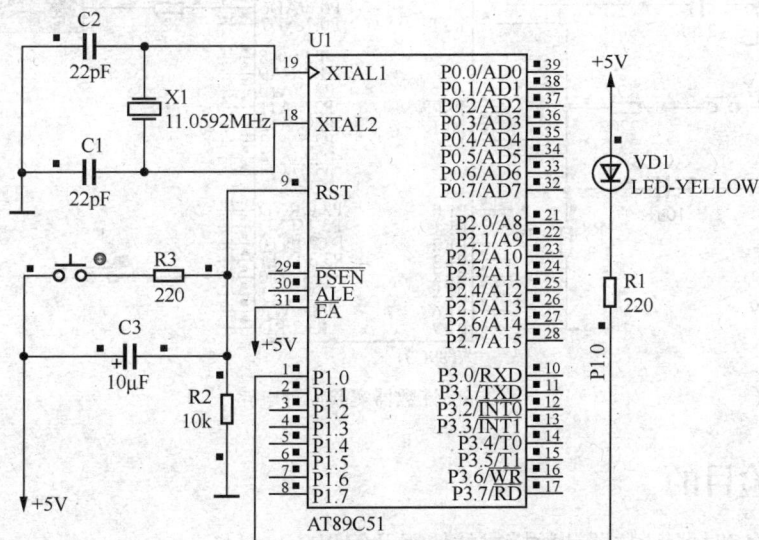

图 1-5　定时器实验原理电路

二、实验目的

掌握单片机定时器/计数器定时模式的使用及编程。

三、知识点

定时器的初始化编程，主要是设置定时常数和有关的特殊功能寄存器。本例使用的是定时器模式，即定时中断，实现每秒单片机的 P1.0 引脚输出状态发生一次翻转，即发光二极管每秒亮一次。

内部计数器用于定时器时，是对机器周期计数，可根据单片机的时钟频率算出机器周期，再计算出定时时间，从而得出定时时间常数。

实验 6   计数器实验

一、实验要求

利用单片机内定时器/计数器 T0 的计数器模式，对 T0 引脚（P3.4 引脚）上的按键开关 K 按下的次数进行计数。

按一下按键开关 K 产生一个计数脉冲，将脉冲个数（10 个以内）在 P1 口驱动的 LED 数码管上显示出来。例如，按第 1 下，LED 数码管显示 1；按第 2 下，显示 2……按第 10 下，显示 0。

原理电路如图 1-6 所示。

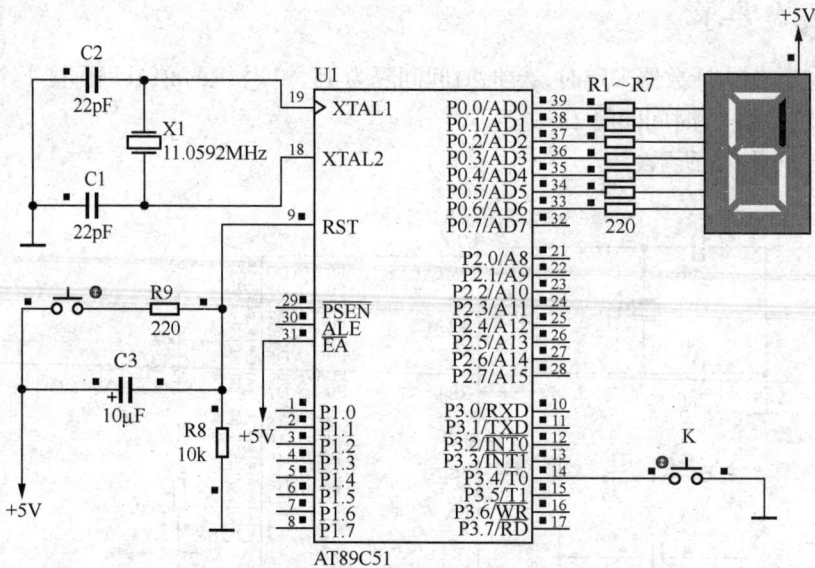

图 1-6   计数器实验原理电路

二、实验目的

掌握单片机定时器/计数器计数模式的使用及编程。

三、知识点

本实验涉及单片机内定时器/计数器 T0 的 2 种工作模式和 4 种工作方式；对定时器/计数器进行初始化以及计数与显示的编程；T0 引脚作为外部计数脉冲的输入。

实验 7   串行口方式 0 扩展并行输出口实验

一、实验要求

利用单片机的串口方式 0 外接移位寄存器 74LS164，从而利用串行口方式 0 来扩展并行输出口。74LS164 的输出控制 8 个 LED，利用它串行输入并行输出的功能，先实现向上流水灯操作 2 次，再实现向下流水灯操作 2 次，最后实现跑马灯闪烁 2 次，然后再重复刚才的过程，如此循环。

原理电路如图 1-7 所示。

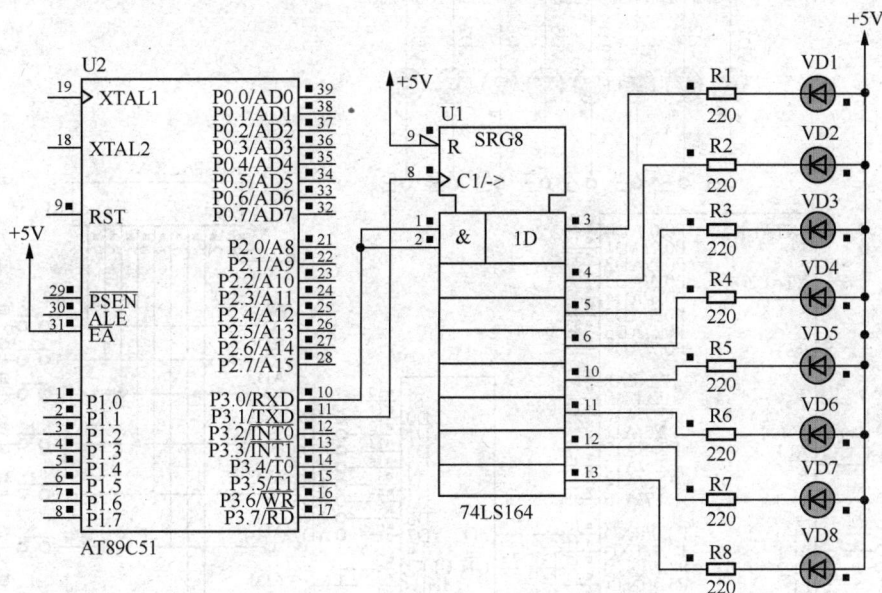

图 1-7　串行口方式 0 扩展并行输出口实验原理电路

二、实验目的

1. 理解串行通信和并行通信的含义。
2. 了解 74LS164 的工作原理，理解串行转并行的工作原理。
3. 掌握单片机串行口扩展并行输出口的工作原理。

三、知识点

单片机串行口方式 0 输出、利用串行口方式 0 输出扩展并行输出口的原理、74LS164 的工作原理。

实验 8　串行口方式 0 扩展并行输入口实验

一、实验要求

利用 74LS165、8 个按键、8 个 LED 和单片机串行口方式 0 输入，实现并行输入转串行输入。本实验实质上是利用单片机串行口方式 0 输入扩展一个 8 位并行输入的 I/O 口。

74LS165 的输入端接 8 个按键，单片机的 P1 口控制 8 个 LED 的亮灭。只要按下 8 个按键开关中的任意一个，就可以把 8 个灯中对应的那一个 LED 点亮。

由本实验可看出，单片机串行口方式 0 输入扩展 74LS165，使得单片机与 74LS165 之间只用 3 条线，就可实现扩展一个 8 位并行输入的 I/O 口。

原理电路如图 1-8 所示。

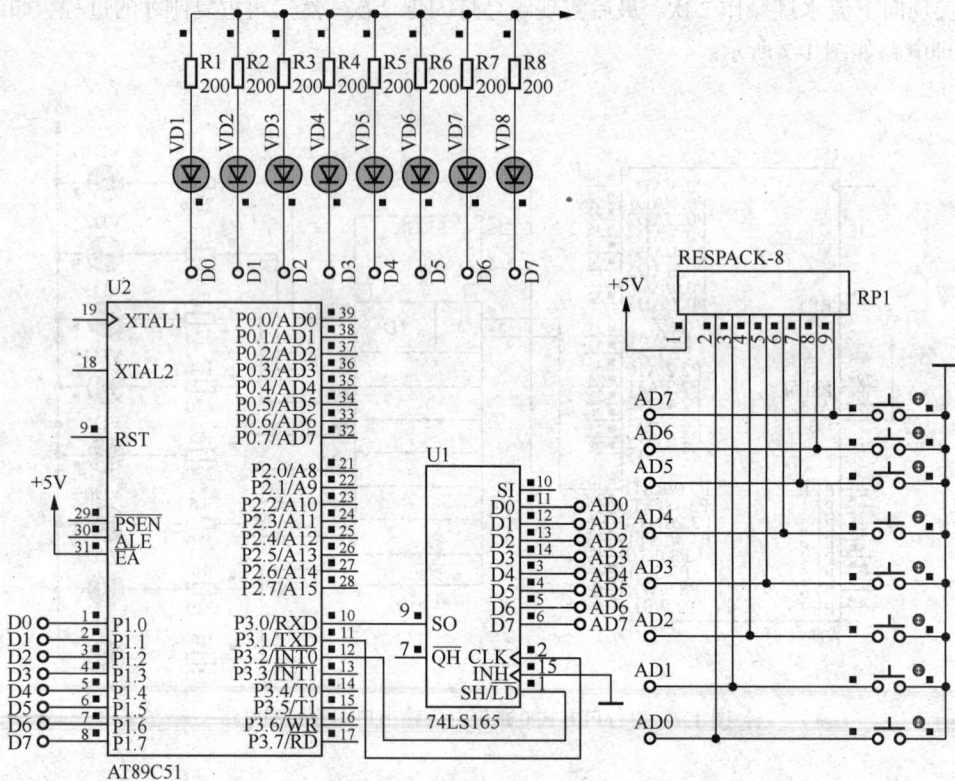

图 1-8　串行口方式 0 扩展并行输入口实验原理电路

二、实验目的

1. 掌握串口用于并行口扩展的输入的编程。
2. 理解掌握 74LS165 的工作原理。

三、知识点

单片机串行口方式 0 扩展并行输入口的工作原理、74LS165 的工作原理、单片机串行口方式 0 输入的编程。

实验 9　双单片机串行通信实验

一、实验要求

使用 2 个 12 键的键盘和 4 个 LED 数码管，进行 2 个单片机串口全双工串行通信实验。

用键盘输入要发送的数据，并在本机的 LED 数码管显示；利用外部中断使 2 片单片机同时发送，即全双工方式；单片机接收到的数据在对方的 LED 数码管上显示。以上说明对两个单片机都有效。

键盘 KEYPAD1 输入要串行发送的数字信息，单片机 U1 连接的 VD2 显示输入数字，单击开关按键 K，VD4 显示该字符，表示单片机 U2 收到并显示。

　　键盘 KEYPAD2 输入要串行发送的数字信息，单片机 U2 连接的 VD3 显示输入数字，单击开关按键 K，VD1 显示该字符，表示单片机 U1 收到并显示。

　　可分别从两个键盘输入要发送的数字信息，单击开关按键 K，双方各自收到对方的数字信息。

　　原理电路如图 1-9 所示。

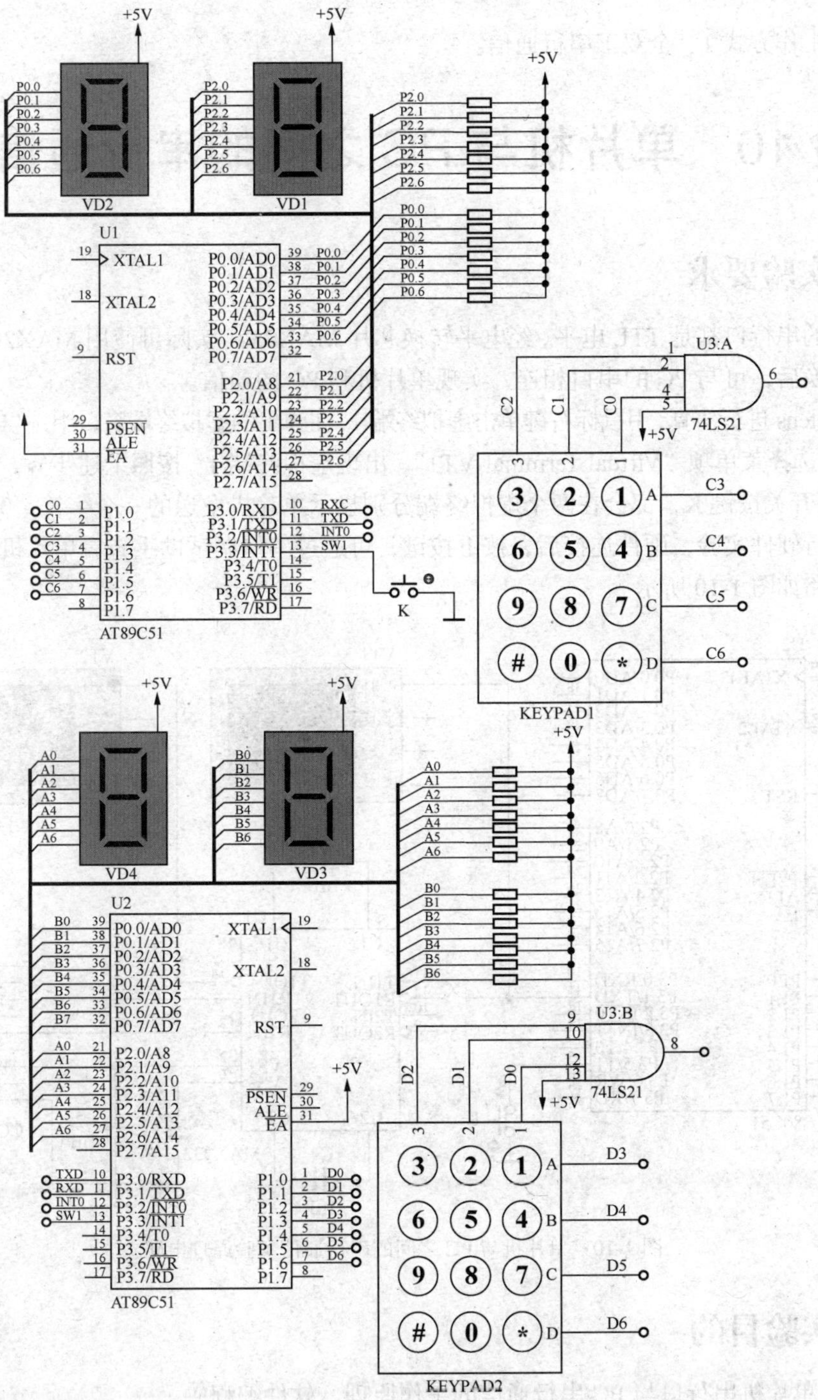

图 1-9　双单片机串行通信实验原理电路

二、实验目的

掌握双机全双工串行通信的工作原理，同时编程处理单片机监测键盘的输入以及 LED 数码管的显示。

三、知识点

串行口工作方式 1、全双工串行通信。

实验 10 单片机与 PC 之间的串行通信实验

一、实验要求

单片机的串行口都是 TTL 电平，经电平转换芯片 MAX232（实际可使用 MAX202，二者兼容）进行电平转换后，可与 PC 的串口相连，实现单片机和 PC 的通信。

启动 Proteus 进行仿真，用鼠标右键单击虚拟终端 1，在弹出的虚拟终端窗口中选 "HEX DISPLAY MODE"，再选择菜单项 "Virtual Terminal-VT1"，出现虚拟终端 1。按照上述步骤，出现虚拟终端 2。每次按下开关按键 K，都会在两个虚拟终端分别显示单片机发送的一个字符 "01"。

如果进行硬件实验，硬件连接后，按下按键，可通过串口调试助手查看单片机发送的字符。

原理电路如图 1-10 所示。

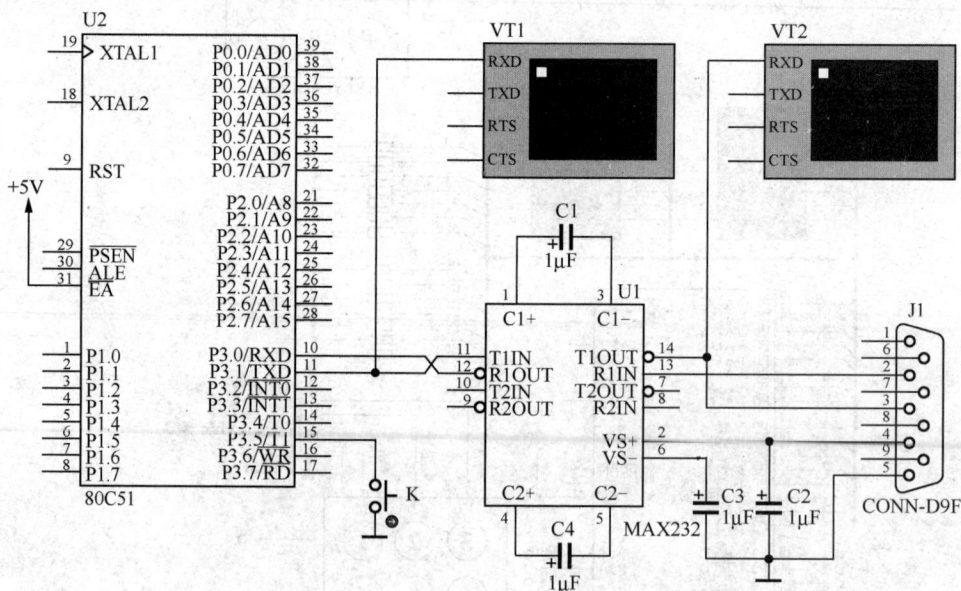

图 1-10 单片机与 PC 之间的串行通信实验原理电路

二、实验目的

1. 掌握单片机串行口与 PC 串行通信的工作原理、软件编程。

2. 了解并掌握 Proteus 虚拟终端的使用。

3. 如果进行实际硬件连接，则了解并掌握 PC 超级终端（串口调试助手）和 RS-232 标准。

三、知识点

MAX232 工作原理和 Proteus 虚拟终端的使用。在简单的应用中，最常用的是 MAX232 电路。它只需要 3 条线即可完成通信，分别接第 2 脚 RXD、第 3 脚 TXD 和第 5 脚 GND。由于 PC 串行通信的电平逻辑定义是+15V（高电平 1）和−15V（低电平 0），而单片机中分别用 5V、0V 来表示 1、0，因此 PC 与单片机之间必须通过电平转换芯片 MAX232 进行电平转换，才能进行串行通信。

实验 11　独立式键盘实验

一、实验要求

使用单片机、8 个按键以及 8 个 LED 指示灯构成独立式键盘系统。

单片机接有 8 个按键与 8 个 LED 指示灯，按下 8 个按键中的任意一个，即可点亮对应的指示灯。

原理电路如图 1-11 所示。

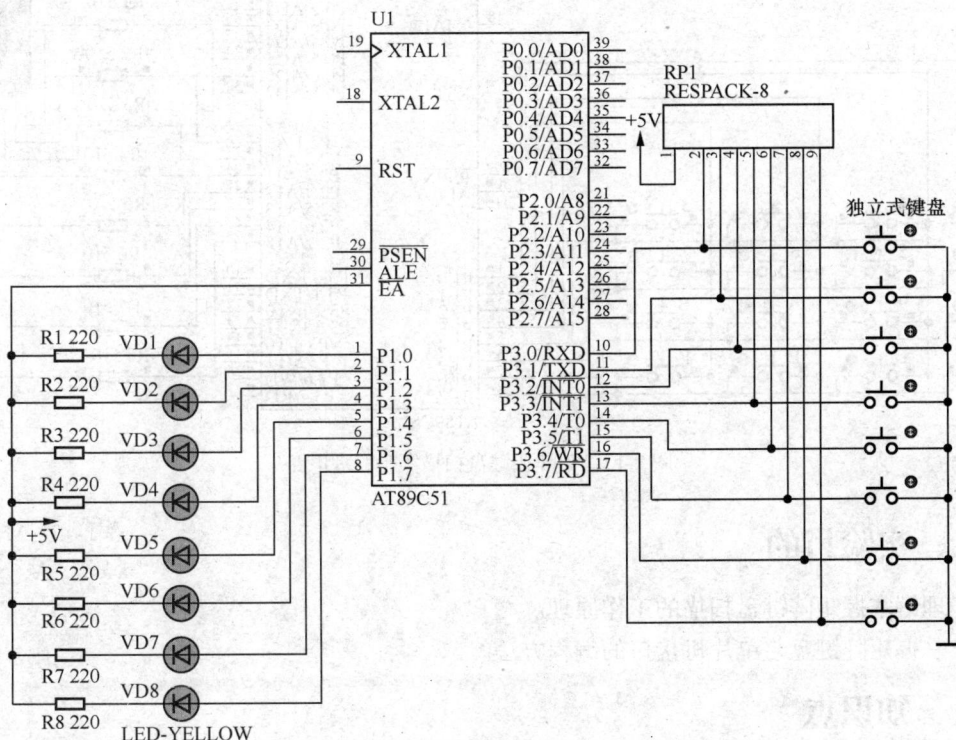

图 1-11　独立式键盘实验原理电路

二、实验目的

掌握独立式键盘系统的基本概念，掌握多路 I/O 输入/输出的编程。

三、知识点

独立式键盘的特点是一键一线，各键相互独立，每个按键各接一条 I/O 口线。通过检测 I/O 输入线的电平状态，可以很容易地判断哪个按键被按下。使用分支程序编程方法，监测按键的状态，按键的状态若有变化，则跳转到相应的处理程序进行处理，点亮相应的 LED 指示灯。

实验 12 矩阵式键盘扫描实验

一、实验要求

利用 4×4 矩阵键盘和一个 LED 数码管构成简单的输入显示系统，实现对键盘的扫描和 LED 数码管显示键盘按下键的键号。共有 4×4=16 个按键和一个数码管，16 个按键的键号分别对应 1 个十六进制数字：0～F。单击相应按键，则在数码管上显示相应的键号 0～F。

原理电路如图 1-12 所示。

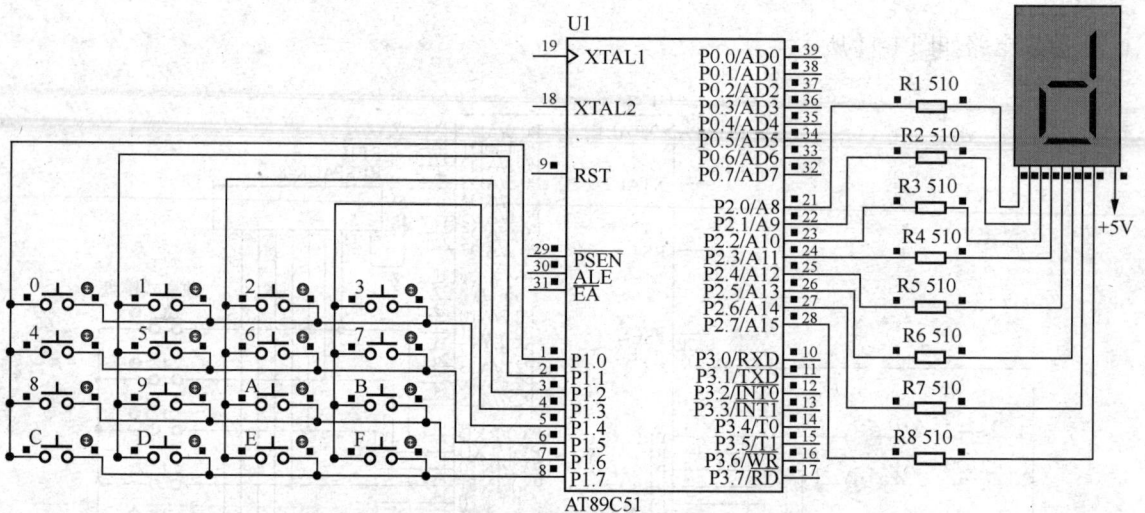

图 1-12 矩阵式键盘扫描实验原理电路

二、实验目的

1. 理解掌握矩阵键盘扫描的工作原理。
2. 掌握矩阵键盘与单片机接口的编程方法。

三、知识点

矩阵式键盘的扫描过程。如何判断矩阵式键盘是否有键按下，有键按下再确定是哪一个键，并输出显示。

实验 13　扩展 82C55 并行 I/O 接口实验

一、实验要求

单片机扩展一片 82C55 可编程并行口芯片，并进行数字量的输入/输出实验，用 82C55 的 PA 口作为输出，控制 8 个 LED 指示灯，PB 口作为输入，接 8 个开关按钮。

8 个开关按钮分别对应 8 个 LED 指示灯，按下按钮 1，指示灯 1 亮；按下按钮 2，指示灯 2 亮……按下按钮 8，指示灯 8 亮。

原理电路如图 1-13 所示。

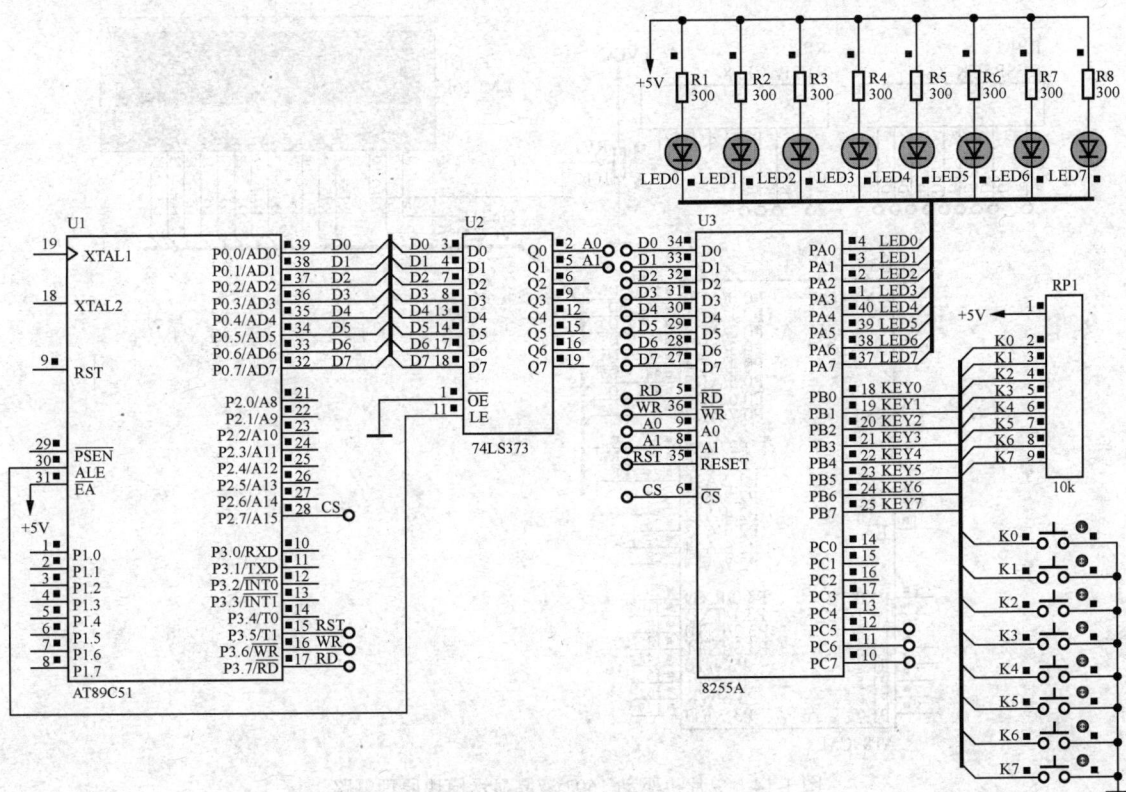

图 1-13　扩展 82C55 并行 I/O 接口实验原理电路

二、实验目的

1. 了解 82C55 芯片端口及编程设置方法。
2. 设计单片机扩展 82C55 的接口。
3. 单片机控制 82C55 输入/输出的编程。

三、知识点

掌握可编程接口芯片 82C55 的基本性能。82C55 有 3 个 8 位的并行 I/O 口，3 种工作方式。

本实验的 PA 口、PC 口为方式 0 输出，PB 口为方式 0 输入。

实验 14　单片机驱动 1602 液晶显示模块

一、实验要求

编写程序控制 1602 液晶显示模块显示数字和英文字符，可采用总线方式或 I/O 方式来控制。

液晶显示屏模块内置控制器 44780，可以显示 2 行，每行 16 个字符，要求单片机控制 1602 液晶显示模块分两行显示 "Hello Welcome To China"。

原理电路如图 1-14 所示。

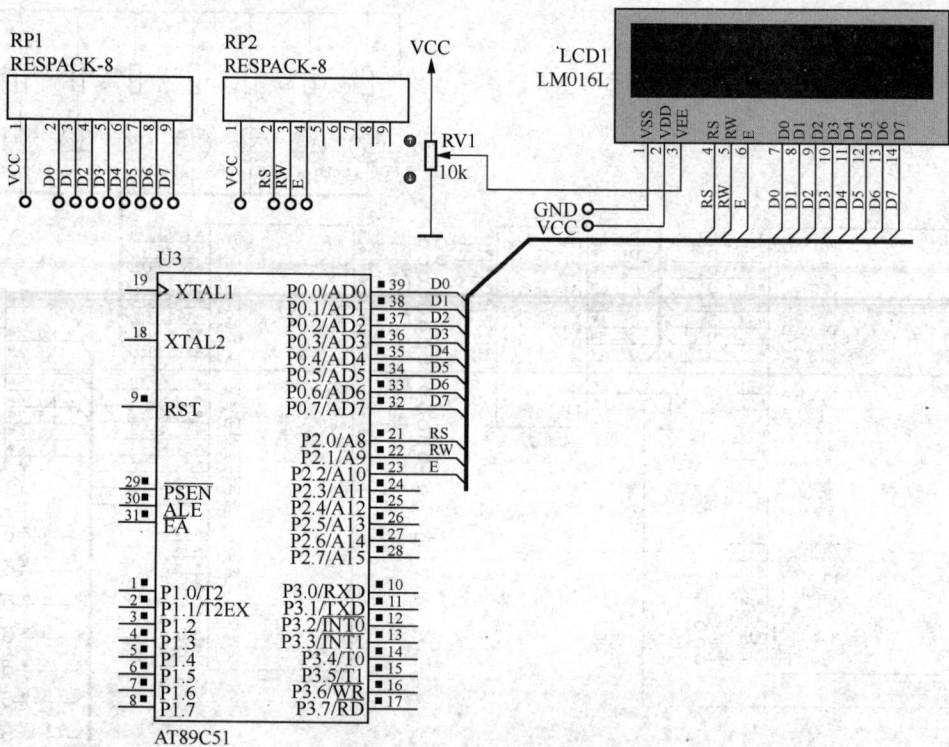

图 1-14　单片机驱动 1602 液晶显示模块原理电路

二、实验目的

1. 了解单片机控制字符型液晶显示屏的工作原理和方法。
2. 编写程序来控制字符的显示。

三、知识点

1602 液晶显示模块的基本结构与命令、单片机与 1602 液晶显示模块的接口设计（单片机控制液晶显示屏模块 1602 的接口设计有两种方式：一种是 I/O 方式，另一种是总线控制方式）。有关字符型液晶显示屏的命令和详细原理，可参见有关的 1602 液晶显示模块资料。

实验 15 DAC0832 的 D/A 转换实验

一、实验要求

单片机输出的数字量 D0～D7 加到 DAC0832 的输入端,用(虚拟)直流电压表测量 DAC0832 的电流输出经运放 LM358N 的 I/V 转换后的电压值,并使用(虚拟)直流电压表查看输出电压的变化。仿真运行,可看到(虚拟)直流电压表测量的电压在–2.5V～0V 范围内变化。

原理电路如图 1-15 所示。

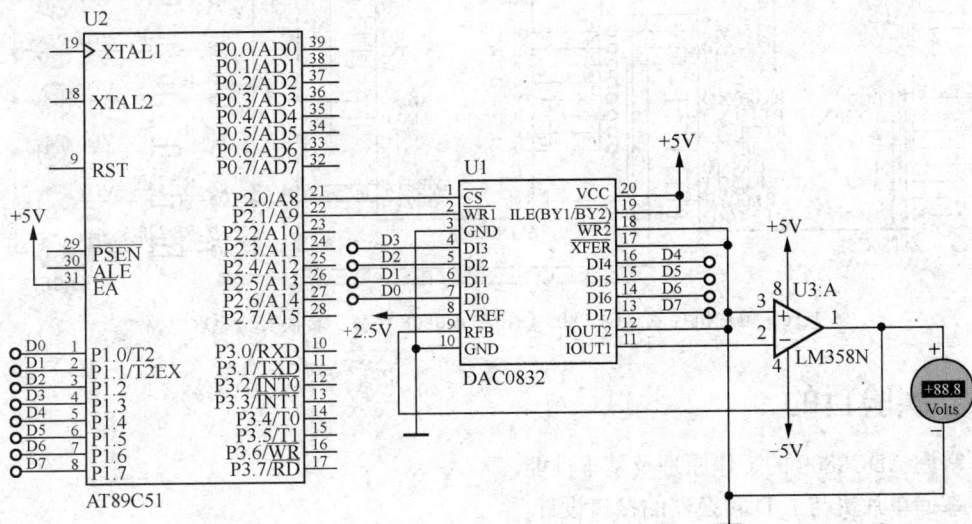

图 1-15 单片机控制 DAC0832 转换实验原理电路

二、实验目的

掌握单片机与 DAC0832 的接口设计和软件编程。

三、知识点

D/A 转换器 DAC0832 的性能、端口结构以及工作原理。DAC0832 是采用先进的 CMOS 工艺制成的单片机电流输出型 8 位 D/A 转换器。它采用的是 R-2R 电阻梯型网络完成 D/A 转换。电平接口与 TTL 兼容,具有两级输入数字量缓存。

实验 16 ADC0809 的 A/D 转换实验

一、实验要求

利用 ADC0809 A/D 转换器(Proteus 元件库中没有 ADC0809,可用库中与其兼容的 ADC0808

替代），由输入模拟电压通过调整电位器阻值的大小提供给 ADC0808 模拟量输入，编写程序控制 ADC0808 将模拟量转换成二进制数字量，用 P1 口输出来控制发光二极管显示，或通过 LED 数码管将数值显示出来。本实验是通过发光二极管的亮与灭来表示转换结果的二进制代码。

原理电路如图 1-16 所示。

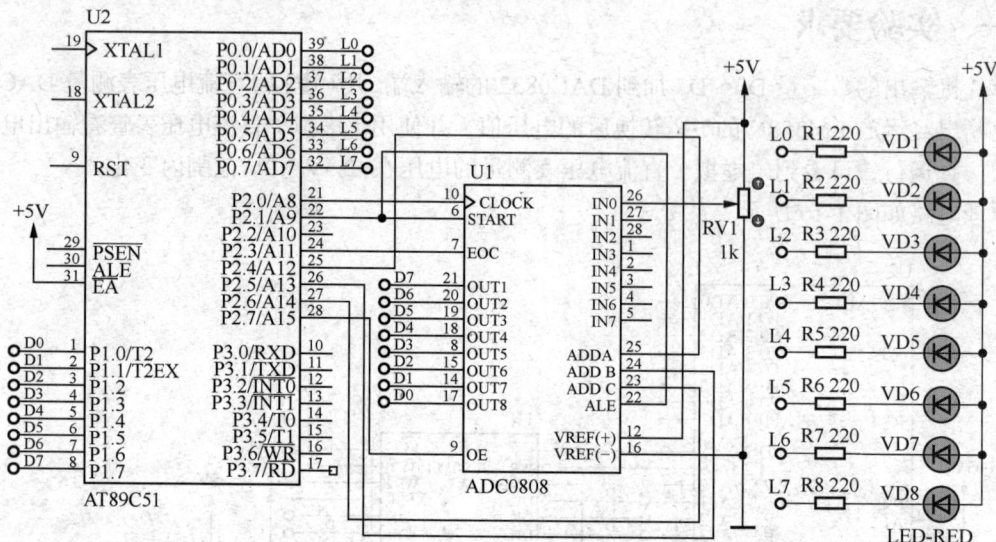

图 1-16　单片机控制 ADC0809（用 ADC0808 代替）转换实验原理电路

二、实验目的

1. 掌握 ADC0809 的工作原理及基本性能。
2. 掌握单片机与 A/D 转换器的接口设计。
3. 掌握软件编程控制单片机进行数据采集。

三、知识点

单片机应用系统中使用的 A/D 转换器主要有以下几类：一是双积分 A/D 转换器，优点是精度高，抗干扰性好，价格便宜，但转换速度慢；二是逐次逼近 A/D 转换器，精度、速度、价格适中；三是并行 A/D 转换器，速度快，价格高。

ADC0809 是 8 位 A/D 转换器，每转换一次约需 100μs。本实验可采用查询方式或延时方式读入 A/D 转换结果，也可采用中断方式读入结果，将 ADC0809 的 EOC 信号与单片机的外部中断输入端相接，即 A/D 转换结束后会自动产生 EOC 信号，从而向单片机发出中断请求。

实验 17　I²C 总线——AT24C02 存储器读写实验

一、实验要求

利用 AT24C02（可使用 FM2402F 来代替）、Proteus 的 I²C 调试器实现单片机读写存储器 AT24C02 的实验。

K1 充当外部中断 0 中断源，当按下 K1 时，单片机通过 I²C 总线发送数据 0xAA 给 AT24C02，发送数据完毕后，将数据 0x AA 送 P2 口通过 LED 显示出来。

K2 充当外部中断 1 中断源，当按下 K2 时，单片机通过 I²C 总线读 AT24C02，等读数据完毕后，将读出的最后一个数据 0x55 送 P2 口通过 LED 显示出来。相关内容可用观测窗口查看。

最终显示的效果是：按下 K1，标号为 VD1～VD8 的 8 个 LED 中的 VD3、VD4、VD5、VD6 灯亮；按下 K2，VD1、VD3、VD5、VD7 灯亮。

为了看清楚 I²C 总线上的数据，可把 I²C 调试器显示出来。具体操作为：用鼠标右键单击 I²C 调试器符号，在弹出的快捷菜单中单击 "Terminal" 选项即可。

原理电路如图 1-17 所示。

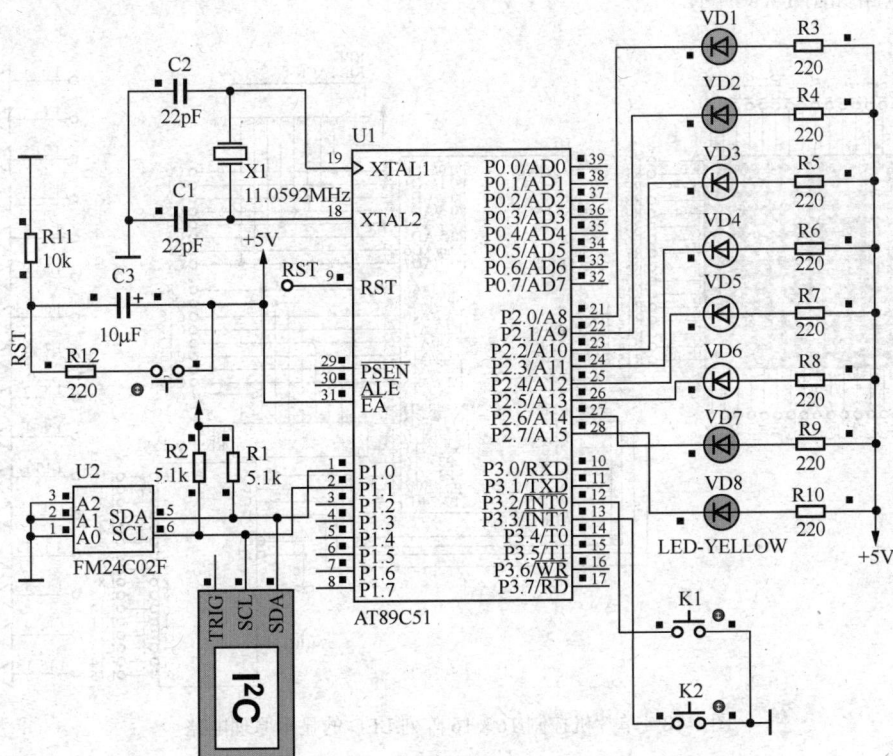

图 1-17　单片机通过 I²C 总线控制 AT24C02 存储器读写原理电路

二、实验目的

1. 了解 I²C 器件 AT24C02 的原理。
2. 掌握 51 单片机 I/O 口线模拟 I²C 总线的方法。
3. 了解并掌握 Proteus I²C 调试器的使用。

三、知识点

I²C 总线原理和 AT24C02 的工作原理。I²C 总线是一种串行数据总线系统，通过时钟和数据总线进行双向控制。

实验 18　单片机控制 16×16 阵列 LED 的显示实验

一、实验要求

利用单片机及 74LS154（4-16 译码器）、74LS07、16×16LED 点阵来实现字符显示。

组成 16×16 点阵需要 256 个发光二极管，且每个发光二极管放置在行线和列线的交叉点上，当对应的某一列置 0 电平，某一行置 1 电平时，该点亮。仿真实验时，控制这 256 个发光二极管的亮与灭，编写程序显示汉字"哈尔滨冰雪节欢迎你"，也可显示其他汉字。

原理电路如图 1-18 所示。

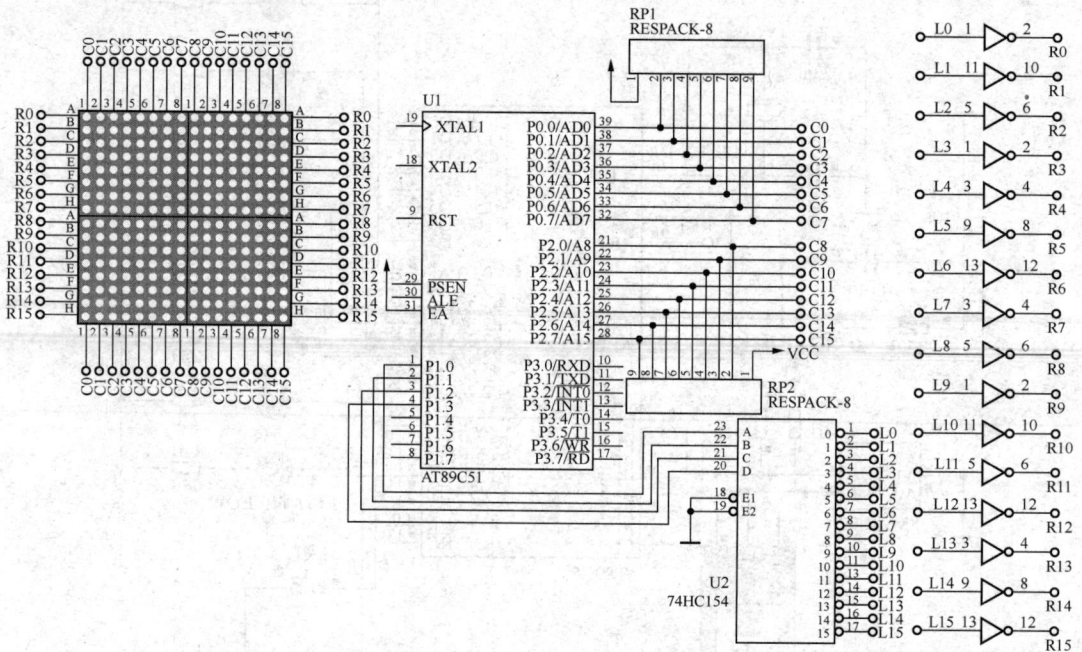

图 1-18　单片机控制 16×16 阵列 LED 的显示原理电路

二、实验目的

了解 LED 阵列的扫描显示原理以及如何控制 16×16LED 阵列来显示字符。

三、知识点

单片机控制 LED 阵列显示字符的原理。

实验 19　温度传感器 DS18B20 实验

一、实验要求

利用 DS18B20、74LS47 和 LED 实现温度的测量和显示。

本实验在 Proteus 平台进行仿真时，手动调整 DS18B20 的温度值，即用鼠标单击 DS18B20 图标上的 "↑" 或 "↓" 来改变温度，同时 LED 会显示相应的数值。DS18B20 的测量范围是 –55～128℃。本实验只显示 0～99℃。本实验的关键是掌握 DS18B20 以及 "单总线" 接口的工作原理。

原理电路如图 1-19 所示。

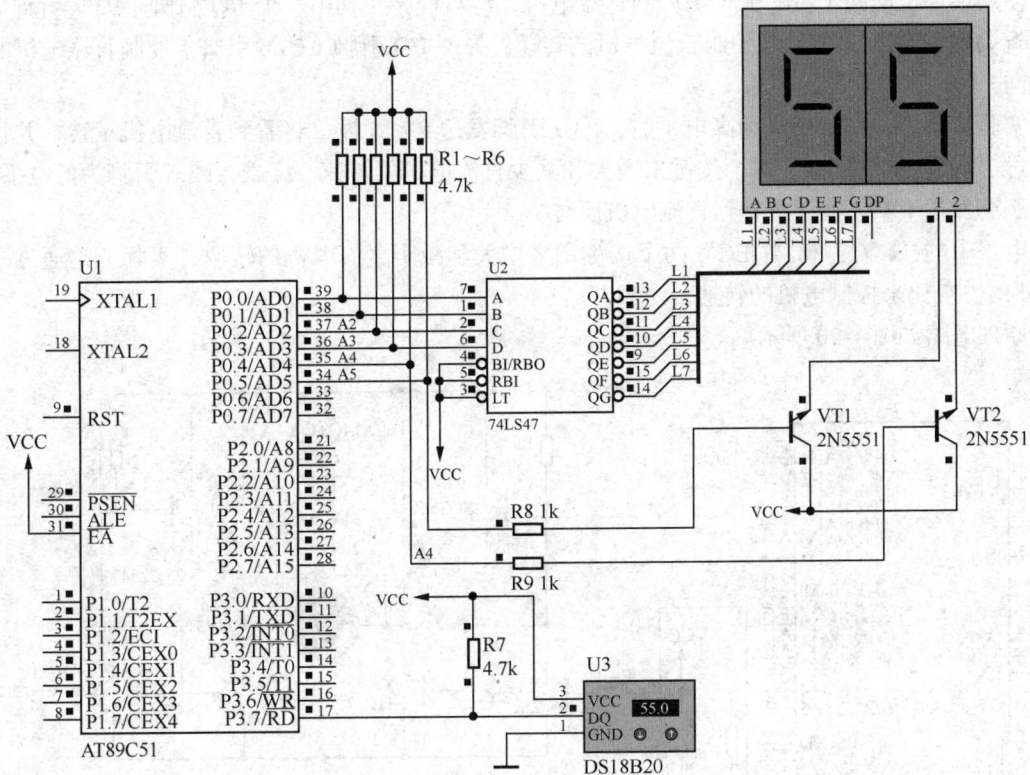

图 1-19　温度传感器 DS18B20 实验原理电路

二、实验目的

1. 了解单总线协议器件 DS18B20 的工作原理。
2. 掌握单片机 I/O 实现单总线协议的方法。

三、知识点

DS18B20 的工作原理、74LS47 的使用和 LED 显示原理。

DS18B20 的体积小、适用电压更宽，是世界上第一片支持 "单总线" 接口的温度传感器。

现场温度直接以 "单总线" 的数字方式传输，大大提高了系统的抗干扰性，适合于恶劣环境的现场温度测量，如环境控制、设备或过程控制、测温类消费电子产品等。

实验 20　直流电机控制实验

一、实验要求

使用单片机的两个 I/O 引脚来控制直流电机，编写程序，其中一个 I/O 引脚（P3.7 引脚）输出脉宽调制（PWM）信号来控制直流电机的转速；另一 I/O 引脚（P3.6 引脚）控制直流电机的旋转方向。

实验开始后，P3.6 引脚为高电平时，P3.7 引脚发送 PWM 波，将看到直流电机正转，并且可以通过"INC"和"DEC"两个按键来增大和减少直流电机的转速。反之，P3.6 引脚为低电平时，P3.7 引脚发送 PWM 波，将看到直流电机反转。

电路中的"INC"和"DEC"两个按键用来增大和减小直流电机的转速，实际上是通过改变 PWM 的占空比来控制电机的转速。

原理电路如图 1-20 所示。

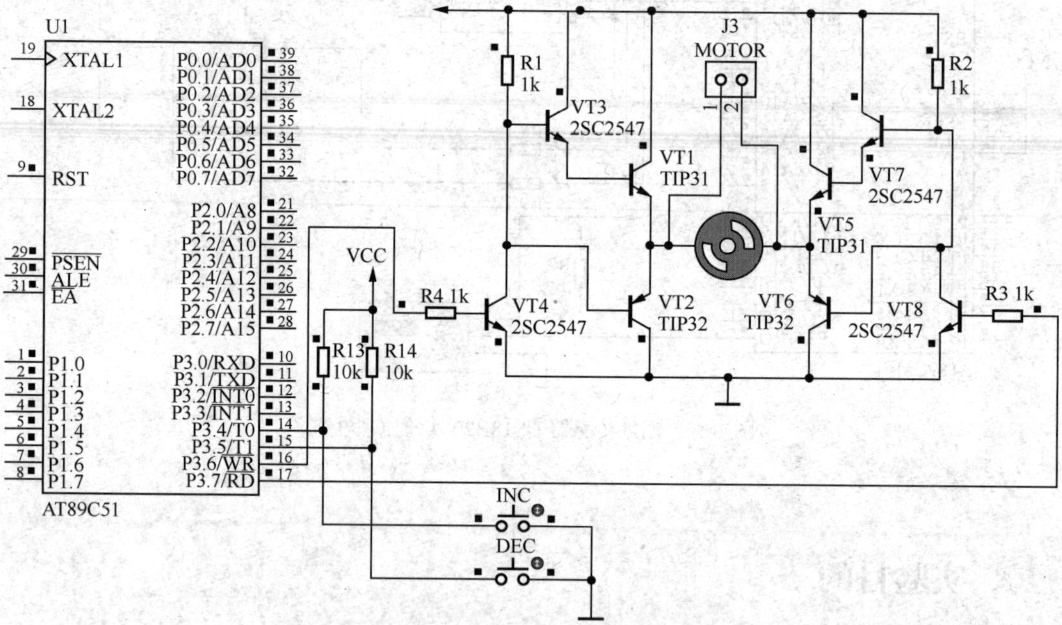

图 1-20　单片机控制直流电机实验原理电路

二、实验目的

了解脉宽调制（PWM）控制直流电机的基本原理，掌握控制直流电机旋转的编程方法。

三、知识点

在实验中，可通过改变 PWM 的占空比查看对直流电机转速的影响。涉及的知识点：达林顿管的应用、PWM 波形的产生方法、直流电机旋转方向和转速的控制。

实验 21　步进电机控制实验

一、实验要求

利用单片机实现对步进电机的控制，编写程序，用 4 路 I/O 口实现环形脉冲的分配，控制步进电机按固定方向连续转动。要求按下"Positive"（正转）按键时，控制步进电机正转；按下"Negative"（反转）按键时，控制步进电机反转；松开按键时，电机停止转动。

通过"正转"和"反转"两个按键来控制电机的正转与反转。

原理电路如图 1-21（a）所示。

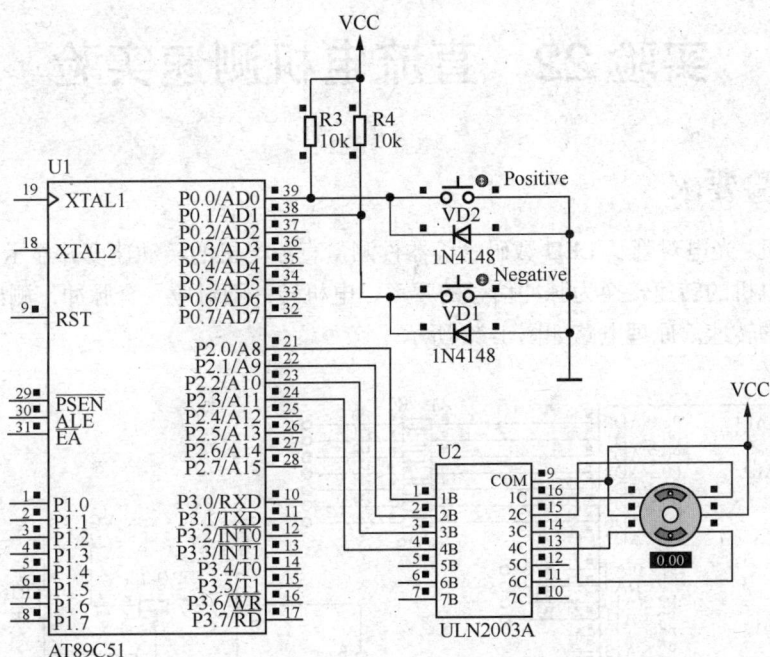

图 1-21（a）　单片机控制步进电机实验原理电路

二、实验目的

了解步进电机控制的基本原理；掌握控制步进电机转动的编程方法。

三、知识点

步进电机驱动原理是通过切换每组线圈中电流的顺序来使电机做步进式旋转。因为切换是通过单片机输出脉冲信号来实现的，所以调节脉冲信号的频率就可以改变步进电机的转速，改变各相脉冲的先后顺序，就可以改变电机的转向。步进电机的转速应由慢到快逐步加速。

电机驱动方式可以采用双四拍（AB→BC→CD→DA→AB）方式，也可以采用单四拍（A→B→C→D→A）方式。为了旋转平稳，还可以采用单、双八拍方式（A→AB→B→BC→C→CD→D→DA→A）。各种工作方式的时序图如图 1-21（b）所示（高电平有效）。

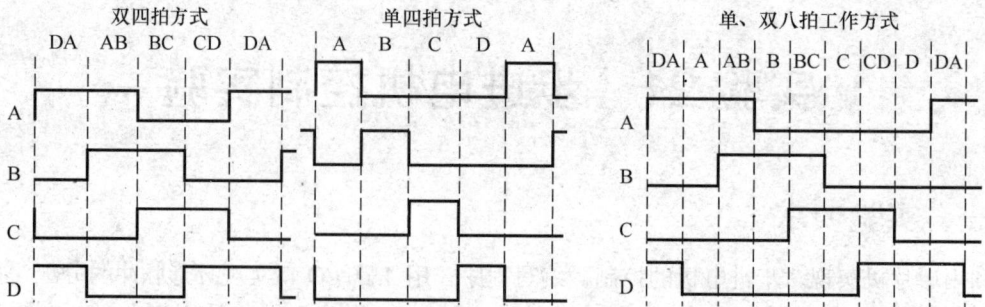

图 1-21（b） 各种工作方式的时序图

图 1-21（b）中示意的脉冲信号是高电平有效，但因为实际控制时公共端是接在 VCC 上，所以实际控制脉冲是低电平有效。

实验 22　直流电机测速实验

一、实验要求

利用单片机、光电对管及 LED 数码管等器件测量直流电机的转动速度并显示出来。本实验实质上是将直流电机的转速转换为脉冲信号的频率，电机转一圈对应一个脉冲，测出脉冲的频率，也就测出电机的转速。原理电路如图 1-22 所示。

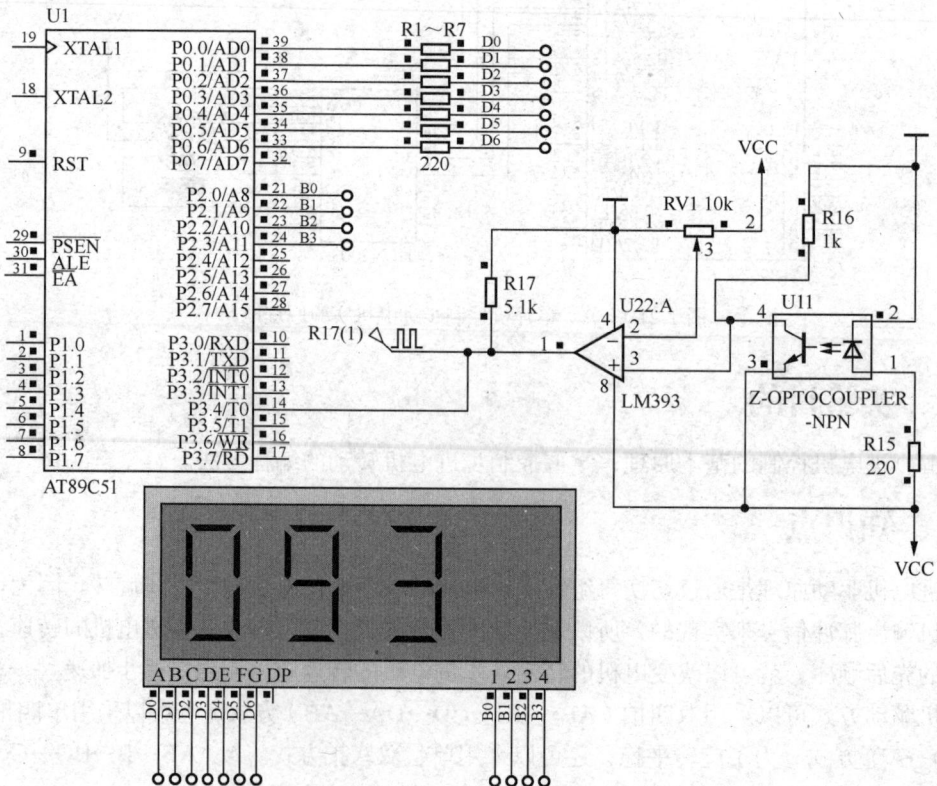

图 1-22　直流电机测速实验原理电路

　　模拟电机转速的脉冲是由数字脉冲发生器产生的，手动改变脉冲频率，只需用鼠标右键单击电路原理图中的数字脉冲发生器图标，出现属性设置项，单击后，出现属性设置窗口，手动修改脉冲频率，也就相当于改变了电机的转速。测得其值并在数码管上显示，显示的数值应与设置的数字脉冲频率相一致。

二、实验目的

1. 了解单片机测速电路的基本原理。
2. 进一步熟悉单片机定时计数器的使用方法。

三、知识点

　　光电对管对直流电机叶片底部的白色小带进行检测，当检测到白色小带时将产生一个脉冲信号。单片机对经过放大处理的脉冲信号进行定时计数，然后经过计算，并把数据送到 LED 数码管中，显示出叶片的转速。

第2章
课程设计题目

本章列出的各个课程设计题目（或作为课后大作业题目），是巩固课堂讲授内容，增强综合设计能力的必要训练。

本章每个课程设计题目均给出了电路原理图电子文件，供读者设计时参考。当然读者如果不看电路原理图，直接根据设计要求，独立设计出电路原理图和程序，且调试通过，对设计能力的提高将会更有益处。

完成的题目设计可在相应的用户开发板上验证通过，当然也可在 Proteus 环境下仿真通过。

2.1　开关检测案例 1

AT89S51 单片机的 P1.4～P1.7 引脚接 4 个开关 K0～K3，P1.0～P1.3 引脚接 4 个发光二极管 VD0～VD3。将 P1.4～P1.7 引脚上的 4 个开关的状态反映在 P1.0～P1.3 引脚控制的 4 个发光二极管上。每个开关的状态对应 1 个相应的发光二极管的状态，例如，P1.4 引脚上开关 K0 的状态，由 P1.0 引脚上的 VD0 显示；P1.6 引脚上开关 K2 的状态，由 P1.2 引脚上的 VD2 显示。凡是开关闭合的引脚，都把对应的 LED 发光二极管点亮。

开关检测器的原理电路如图 2-1 所示。

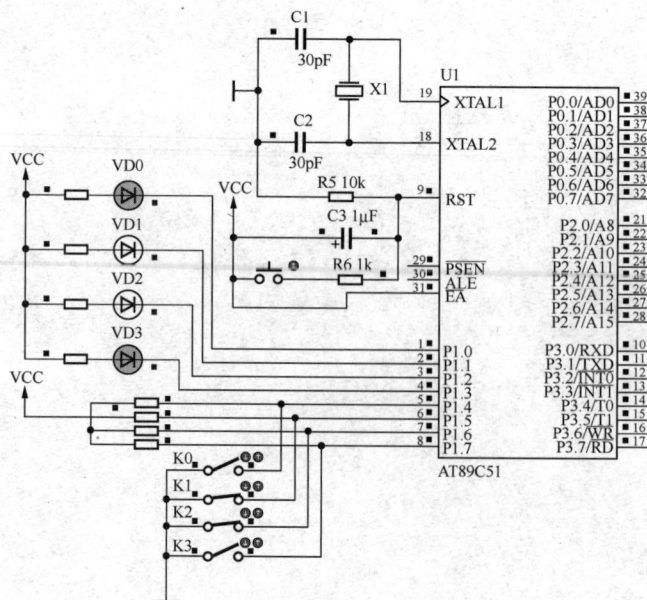

图 2-1　开关检测案例 1 的原理电路

本题目的目的是掌握单片机的 I/O 口编程。通过检测 P1.4～P1.7 引脚上的电平状态判断开关闭合与否，开关闭合为低电平，开关打开为高电平。注意，单片机的 I/O 口作为输入时，一定要先写入"1"。4 个发光二极管点亮与否，由 P1.0～P1.3 引脚输出的电平来控制，输出低电平，点亮发光二极管；输出高电平，熄灭发光二极管。

例如，开关 K1 和 K2 闭合，则对应的 LED1 和 LED2 点亮；而开关 K0 和 K3 没有闭合，则对应的 LED0 和 LED3 熄灭。

2.2　开关检测案例 2

如图 2-2 所示，单片机 P1.0 和 P1.1 的引脚接有两只开关 K0 和 K1，两只脚上的高低电平共有 4 种组合。这 4 种组合分别控制 P2.0～P2.3 引脚上的 4 只 LED（VD0～VD3）点亮或熄灭。当 K0、K1 均闭合时，VD0 亮，其余灭；K0 打开、K1 闭合时，VD1 亮，其余灭；K0 闭合、K1 打开时，VD2 亮，其余灭；K0、K1 均打开时，VD3 亮，其余灭。

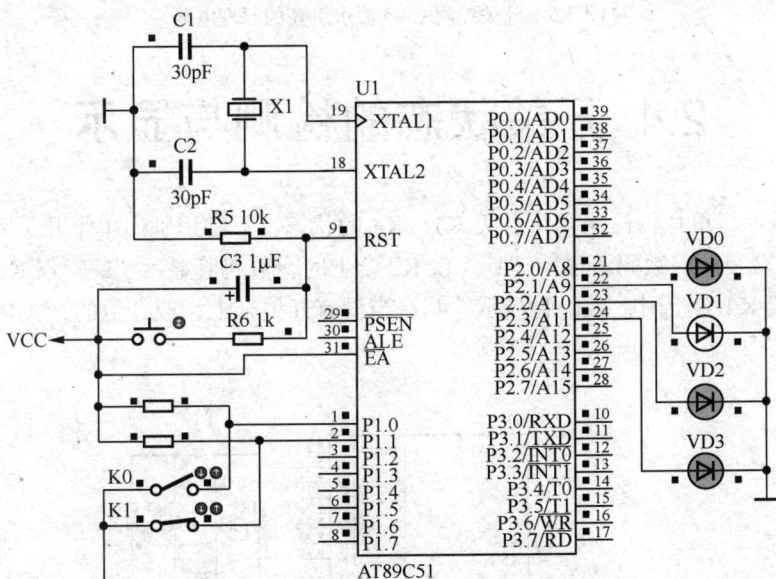

图 2-2　开关检测案例 2 的原理电路

2.3　开关控制的 LED 流水点亮

利用单片机、2 个按键和 8 个发光二极管，构成一个控制 LED 灯流水点亮的系统，如图 2-3 所示。要求上电时，点亮 1 个 LED，按下 K1 时，点亮的 LED 向左移一位，按下 K2 时，点亮的 LED 向右移一位。

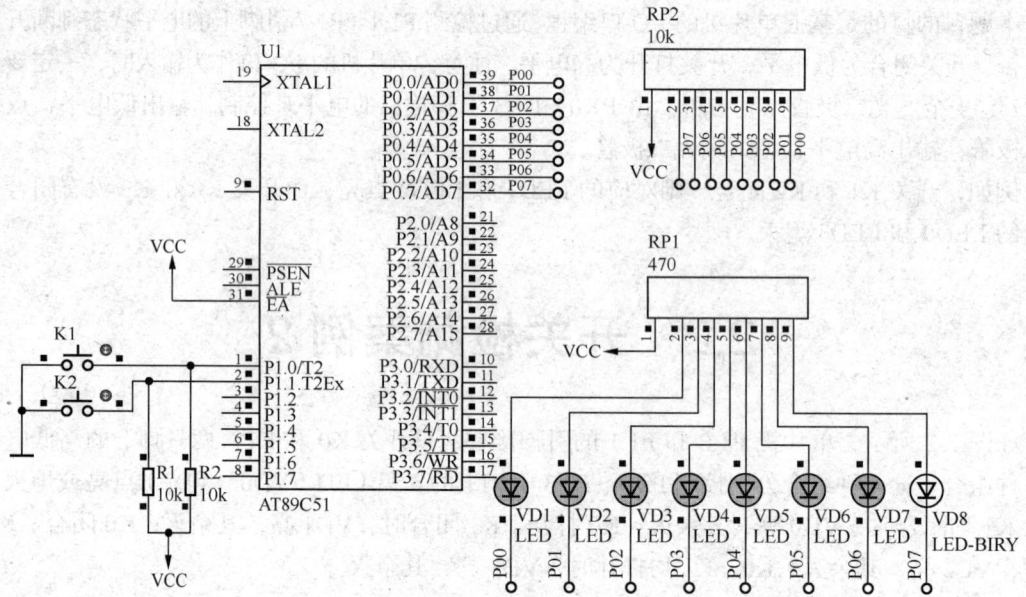

图 2-3 开关控制 LED 流水点亮的原理电路

2.4 开关状态的检测与显示

如图 2-4 所示，单片机检测 4 个开关 K1～K4 的状态，只需识别出单个开关闭合的状态。例如，仅开关 K1 合上时，数码管显示"1"；仅 K2 合上时，数码管显示"2"；仅 K3 合上时，数码管显示"3"；仅 K4 合上时，数码管显示"4"；当没有开关合上，或合上的开关多于 1 个时，数码管均显示"0"。

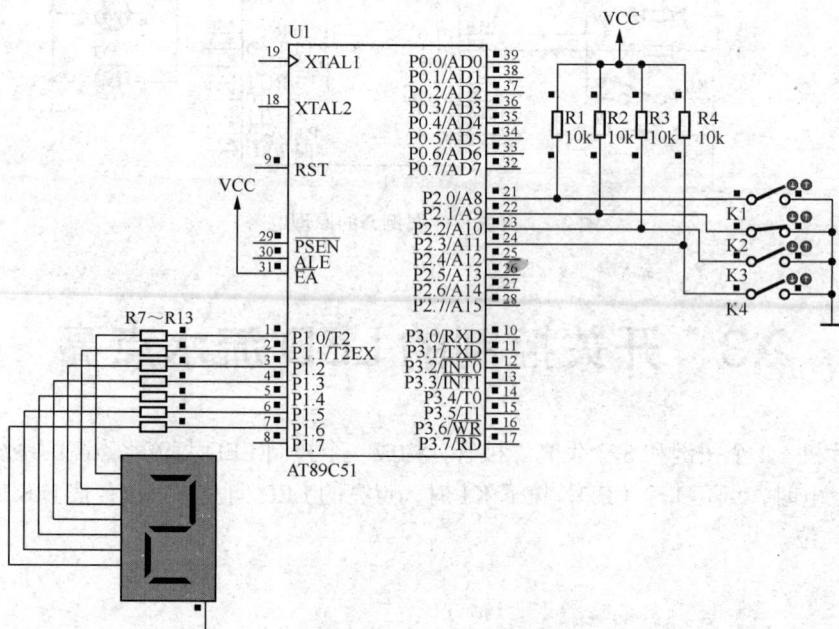

图 2-4 开关状态的检测与显示的原理电路

2.5　节日彩灯控制器

　　制作一个节日彩灯控制器，如图 2-5 所示，通过按下不同的按键来控制 8 只 LED 发光二极管的显示规律，在 P1.0～P1.3 引脚上接有 4 个按键 K0～K3，各按键的功能如下。

　　（1）K0 键按下：VD1～VD4 与 VD5～VD8 交替点亮。

　　（2）K1 键按下：VD1、VD3、VD5、VD7 与 VD2、VD4、VD6、VD8 交替点亮显示。

　　（3）K2 键按下：彩灯由上向下流水显示。

　　（4）K3 键按下：彩灯由下向上流水显示。

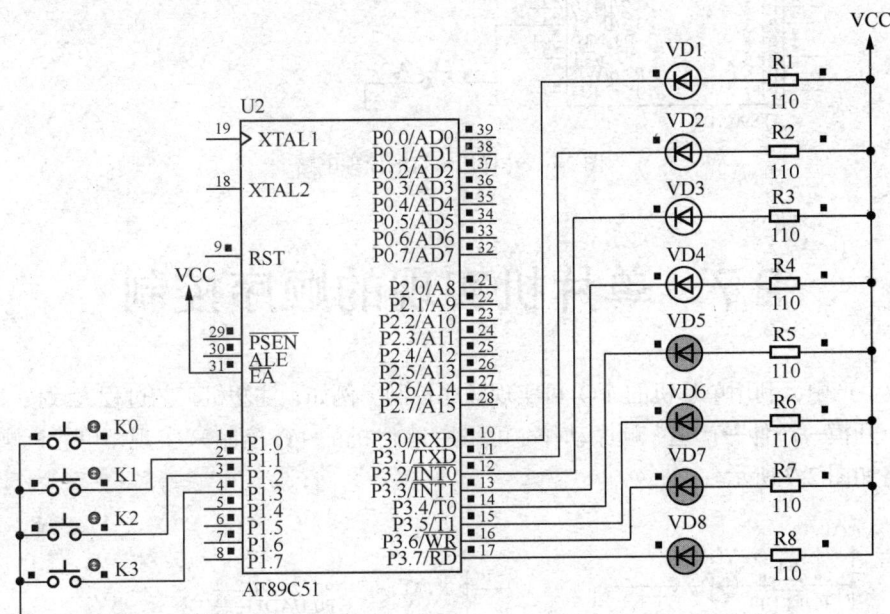

图 2-5　节日彩灯控制器的原理电路

　　当没有按键按下时，彩灯运行的初始状态是全灭。

　　本题目由按下不同的按键来控制节日彩灯的不同显示。通过扫描单片机的 P1 口低 4 位上连接的按键，识别出按下的键，再由单片机的 P3 口输出控制 LED 显示出不同的显示规律，从而实现要求的功能。

2.6　花样流水灯的制作

　　单片机的 P2 口上接有由 8 只发光 LED 组成的流水灯。输入引脚 P3.3 接有一只按键 K，原理电路如图 2-6 所示。

　　按键 K 未按下时，控制流水灯先向右再向左流水点亮，从而左右循环流水点亮。按键 K 按下时，控制 8 只发光二极管齐亮齐灭；当按键 K 松开时，流水灯又恢复至左右循环流水点亮。

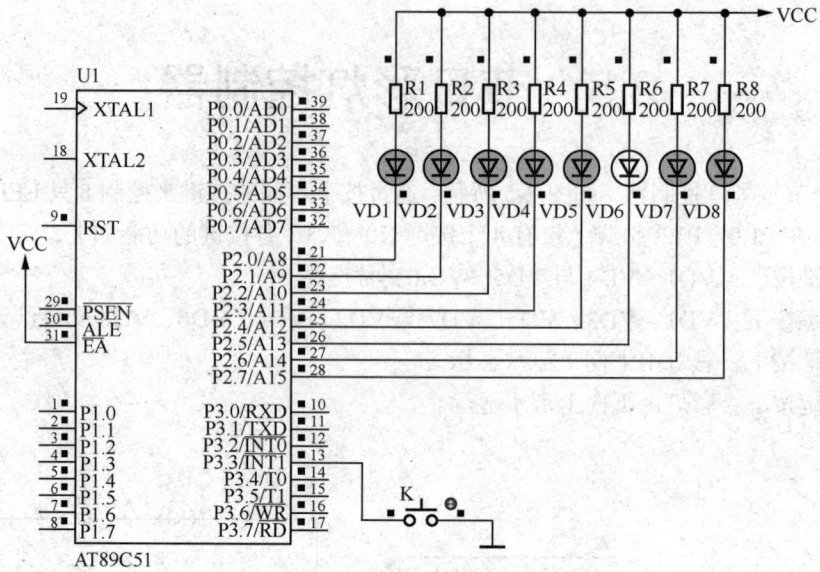

图 2-6 花样流水灯的原理电路

2.7 单片机实现的顺序控制

在工业生产中，利用单片机的 I/O 可实现顺序控制。例如，注塑机工艺过程大致按"合模→注射→延时→开模→产伸→产退"顺序动作，可采用单片机的 I/O 控制来实现。单片机顺序控制器的原理电路如图 2-7 所示。

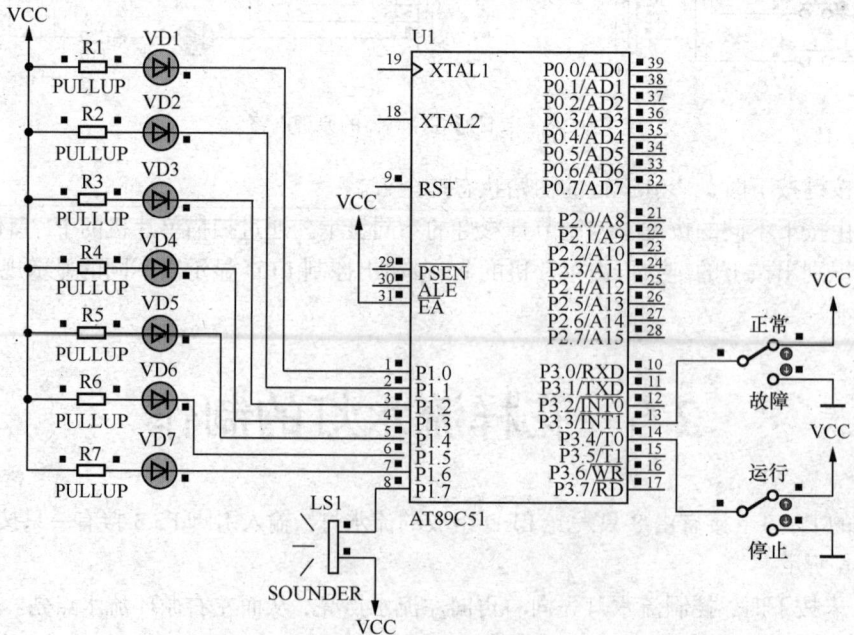

图 2-7 顺序控制的原理电路

图 2-7 中的单片机 P1.0～P1.6 引脚的输出控制 7 个发光二极管的亮灭，7 个发光二极管从上到下分别代表注塑机的 7 道工序，前 6 道工序用分别点亮相应的发光二极管 VD1～VD6 来模拟，第 7 道工序用同时点亮 P1.4、P1.5、P1.6 引脚上的 3 只发光二极管 VD5、VD6 和 VD7 模拟，如图 2-7 所示。每道工序间转换以延迟 500ms 来表示。

P1.7 引脚的输出控制发出报警声响，蜂鸣器声响只有在下面的开关打向"运行"，且上面的开关打向"故障"时才会响起，而下面的开关打向"停止"期间蜂鸣器不会响起。

单片机 P3.4 引脚上的开关为"运行"或"停止"开关，用来选择控制操作"运行"或"停止"，采用查询方式实现，用于控制注塑机 7 道工序的运行。如果开关打向"停止"，则注塑机将在执行完当前循环之后停止工作。

P3.3 引脚为"报警"开关的外中断请求输入信号，引脚上的开关打向"报警"时，产生中断信号，表示发生故障，注塑机即暂停工作，控制 P1.7 引脚上的蜂鸣器发出报警声响。P3.3 引脚上的开关如打向"正常"，则故障解除，注塑机重新开始正常运行。

"运行"开关接通后，发光二极管将按前 6 道工序用分别点亮相应的发光二极管 VD1～VD6 来模拟，进入第 7 道工序后，同时点亮 P1.4、P1.5、P1.6 引脚上的 3 只发光二极管 VD5、VD6 和 VD7。

2.8　控制单只 LED 数码管轮流显示奇数与偶数

本题目利用单片机控制单只 LED 数码管轮流显示奇数与偶数，原理电路如图 2-8 所示，单片机 P0 口控制一个 LED 数码管的显示，先循环显示单个偶数 0、2、4、6、8，再显示单个奇数 1、3、5、7、9，如此反复。由于利用 P0 口的锁存功能，所以属于静态显示，只需向 P0 口写入相应的显示字符的段码即可。

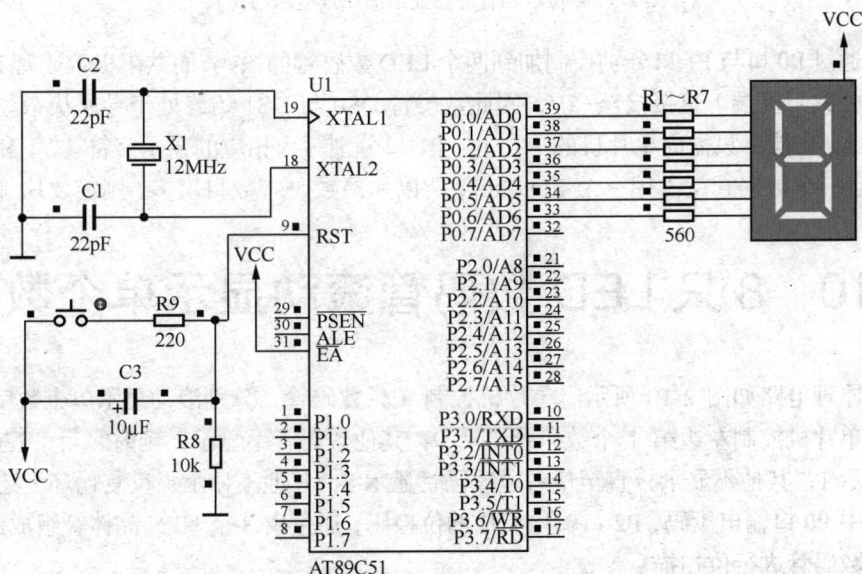

图 2-8　控制数码管循环显示单个数字的原理电路

2.9 控制 2 只 LED 数码管的静态显示

本题目的原理电路如图 2-9 所示，单片机控制 2 只数码管显示，如显示 2 个数字"27"。

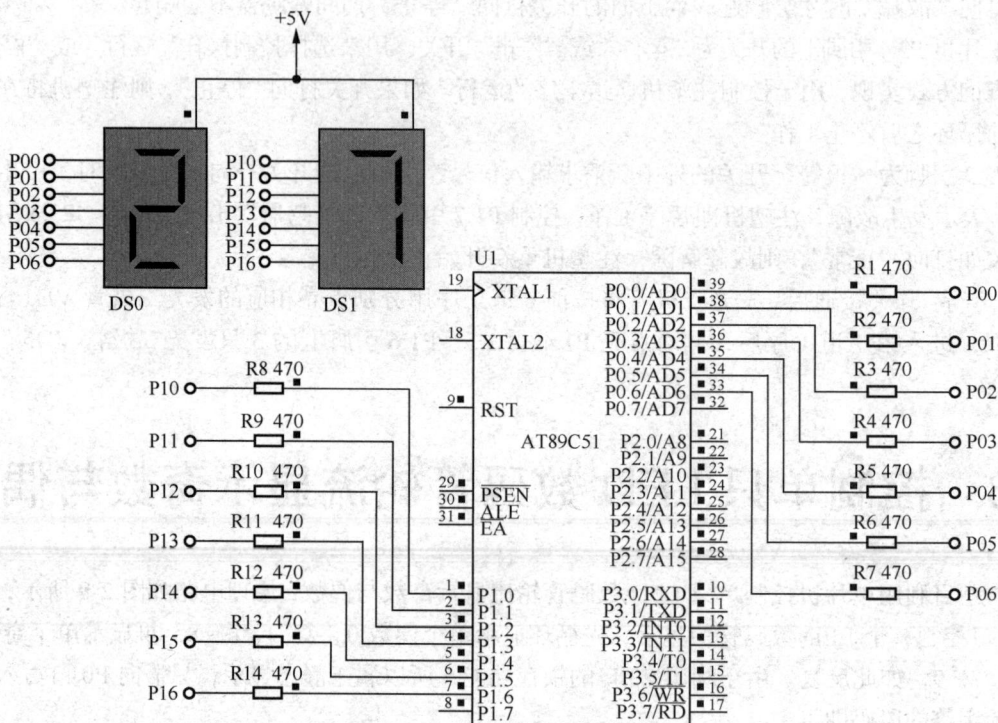

图 2-9 2 位数码管静态显示的原理电路与仿真

单片机通过 P0 口与 P1 口分别控制加到两个 LED 数码管的段码，而共阳极数码管 DS0 与 DS1 的公共端（公共阳极端）直接接至 +5V，因此数码管 DS0 与 DS1 始终处于导通状态。利用 P0 口与 P1 口的锁存功能，只需向单片机的 P0 口与 P1 口分别写入相应的显示字符"2"和"7"的段码即可。由于一个数码管就占用一个 I/O 端口，所以如果数码管数目增多，则需要增加 I/O 端口。

2.10 8 只 LED 数码管滚动显示单个数字

本题目原理电路如图 2-10 所示。单片机控制 8 只数码管，分别滚动显示单个数字 0～7。程序运行后，单片机控制左边第 1 个数码管显示 0，其他数码管不显示；延时之后，控制左边第 2 个数码管显示 1，其他不显示；直至最右边数码管显示 7，其他不显示；反复循环上述过程。

本题目中 P0 口输出段码，P2 口输出扫描的位控码，通过由 8 个 NPN 晶体管组成的位驱动电路来对 8 个数码管进行位扫描。

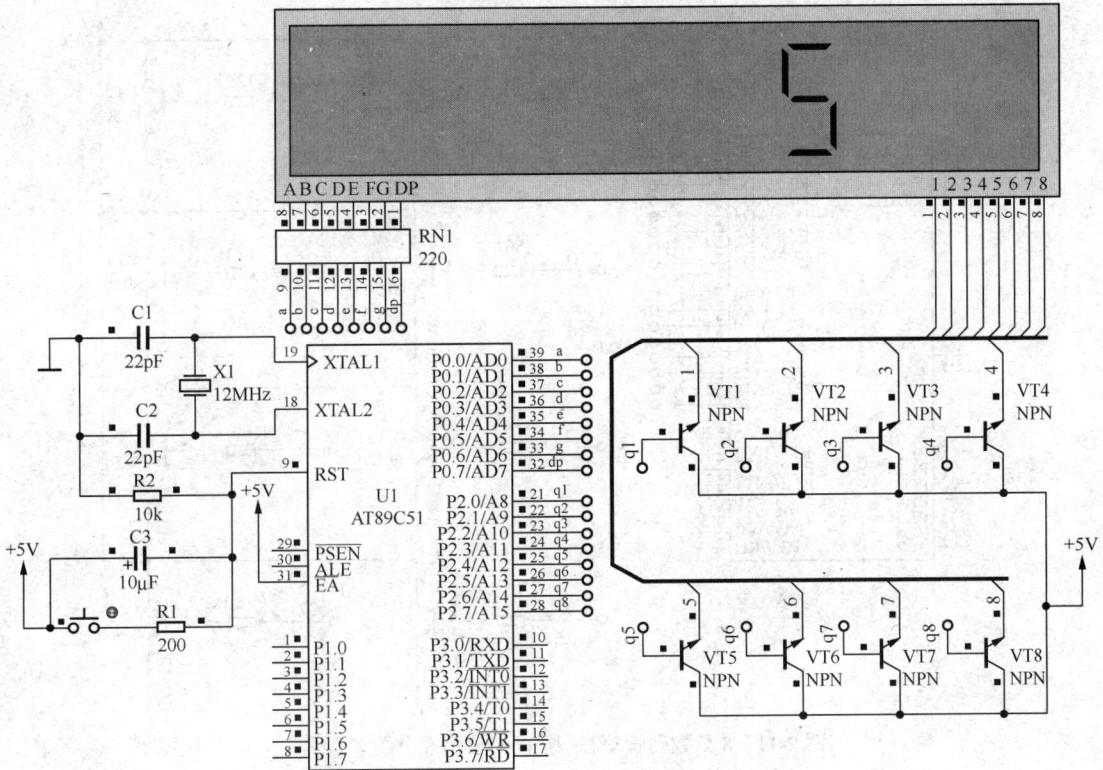

图 2-10　8 只数码管分别滚动显示单个数字 1～8

2.11　8 只数码管同时显示字符（动态扫描）

原理电路如图 2-11 所示，由于数码管的余辉和人眼的"视觉暂留"作用，所以只要控制好每位数码管显示的时间和间隔，保证对 8 个数码管的扫描频率高于视觉暂留频率 16~20Hz，就可造成"多位同时亮"的假象，达到同时显示的效果，这就是动态扫描显示。读者可尝试在 8 个数码管上同时显示"12345678"。图 2-11 中的 8 个 NPN 晶体管为位驱动电路。

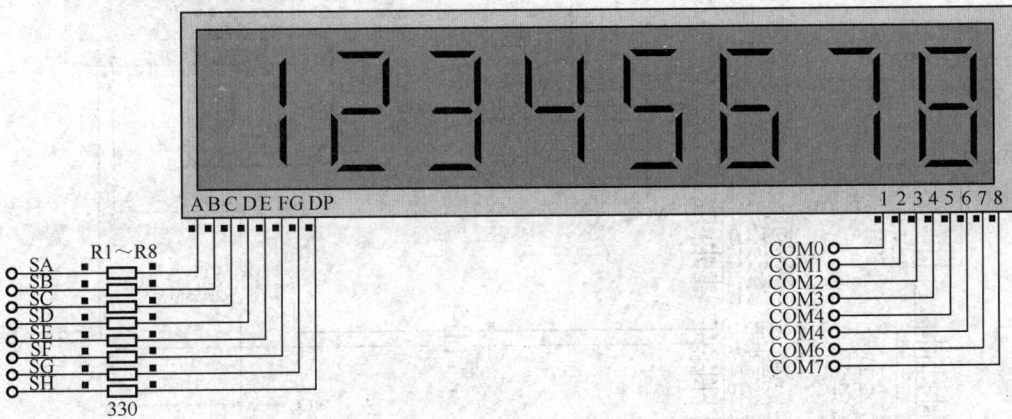

图 2-11　8 只数码管动态扫描同时显示 8 个数字

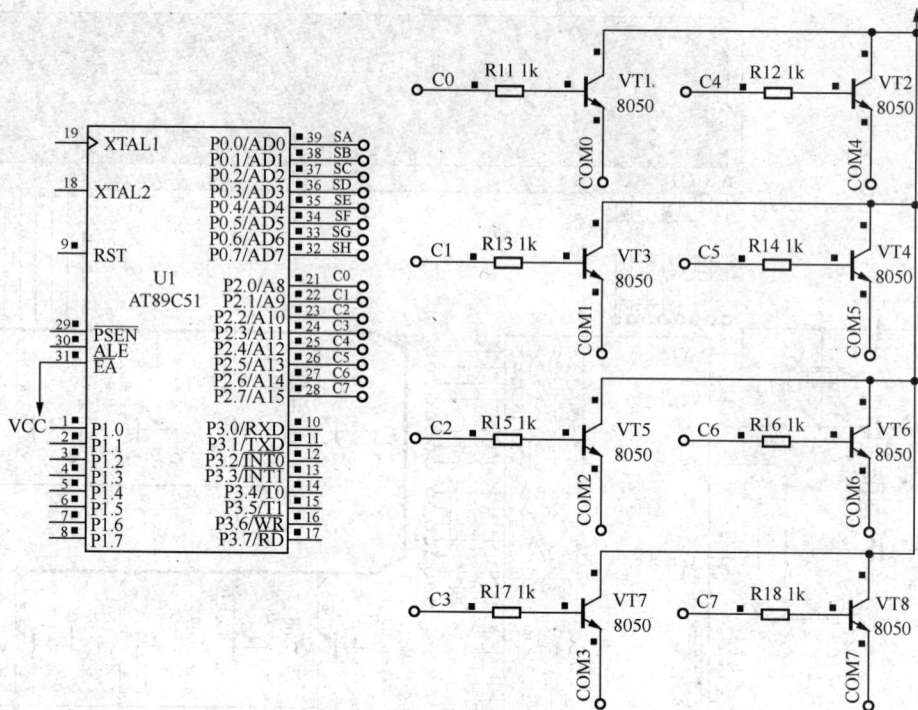

图 2-11　8 只数码管动态扫描同时显示 8 个数字（续）

2.12　BCD 译码的 2 位数码管扫描的数字显示

利用单片机与 BCD 译码芯片 74LS47 以及 2 只 LED 数码管构成一个数字扫描显示系统。2 只数码管循环显示数字 00、11……99。

本题目的原理电路如图 2-12 所示。

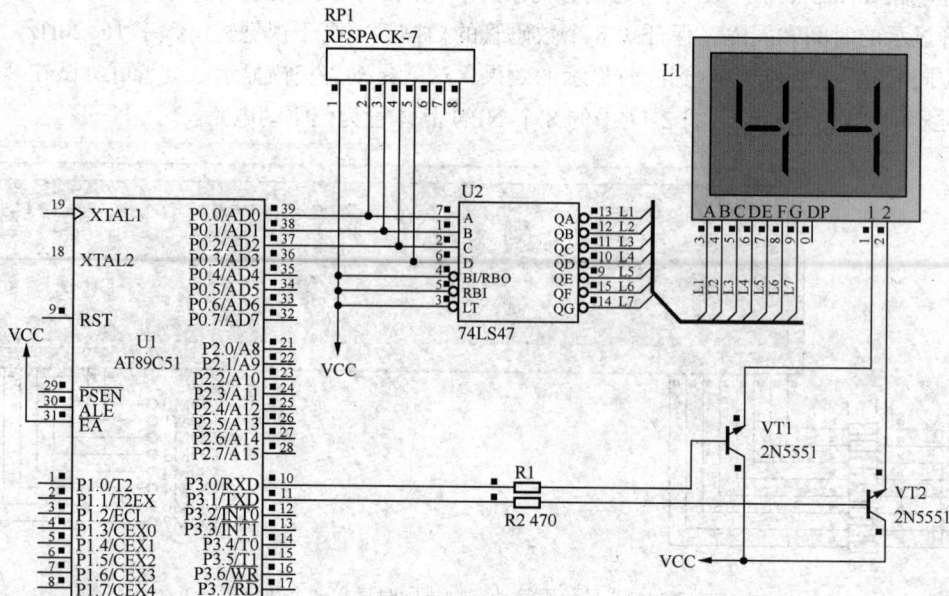

图 2-12　BCD 译码的扫描数字显示的原理电路

二进制编码的十进制数简称 BCD 码（Binary Coded Decimal），本题目使用 74LS47 完成二进制码—BCD 码的译码功能，再驱动数码管显示。本题目的重点是掌握 BCD 译码电路 74LS47 的工作原理、使用以及如何控制 2 位数码管来显示不同数字的编程。

2.13　16×16 LED 点阵单色显示屏的字符显示

单片机控制 16×16 点阵显示器（共阴极），来循环显示字符"电子技术"。原理电路如图 2-13 所示，图中 74HC154 为 4-16 译码器，74HC04 为驱动器。

图 2-13 中的 16×16 LED 点阵显示屏的 16 行行线 R0～R15 的电平，由 P1 口的低 4 位经 4-16 译码器 74HC154 的 16 条译码输出线 L0~L15 经驱动后的输出来控制。16 列列线 C0～C15 的电平由 P0 口和 P2 口控制。剩下的问题就是如何确定显示字符的点阵编码，以及控制好每一屏逐行显示的扫描速度（刷新频率）。

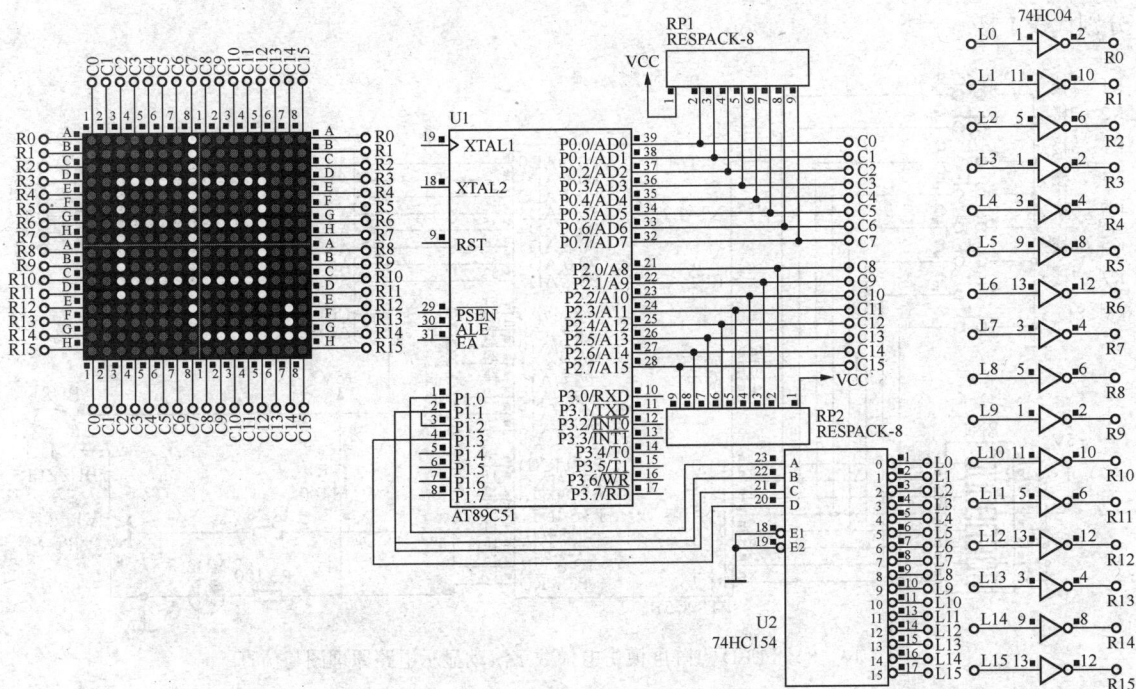

图 2-13　控制 16×16 LED 点阵显示器（共阴极）显示字符

扫描显示时，单片机通过 P1 口低 4 位经 4-16 译码器 74HC154 的 16 条译码输出线 L0～L15 加以驱动后的输出来控制，逐行为高电平，来扫描。由 P0 口与 P2 口控制列码的输出，从而显示出某行应当点亮的发光二极管。

下面以显示汉字"子"为例，说明其显示过程。由上面的程序可看出，汉字"子"的前 3 行发光二极管的列码为"0xff,0xff,0x03,0xf0,0xff,0xfb,…"，第一行的列码为"0xff,0xff"，由 P0 口与 P2 口输出，此时没有点亮的发光二极管。第二行的列码为"0x03,0xf0"，通过 P0 口与 P2 口输出后，由图 2-13 所示的电路可看出，0x03 加到列线 C7～C0 的二进制编码为"0000 0011"，这里要注意加到 8 个发光二极管上的对应位置。按照图 2-13 所示的连线关系，加到从左到右发光二极管

C0～C7 的二进制编码为 "1100 0000"，即最左边的 2 个发光二极管不亮，其余的 6 个发光二极管点亮。同理，P2 口输出的 0xf0 加到列线 C15～C8 的二进制编码为 "1111 0000"，即加到 C8～C15 的二进制编码为 "0000 1111"，所以第二行最右边的 4 个发光二极管不亮。对应通过 P0 口与 P2 口输出加到第 3 行 15 个发光二极管的列码为 "0xff,0xfb,"，对应于从左到右的 C0～C15 的二进制编码为 "1111 1111 1101 1111"，从而从第 3 行左边数第 11 个发光二极管被点亮，其余均熄灭。其余各行点亮的发光二极管，也是由 16×16 点阵的列码来决定的。

2.14 电梯运行控制的楼层显示（8×8 LED 点阵）

设计一个用单片机控制 8×8 LED 点阵屏来模仿电梯运行的楼层显示与控制装置，原理电路如图 2-14 所示。单片机 P1 口的 8 只引脚接有 8 只按键开关 K1～K8，这 8 只按键开关 K1～K8 分别代表 1 楼～8 楼。

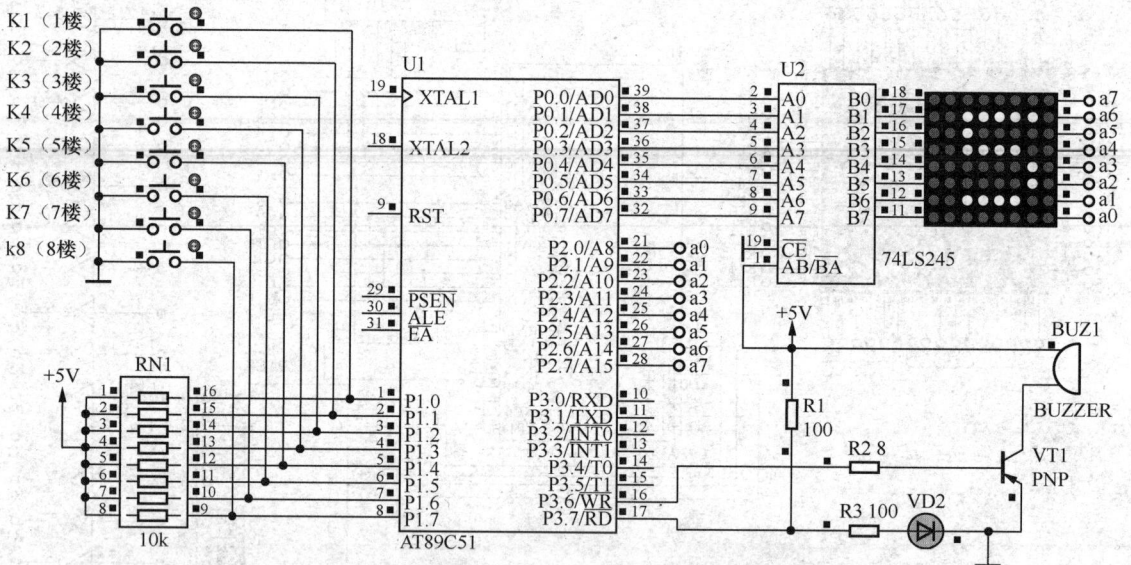

图 2-14 8×8 LED 点阵屏模仿电梯数字滚动显示电路原理图与仿真

电梯楼层显示器初始显示 0。如果按下代表某一楼层的按键，单片机控制的 8×8 LED 点阵屏将从当前位置向上或向下平滑滚动显示到指定楼层的位置。

在上述功能的基础上，还设有 LED 指示灯和蜂鸣器，在到达指定楼层后，蜂鸣器发出短暂声音且 LED 闪烁片刻。系统还应同时识别依次按下的多个按键，例如，当前位置在 1 楼用户依次按下 6 和 5 时，数字分别向上滚动到 5、6 时暂停，且 LED 闪烁片刻，同时蜂鸣器发出提示音。如果待去的楼层的数字中在当前运行的反方向，则数字先在当前方向运行完毕后，再依次按顺序前往反方向的楼层位置。

2.15　查询方式的独立式键盘设计案例

本案例要求设计一个具有 8 个独立式按键以及由 1 个共阳极 LED 数码管构成的查询方式的独立式键盘，原理电路如图 2-15 所示。单片机 P1 口接有 8 个独立按键 K0~K7，P2 口接有 1 个共阳极 LED 数码管，按下 8 个按键中的任意一个，即可把对应键号显示出来。例如，当 K5 键按下时，LED 数码管显示 "5"。

独立式键盘的特点是一键一线，各键相互独立，每个按键各接一条 I/O 端口线，按键未按下时，对应的 I/O 端口线为稳定的高电平。按键按下时，对应的 I/O 端口线为低电平。

因此，只需读入 I/O 端口线的状态，判别是否为低电平，就很容易识别出哪个键被按下。独立式键盘适用于按键数目较少的场合，如果按键数目较多，则要占用较多的 I/O 端口线。

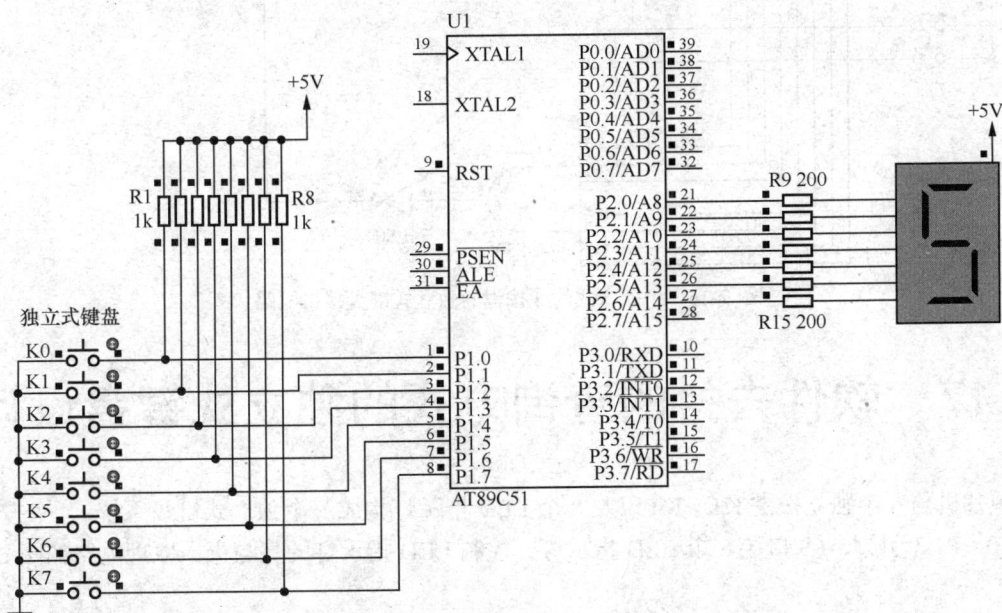

图 2-15　查询方式的 8 按键的独立式键盘接口电路

2.16　中断方式的独立式键盘设计

采用查询方式的独立式键盘，不管是否有按键按下，都必须扫描键盘。为提高单片机的工作效率，可采用中断扫描方式，接口电路如图 2-16 所示，即只有在键盘有按键按下时，才进行扫描与处理。中断扫描方式的键盘实时性强，工作效率高。

图 2-16 所示的键盘中有按键按下时，8 输入与非门 74LS30 的输出经过 74LS04 反相后向单片机的中断请求输入引脚 $\overline{INT0}$ 发出低电平的中断请求信号，单片机响应中断，进入外部中断 $\overline{INT0}$ 的中断函数，在中断函数中，判断是哪一按键按下，并根据按下的按键显示其键号。

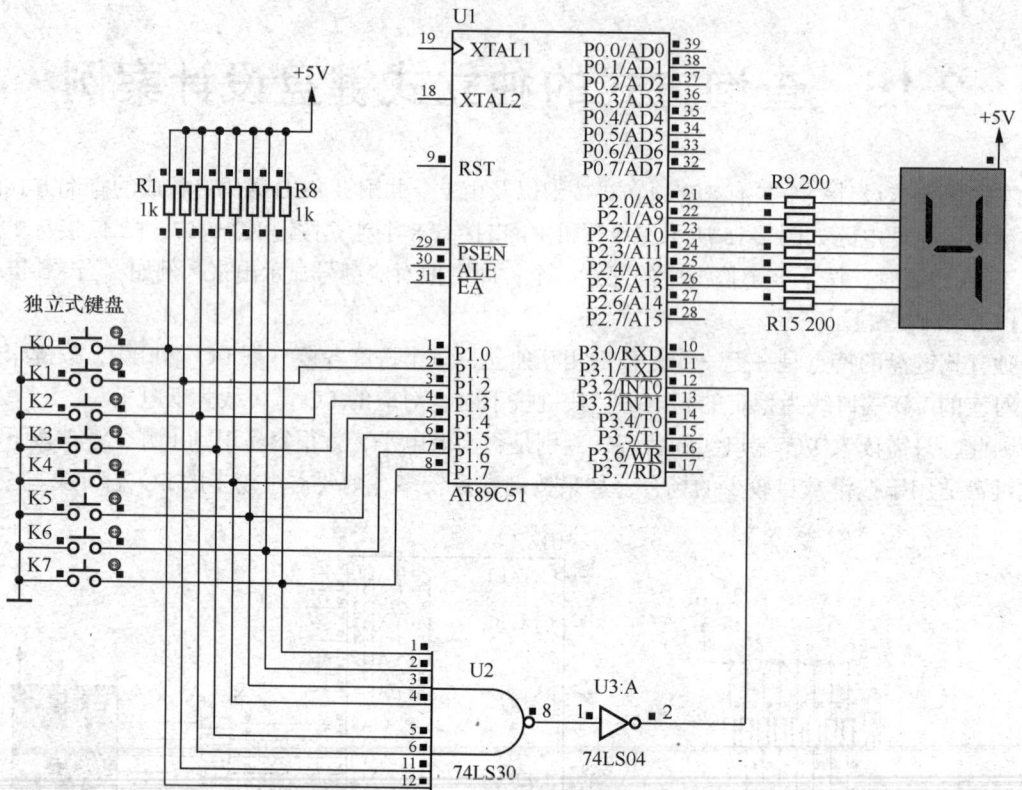

图 2-16　中断方式的 8 按键的独立式键盘接口电路

2.17　软件去抖的查询方式的独立式键盘设计

　　单片机与 4 个独立按键 K1～K4 以及 8 个 LED 指示灯构成一个独立式键盘系统。4 个按键接在 P1.0～P1.3 引脚，P3 口接 8 个 LED 指示灯，控制 LED 指示灯的亮与灭，原理电路如图 2-17

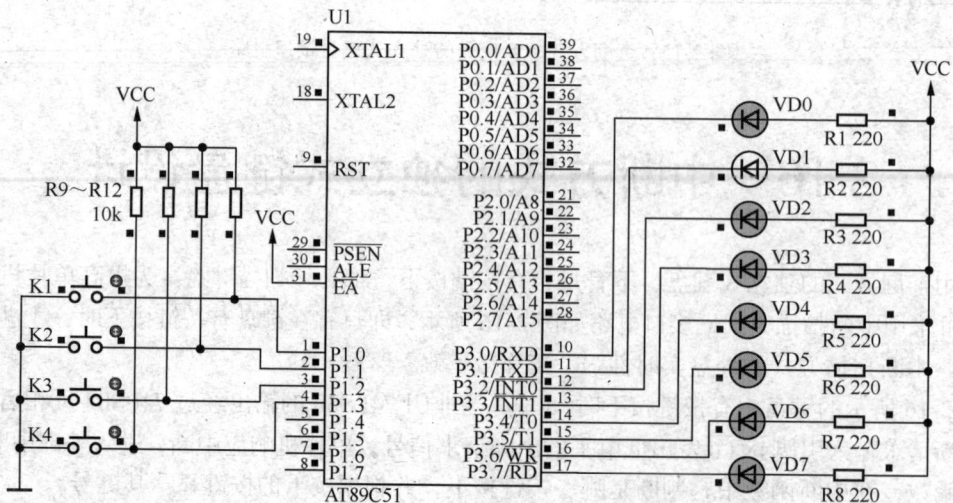

图 2-17　独立式键盘的接口原理电路

所示。当按下 K1 键时，P3 口的 8 个 LED 正向（由上至下）流水点亮；按下 K2 键时，P3 口的 8 个 LED 反向（由下而上）流水点亮；K3 键按下时，高、低 4 个 LED 交替点亮；按下 K4 键时，P3 口的 8 个 LED 闪烁点亮。

本题目中的 4 个按键 K1～K4 分别对应 4 种不同的点亮功能，且具有不同的键值 "keyval"，具体如下。

- 按下 K1 按键时，keyval=1。
- 按下 K2 按键时，keyval=2。
- 按下 K3 按键时，keyval=3。
- 按下 K4 按键时，keyval=4。

本题目的独立式键盘的工作原理如下。

（1）首先判断是否有按键按下。将接有 4 个按键的 P1 口低 4 位（P1.0～P1.3 引脚）写入 "1"，使 P1 口低 4 位为输入状态。然后读入低 4 位的电平，只要不为 "1"，就说明有键按下。读取方法如下。

```
P1=0xff;
if((P1&0x0f)!=0x0f);          //读入的 P1 口低 4 位各按键的状态，经 "与" 运算后的结果
                              //不是 0x0f，表明低 4 位必有 1 位是 "0"，说明有键按下
```

（2）按键去抖动。当判别有键按下时，调用软件延时子程序，延时约 10ms 后再判别，若按键确实按下，则执行相应的按键功能，否则重新开始扫描。

（3）获得键号。确认有键按下时，可采用扫描方法来判断哪个键按下，并获取键值。

2.18 4×4 矩阵键盘的查询方式扫描设计

矩阵式（也称行列式）键盘由行线和列线组成，用于按键数目较多的场合。按键位于行、列线的交叉点上，一个 4×4 的行、列结构可以构成一个 16 按键的键盘，只需要一个 8 位的并行 I/O 端口即可。

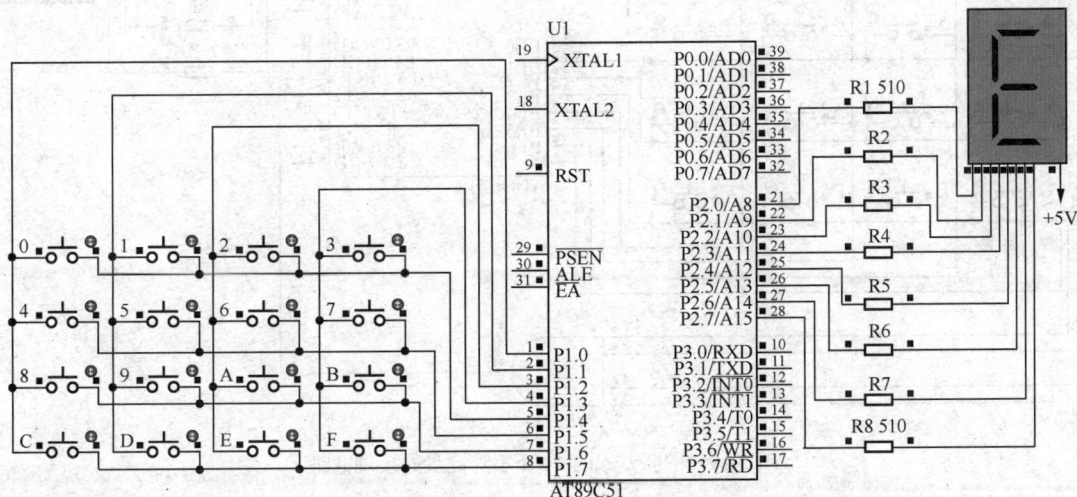

图 2-18 数码管显示 4×4 矩阵键盘键号的原理电路

采用 8×8 的行、列结构，可以构成一个 64 按键的键盘，只需要两个 8 位的并行 I/O 端口即可。因此，在按键数目较多的场合，矩阵式键盘要比独立式键盘节省较多的 I/O 端口线。

下面介绍 4×4 矩阵式键盘的查询扫描方式的案例设计。

单片机的 P1.7～P1.4 引脚接 4×4 矩阵键盘的行线，P1.3～P1.0 引脚接矩阵键盘的列线，键盘各按键的编号如图 2-18 所示，使用数码管来显示 4×4 矩阵键盘中按下键的键号。数码管的显示由 P2 口控制，当矩阵键盘的某一键按下时，在数码管上显示对应的键号。例如，1 号键按下时，数码管显示"1"；E 键按下时，数码管显示"E"，等等。

2.19 4×4 矩阵键盘的中断方式扫描设计

在查询扫描方式中，不管键盘上有无按键按下，程序总要扫描键盘，而在实际应用中，键盘并不经常工作，因此单片机经常处于空扫描状态，工作效率较低。为提高工作效率，可采用中断扫描方式，即当键盘上有键闭合时产生中断请求，单片机响应中断后，转去执行中断服务程序，判断闭合键的键号，并作相应的处理。

图 2-19 是一种常用的中断扫描式的矩阵键盘接口电路。键盘的列线与 P1 口的 P1.4～P1.7 引脚相连，是扫描输入线，键盘的行线与 P1 口的 P1.0～P1.3 引脚相连，是扫描输出线，图 2-19 中的与门 74LS21 的 4 个输入端与行线相连，与门的输出接到单片机的外部中断 0，当有按键按下时，产生按键中断请求信号。

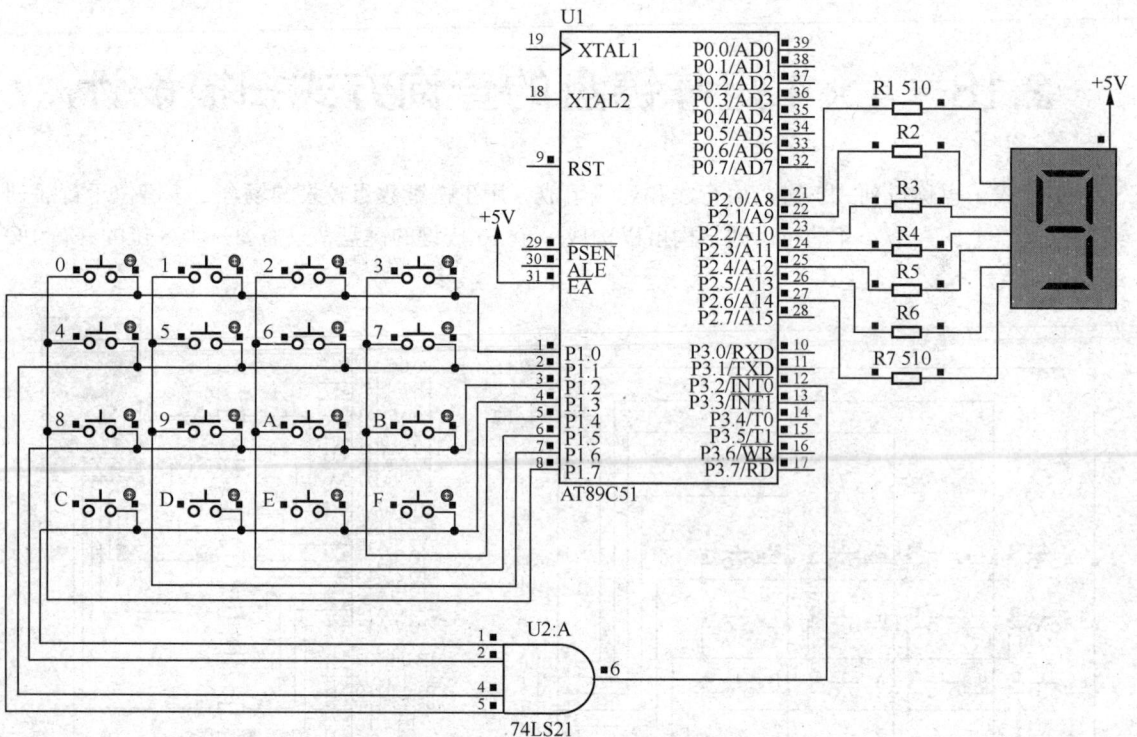

图 2-19 中断方式的 4×4 矩阵键盘的接口电路

工作过程如下：程序首先把所有列线置为低电平，然后检测各行线的状态，若所有行线均为高电平，则说明键盘中无键按下。当有键按下时，相应行线为低电平，与门输出也为低电平，向单片机申请中断，单片机响应中断，在中断服务程序中执行键盘扫描子程序。扫描原理与查询式扫描相同。

2.20　4×4 矩阵键盘按键识别与 BCD-7 段译码显示

单片机与 4×4 矩阵键盘接口的原理电路如图 2-20 所示。AT89C51 单片机对 4×4 矩阵键盘进行动态扫描。当某个键按下时，可得到相应按键值的两位 BCD 码，由 P2 口和 P3 口的低 4 位输出，通过 BCD-7 段数码管译码器/驱动器 74LS47 直接驱动两位数码管显示键号。

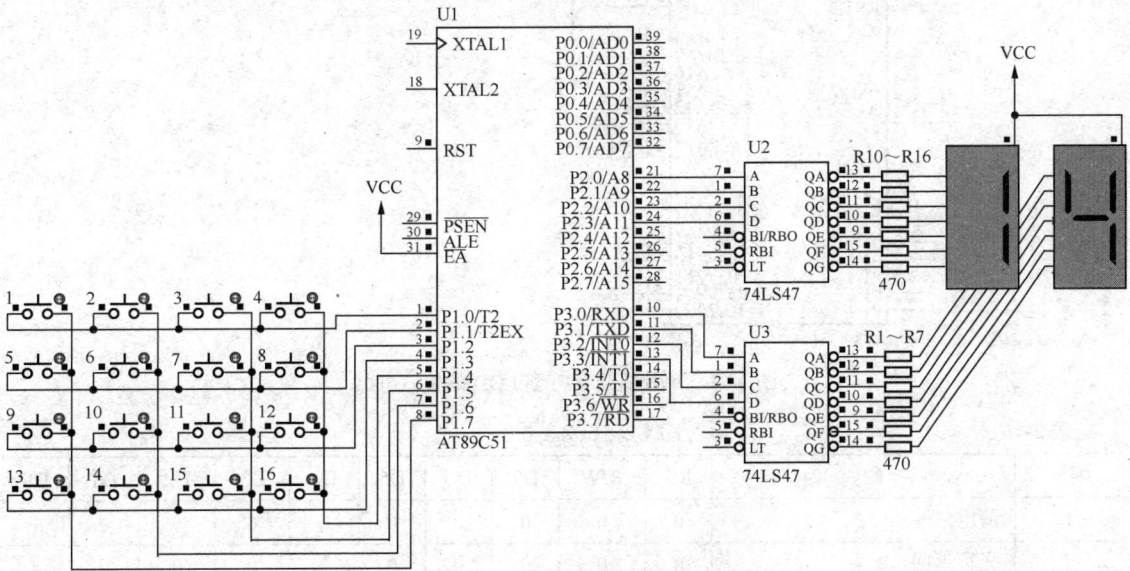

图 2-20　4×4 矩阵键盘的原理电路

P1 口的低 4 位与键盘的行线相接，高 4 位与键盘的列线相接。

2.21　字符型 LCD1602 的控制显示

要使 LCD1602 显示某字符或字符串，只需在 C51 程序中写入要显示的字符常量或字符串常量，C51 程序在编译后会自动生成其标准的 ASCII 码，然后将该 ASCII 码送入显示 RAM，内部控制电路就会自动将该 ASCII 码对应的字符点阵在 LCD1602 上显示出来。

用 AT89C51 单片机驱动字符型液晶显示器 LCD1602，使其显示两行文字："Welcome"与"Harbin　Institute"，如图 2-21 所示。

LCD1602 显示字符，首先要对其进行初始化设置，还需要设置有无光标、光标的移动方向、光标是否闪烁及字符移动的方向等，才能获得所需的显示效果。对 LCD1602 的初始化、读、写、光标设置、显示数据的指针设置等，都是通过单片机向 LCD1602 写入命令字来实现的。命令字如

表 2-1 所示。

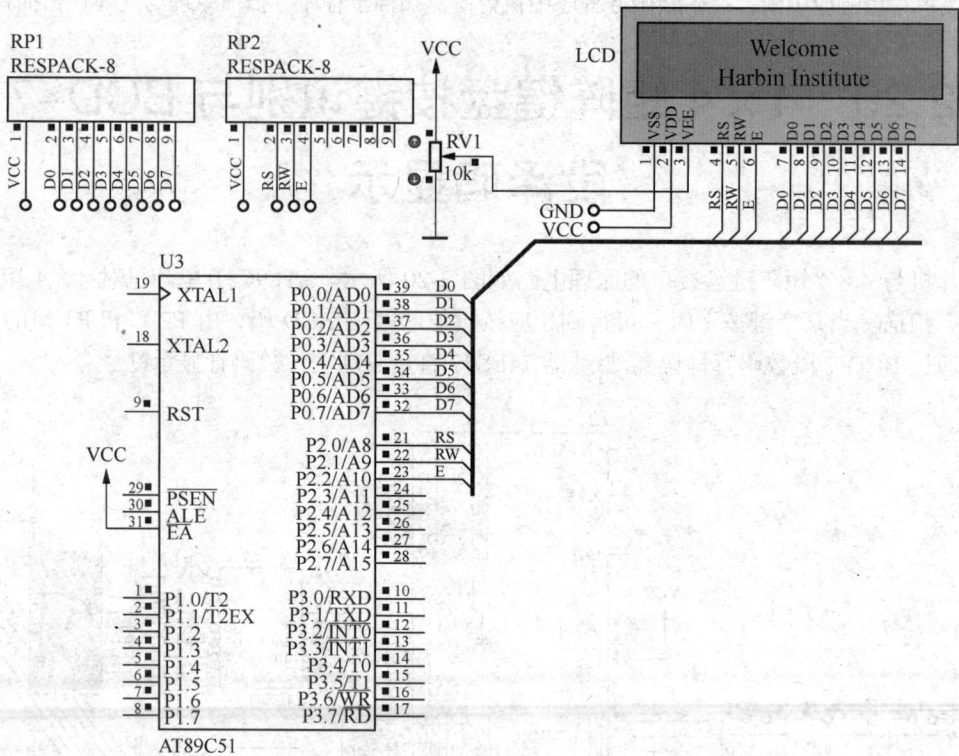

图 2-21　单片机与字符型 LCD 的接口电路

表 2-1　　　　　　　　　　　　　　LCD 1602 的命令字

编号	命令	RS	R/W	D7	D6	D5	D4	D3	D2	D1	D0
1	清屏	0	0	0	0	0	0	0	0	0	1
2	光标返回	0	0	0	0	0	0	0	0	0	×
3	显示模式设置	0	0	0	0	0	0	0	1	I/D	S
4	显示开/关及光标设置	0	0	0	0	0	0	1	D	C	B
5	光标或字符移位	0	0	0	0	0	1	S/C	R/L	×	×
6	功能设置	0	0	0	0	1	DL	N	F	×	×
7	CGRAM 地址设置	0	0	0	1	字符发生存储器地址					
8	DDRAM 地址设置	0	0	1	显示数据存储器地址						
9	读忙标志或地址	0	1	BF	计数器地址						
10	写数据	1	0	要写的数据							
11	读数据	1	1	读出的数据							

表 2-1 中的 11 个命令功能说明如下。

● 命令 1：清屏，光标返回到地址 00H 位置（显示屏的左上方）。

● 命令 2：光标返回到地址 00H 位置（显示屏的左上方）。

● 命令 3：显示模式设置。

I/D——DDRAM 地址指针加 1 或减 1 选择位。

I/D=1，表示读或写一个字符后地址指针加 1。

I/D=0，表示读或写一个字符后地址指针减 1。

S——屏幕上所有字符移动方向是否有效的控制位。

S=1：当写入一个字符时，整屏显示左移（I/D=1）或右移（I/D=0）。

S=0：整屏显示不移动。

- 命令 4：显示开/关及光标设置。

D——屏幕整体显示控制位。D=0 表示关显示，D=1 表示开显示。

C——光标有无控制位。C=0 表示无光标，C=1 表示有光标。

B——光标闪烁控制位。B=0 表示不闪烁，B=1 表示闪烁。

- 命令 5：光标或字符移位。

S/C——光标或字符移位选择控制位。S/C=1 表示移动显示的字符，S/C=0 表示移动光标。

R/L——移位方向选择控制位。R/L=0 表示左移，R/L=1 表示右移。

- 命令 6：功能设置。

DL——传输数据的有效长度选择控制位。DL=1 为 8 位数据线接口；DL=0 为 4 位数据线接口。

N——显示器行数选择控制位。N=0 表示单行显示，N=1 表示两行显示。

F——字符显示的点阵控制位。F=0 表示显示 5×7 点阵字符，F=1 表示显示 5×10 点阵字符。

- 命令 7：CGRAM 地址设置。
- 命令 8：DDRAM 地址设置。LCD 内部设有一个数据地址指针，用户可以通过它访问内部全部 80 字节的数据显示 RAM。命令 8 的数据格式为：80H+地址码。其中，80H 为命令码。
- 命令 9：读忙标志或地址。

BF——忙标志。BF=1 表示 LCD 忙，此时 LCD 不能接收命令或数据；BF=0 表示 LCD 不忙。

- 命令 10：写数据。
- 命令 11：读数据。

LCD1602 内部有 80 字节的显示 RAM，与显示屏上的字符显示位置是一一对应的。

当向显示 RAM 的 00H～0FH（第 1 行）、40H～4FH（第 2 行）地址中的任一处写入数据时，LCD 将立即显示出来，该区域也称为可显示区域；而当写入 10H～27H 或 50H～67H 地址处时，字符是不会显示出来的，该区域也称为隐藏区域。如果要显示写入到隐藏区域的字符，需要通过光标和字符移位命令（命令 5）将它们移入可显示区域方可正常显示。

LCD1602 的一般初始化设置如下。

- 写命令 38H，即显示模式设置（16×2 显示，5×7 点阵，8 位数据接口）。
- 写命令 08H，显示关闭。
- 写命令 01H，显示清屏，数据指针清零。
- 写命令 06H，写一个字符后地址指针加 1。
- 写命令 0CH，设置开显示，不显示光标。

LCD 是慢显示器件，在写入上述命令以及读取数据时，通常需要检测忙标志位 BF 是否处于"忙"状态。标志位 BF 与单片机 8 位双向数据线的 D7 位连接。BF=0 时，表示 LCD 不忙，可向 LCD 写入命令或数据；BF=1 时，表示 LCD 处于忙状态，需要等待。

2.22 点阵式液晶显示屏LCD12864的显示编程

本题目要求单片机控制点阵式液晶显示器 LCD12864 分两行显示"PROTEUS 电子设计与创新的最佳平台"，电路如图 2-22 所示。

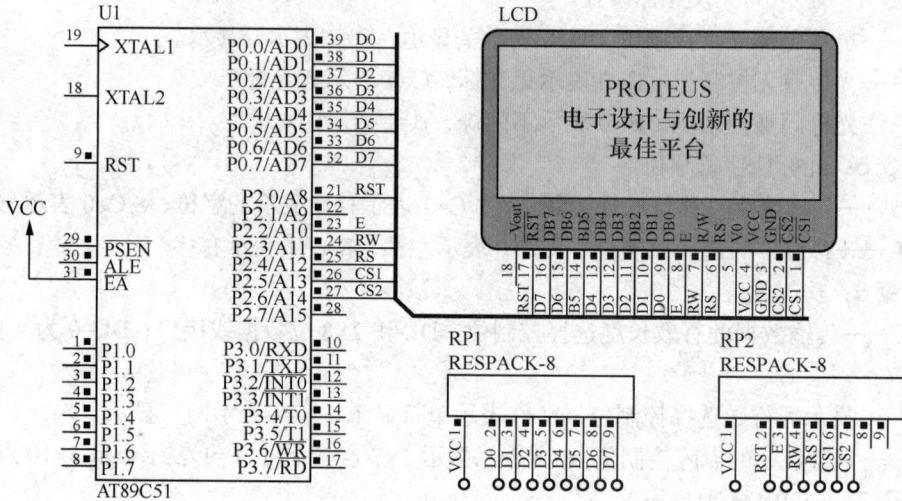

图 2-22 单片机控制点阵式液晶显示器 LCD12864 的字符显示电路

2.23 单一外中断应用

本题目要求利用单片机外部中断功能改变数码管的显示状态，原理电路如图 2-23 所示。

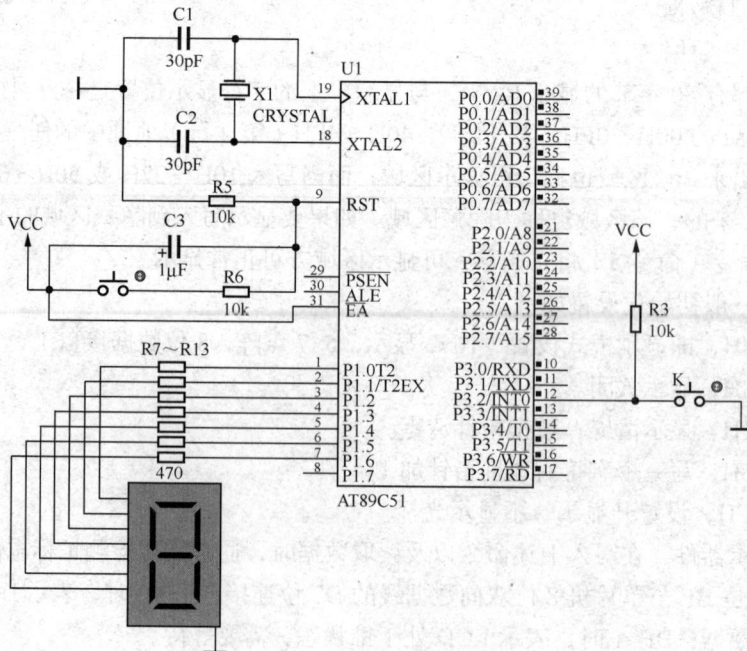

图 2-23 外部中断应用原理电路

当无外部中断 0 的中断请求时，主程序运行状态为数码管的 a～g 段依次点亮循环显示。单击一下按钮开关 K，立即产生外部中断 0 的中断请求，转而执行相应的中断服务程序，数码管显示状态改为闪烁 3 次显示字符"8"，然后返回主程序断点处继续执行程序，继续把 a～g 段依次点亮循环显示。

2.24　中断嵌套的应用

中断嵌套只能发生在单片机正在执行一个低优先级中断服务程序时，此时又有一个高优先级中断产生，从而产生高优先级中断打断低优先级中断服务程序，去执行高优先级中断服务程序。高优先级中断服务程序完成后，再继续执行低优先级中断服务程序。

电路如图 2-24 所示。设计一个中断嵌套程序，要求 K1 和 K2 都未按下时，P1 口的 8 只 LED 呈流水灯显示，当按一下 K1 时，产生一个低优先级的外中断 0 请求（跳沿触发），进入外中断 0 中断服务程序，上下 4 只 LED 交替闪烁。此时按一下 K2，产生一个高优先级的外中断 1 请求（跳沿触发），进入外中断 1 中断服务程序，使 8 只 LED 全部闪烁。当显示 5 次后，再从外中断 1 返回继续执行外中断 0 中断服务程序，即上下 4 只 LED 交替闪烁。设置外中断 0 为低优先级，外中断 1 为高优先级。

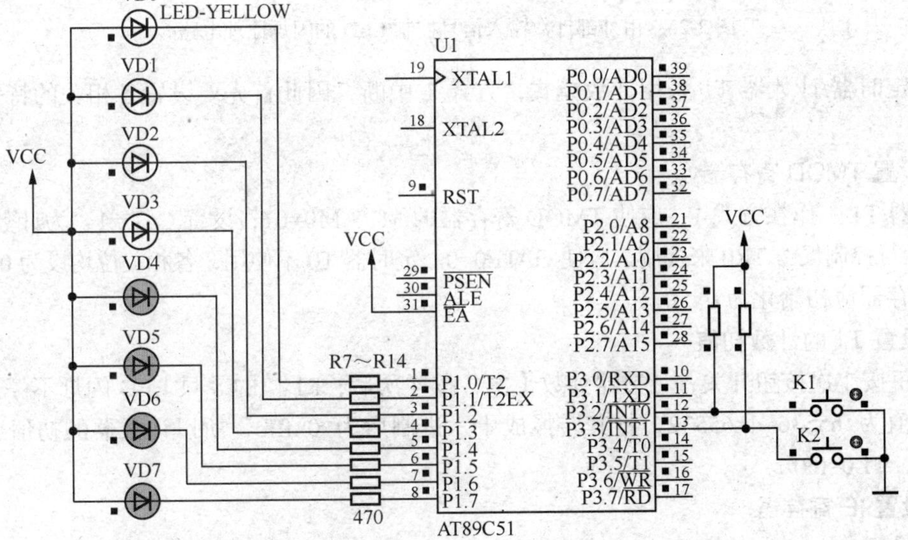

图 2-24　中断嵌套应用电路

2.25　外部计数输入信号控制 LED 灯闪烁

如图 2-25 所示，单片机计数输入引脚 T1（P3.5）上外接按钮开关，作为计数信号输入。按 4 次按钮开关后，P1 口的 8 只 LED 闪烁不停。

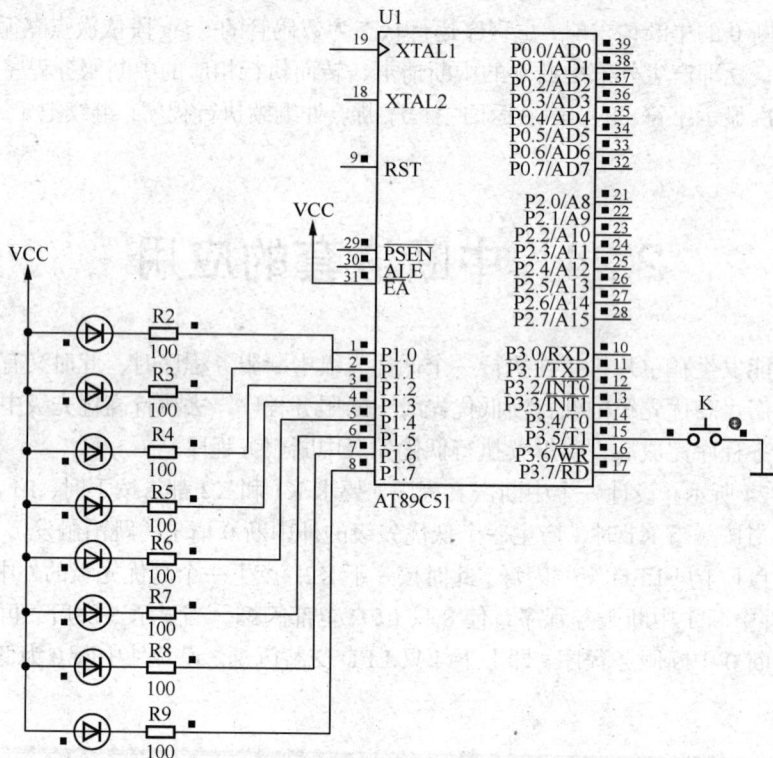

图 2-25　由外部计数输入信号控制 LED 的闪烁原理电路

本例定时器/计数器 T1 采用计数模式，方式 1 中断，因此首先要设置各相关的特殊功能寄存器。

1. 设置 TMOD 寄存器

定时器 T1 工作在方式 1，应使 TMOD 寄存器的 M1、M0=01；设置 C/$\overline{\text{T}}$=1，为计数器模式；对 T0 的运行控制仅由 TR0 来控制，应使 GATE0=0。定时器 T0 不使用，各相关位均设为 0。因此，TMOD 寄存器应初始化为 0x50。

2. 设置 T1 的计数初值

由于每按 1 次按钮开关，计数器计数 1 次，按 4 次后，P1 口的 8 只 LED 闪烁不停。因此计数器的初值为 65536−4=65532，将其转换成十六进制后为 0xfffc，所以计数器的初值应装入：TH0=0xff，TL0=0xfc。

3. 设置 IE 寄存器

由于采用 T1 中断，所以需将 IE 寄存器中的 EA、ET1 位置 1。

4. 启动和停止定时器 T1

将定时器控制寄存器 TCON 中的 TR1=1，启动定时器 T1 计数；TR1=0，停止 T1 计数。

2.26　控制 8 只 LED 每 0.5s 闪亮一次

单片机的 P1 口上接有 8 只 LED，原理电路如图 2-26 所示。下面采用定时器 T0 的方式 1 的定时中断，控制 P1 口外接的 8 只 LED 每 0.5s 闪亮一次。

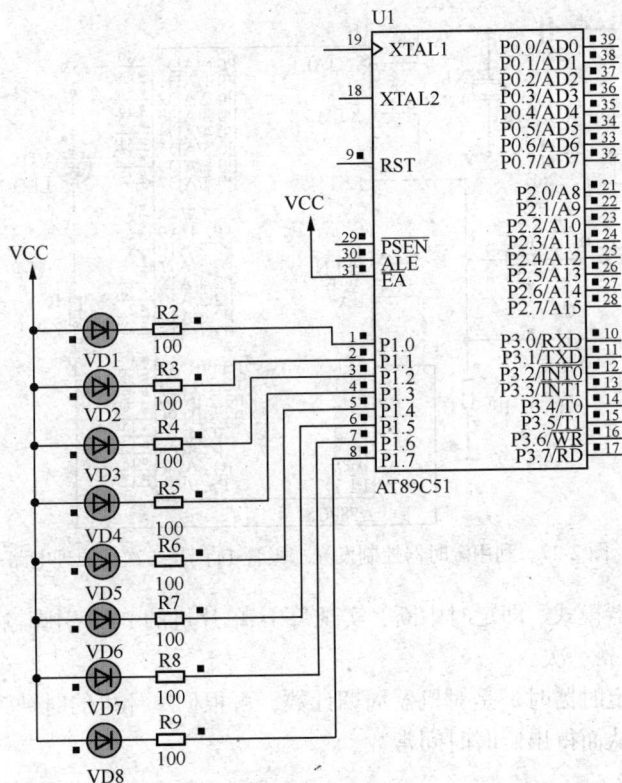

图 2-26 单片机控制 8 只 LED 每 0.5s 闪亮一次的原理电路

1. 设置 TMOD 寄存器

定时器 T0 工作在方式 1，应使 TMOD 寄存器的 M1=M0=01；设置 C/$\overline{T}$=0，为定时器工作模式；对 T0 的运行控制仅由 TR0 来控制，应使相应的 GATE0 位=0。定时器 T1 不使用，各相关位均设为 0。

2. 计算定时器 T0 的计数初值

设定时时间为 5ms（即 5000μs），设定时器 T0 的计数初值为 x，假设晶振的频率为 11.0592MHz，则定时时间为：

定时时间=（$2^{16}-x$）×12/晶振频率

则　5000=（$2^{16}-x$）×12/11.0592

得　x=60928

转换成十六进制后为：0xee00，其中，0xee 装入 TH0，0x00 装入 TL0。

3. 设置 IE 寄存器

本例由于采用定时器 T0 中断，因此需将 IE 寄存器中的 EA、ET0 位置 1。

2.27　秒定时的设计

利用片内定时器/计数器来实现 1s 定时。原理电路如图 2-27 所示。单片机 P1.0 引脚控制发光二极管闪烁，时间间隔 1s。

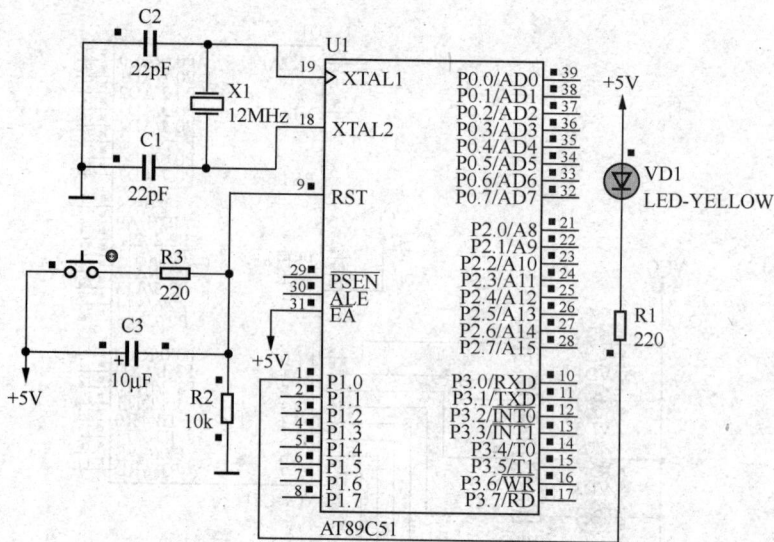

图 2-27　利用定时器控制发光二极管 1s 闪亮 1 次的原理电路

本题目使用定时器模式，即定时中断，实现每 1s 单片机的 P1.0 引脚输出状态发生一次翻转，即发光二极管每 1s 闪亮一次。

内部计数器用于定时器时，是对机器周期计数，可根据单片机的时钟频率计算出机器周期，再计算出定时时间，从而得出定时时间常数。

2.28　控制 P1.0 引脚产生频率为 500Hz 的方波

假设系统时钟为 12MHz，实现从单片机 P1.0 引脚上输出一个频率为 500Hz，即周期为 2ms 的方波。

要在 P1.0 引脚上产生周期为 2ms 的方波，定时器应产生 1ms 的定时中断，定时时间到时，在中断服务程序中对 P1.0 引脚求反。使用定时器 T0 的方式 1 定时中断，GATE 不起作用。

本题目的原理电路如图 2-28 所示。其中在 P1.0 引脚接有（虚拟）示波器，用来观察产生的

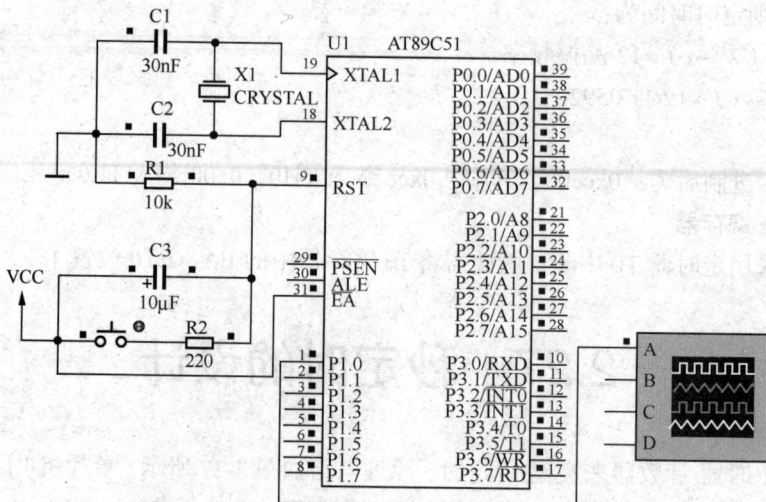

图 2-28　定时器控制 P1.0 引脚输出周期 2ms 的方波的原理电路

周期为 2ms 的方波。

下面计算 T0 的初值：设 T0 的初值为 x，有

$$(2^{16} - x) \times 1 \times 10^{-6} = 1 \times 10^{-3}$$

即

$$65536 - x = 1000$$

得 x=64536，对应的十六进制数的计数初值为 0xfc18。将高 8 位数 0xfc 装入 TH0，低 8 位数 0x18 装入 TL0。

2.29 利用 T1 控制发出 1kHz 的音频信号

本题目的电路如图 2-29 所示。

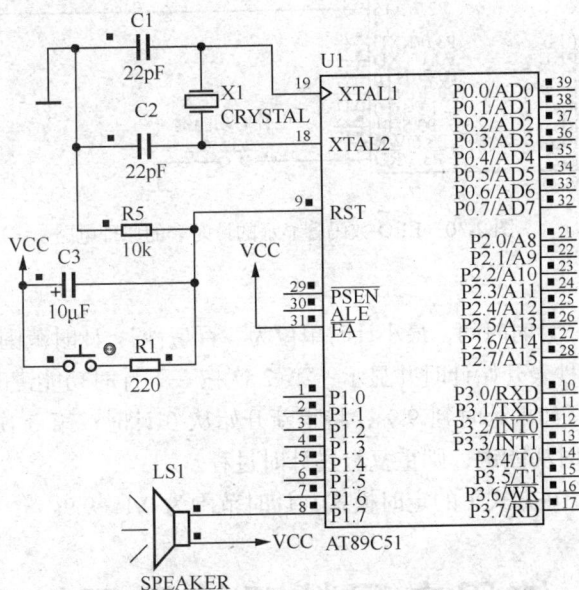

图 2-29　控制蜂鸣器发出 1kHz 的音频信号的原理电路

本电路利用定时器 T1 的中断控制 P1.7 引脚输出频率为 1kHz 的方波音频信号，并驱动蜂鸣器发声。系统时钟为 12MHz。方波音频信号的周期为 1ms，因此 T1 的定时中断时间为 0.5 ms，进入中断服务程序后，对 P1.7 引脚求反。先计算 T1 初值，系统时钟为 12MHz，则方波的周期为 1μs。1kHz 的音频信号周期为 1ms，要定时计数的脉冲数为 x，则装入 T1 的高 8 位计数初值和低 8 位计数初值分别为：

$$TH1 = (65536 - x)/256;\quad TL1 = (65536 - x)\%256$$

2.30 LED 显示的秒计时表的制作

制作一个 LED 数码管秒表，原理电路如图 2-30 所示。

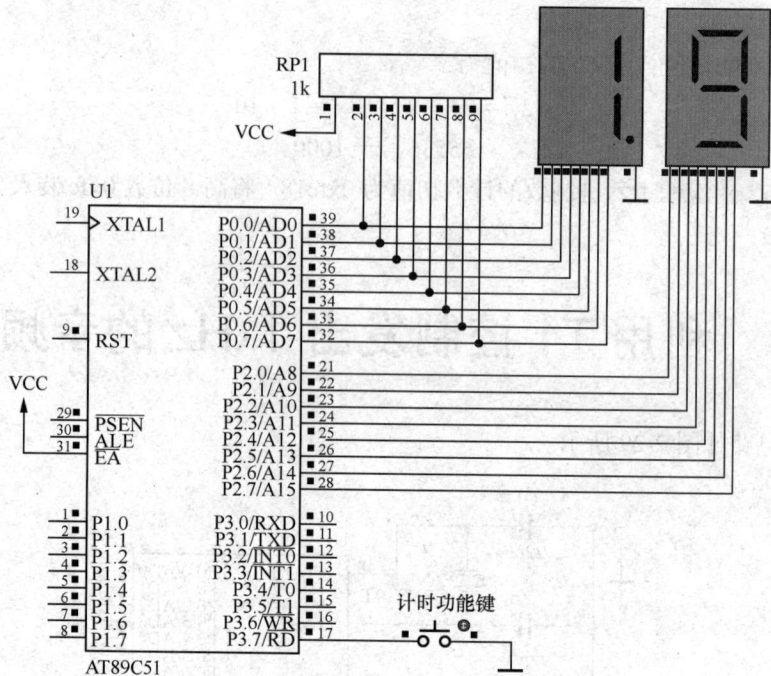

图 2-30　LED 数码管显示的计时表的原理电路

具体要求如下。

用 2 位数码管来显示计时时间，最小计时单位为"百毫秒"，计时范围为 0.1～9.9s。当第 1 次按一下计时功能键时，秒表开始计时并显示；第 2 次按一下计时功能键时，停止计时，将计时的时间值在数码管上显示；如果计时到 9.9s，将重新开始从 0 计时；第 3 次按一下计时功能键，秒表清零。再次按一下计时功能键，则重复上述计时过程。

本秒表采用定时器 T0 方式 1 的定时模式，计时范围为 0.1～9.9s。

2.31　使用专用数码管显示控制芯片的秒计时表制作

制作一个 2 位 LED 数码管显示的秒计时表，最小计时单位为"秒"，显示范围为 00～99s，每秒自动加 1，另设置一个"开始"键和一个"复位"键。如"开始"键按下，时钟开始走时，数码管显示 2 位的秒时间；如"复位"键按下，数码管清零显示"00"。

秒计时表的电路原理如图 2-31（a）所示。图中为按下"开始"按键后的情况，在按键按下前，数码管无显示。运行期间如果按下"复位"按键，则计时停止，数码管显示"00"。

本题目采用了专用的数码管显示控制芯片 MAX7219，其引脚如图 2-31（b）所示。MAX7219 是美国 MAXIM 公司的串行输入/输出共阴极显示驱动器，该芯片最多可驱动 8 只 LED 数码管或 64 个 LED 和条形图显示器。各引脚及功能说明见图 2-31（b）与表 2-2。

MAX7219 典型应用电路如图 2-31（c）所示，"8 DIGITS"为位码端，"8 SEGMENTS"为段码端。对于 MAX7219，串行数据以 16 位包的形式从 DIN 引脚串行输入，在 CLK 的每一个上升

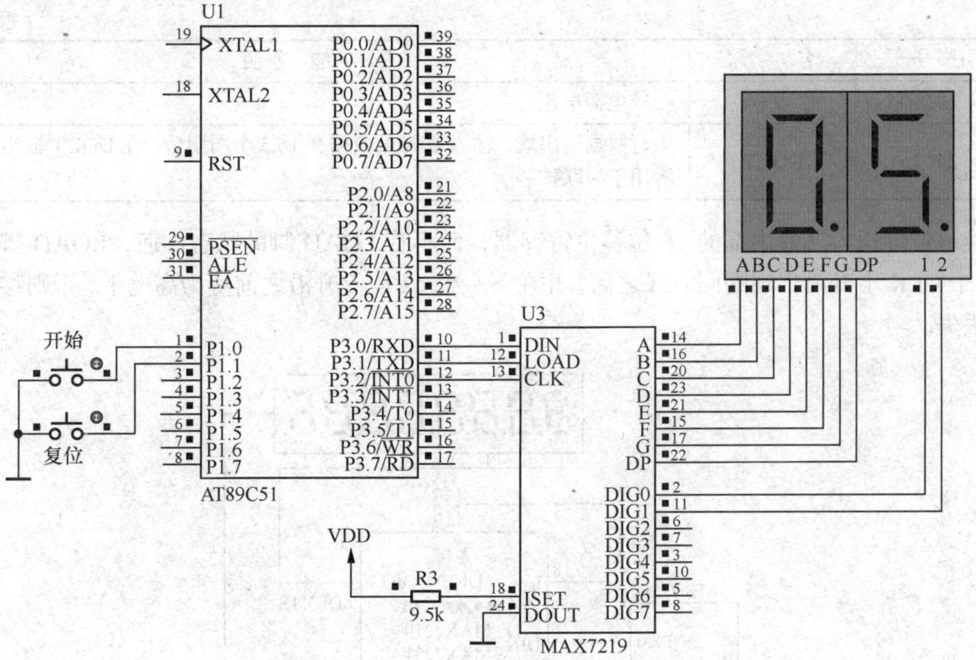

U1

AT89C51

19 XTAL1
18 XTAL2
9 RST
29 PSEN
30 ALE
31 EA

P0.0/AD0 39
P0.1/AD1 38
P0.2/AD2 37
P0.3/AD3 36
P0.4/AD4 35
P0.5/AD5 34
P0.6/AD6 33
P0.7/AD7 32

P2.0/A8 21
P2.1/A9 22
P2.2/A10 23
P2.3/A11 24
P2.4/A12 25
P2.5/A13 26
P2.6/A14 27
P2.7/A15 28

开始

复位

P1.0 1
P1.1 2
P1.2 3
P1.3 4
P1.4 5
P1.5 6
P1.6 7
P1.7 8

P3.0/RXD 10
P3.1/TXD 11
P3.2/INT0 12
P3.3/INT1 13
P3.4/T0 14
P3.5/T1 15
P3.6/WR 16
P3.7/RD 17

U3

DIN 1
LOAD 12
CLK 13

A 14
B 16
C 20
D 23
E 21
F 15
G 17
DP 22

DIG0 2
DIG1 11
DIG2 6
DIG3 7
DIG4 3
DIG5 10
DIG6 5
DIG7 8

VDD

R3 9.5k

ISET 18
DOUT 24

MAX7219

ABCDEFG DP 1 2

图 2-31（a）　秒计时表的原理电路

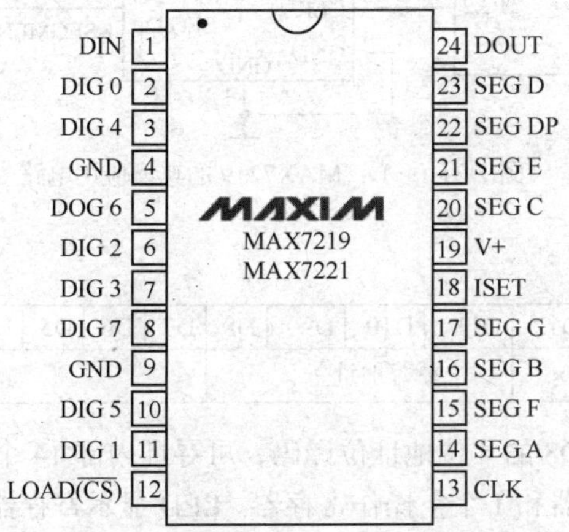

DIN 1 | 24 DOUT
DIG 0 2 | 23 SEG D
DIG 4 3 | 22 SEG DP
GND 4 | 21 SEG E
DOG 6 5 | 20 SEG C
DIG 2 6 | 19 V+
DIG 3 7 | 18 ISET
DIG 7 8 | 17 SEG G
GND 9 | 16 SEG B
DIG 5 10 | 15 SEG F
DIG 1 11 | 14 SEGA
LOAD(CS) 12 | 13 CLK

MAXIM
MAX7219
MAX7221

图 2-31（b）　MAX7219 的引脚

表 2-2　　　　　　　　　　　MAX7219 引脚说明

引脚号	名　称	功 能 说 明
1	DIN	串行数据输入端，在 CLK 的上升沿，数据被锁存入片内 16 位移位寄存器中
2,3,5,6,7,8,10,11	DIG0～DIG7	8 位 LED 位选线
4,9	GND	地（2 个 GND 必须连在一起）
12	LOAD	装载输入数据。在 LOAD 的上升沿最后 16 位串行数据被锁存
13	CLK	时钟输入。最高时钟频率为 10MHz。在 CLK 的上升沿，数据被锁存到内部移位寄存器，在 CLK 的下降沿，数据从 DOUT 脚输出
14～17 20～23	SEGA～SEGDP	7 段驱动和小数点驱动
18	ISET	该引脚通过一个电阻与 V+ 相连，设置段电流

引脚号	名　称	功　能　说　明
19	V+	+5V 电源电压
24	DOUT	串行数据输出端，输入 DIN 的数据在 16.5 个周期后，在 DOUT 输出，该引脚用于级联扩展

沿一位一位地送入芯片内部的 16 位移位寄存器，而不管 LOAD 脚的状态如何，LOAD 脚必须在第 16 个 CLK 上升沿出现的同时或之后，并在下一个 CLK 上升沿之前变为高电平，否则移入的数据将丢失。

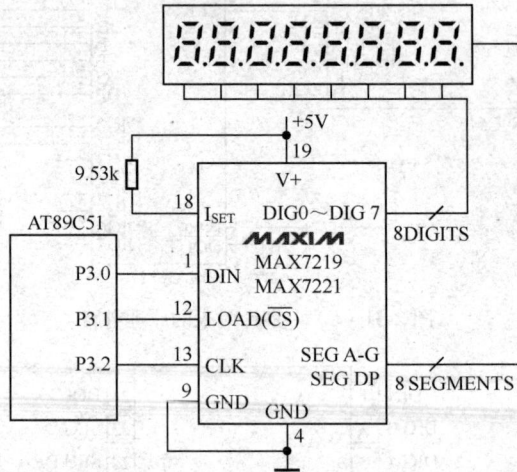

图 2-31（c）　MAX7219 的典型应用电路

16 位数据包的格式如下。

D15	D14	D13	D12	D11	D10	D9	D8	D7	D6	D5	D4	D3	D2	D1	D0
×	×	×	×	地址				数据							

　　MAX7219 通过 D11～D8 的 4 位地址位译码，可寻址内部 14 个寄存器，分别是 8 个 LED 显示位寄存器、5 个控制寄存器和 1 个空操作寄存器。LED 显示寄存器由内部 8×8 静态 RAM 构成，操作者可直接对位寄存器进行单独寻址，以刷新和保存数据，只要 V+超过 2V（一般为+5V）即可。控制寄存器包括：译码方式、亮度控制、扫描范围（选择扫描位数）、停机方式和显示测试寄存器。各寄存器的地址如表 2-3 所示。

表 2-3　　　　　　　　　　　各寄存器的地址

寄　存　器	地址（D15～D08）	十六进制（HEX）
空操作	××××0000	0x0
DIGIT0 数码管 0	××××0001	0x1
DIGIT0 数码管 1	××××0010	0x2
DIGIT0 数码管 2	××××0011	0x3
DIGIT0 数码管 3	××××0100	0x4
DIGIT0 数码管 4	××××0101	0x5

续表

寄　存　器	地址（D15～D08）	十六进制（HEX）
DIGIT0 数码管 5	××××0110	0x6
DIGIT0 数码管 6	××××0111	0x7
DIGIT0 数码管 7	××××1000	0x8
译码方式	××××1001	0x9
亮度控制	××××1010	0xa
扫描范围	××××1011	0xb
停机方式	××××1100	0xc
显示测试	××××1101	0xd

　　MAX7219 的驱动程序首先必须对 5 个控制寄存器进行初始化，初始化设置各项的选择如表 2-4 所示。由于 MAX7219 内部 16 位寄存器的位号与从 DIN 发送来的串行数据的位号刚好相反，所以数据在发送之前必须进行倒序。

表 2-4　　　　　　　　　　初始化设置各项的选择以及对应数值

设 置 项 目	选　择	颠倒后的数值（16 位）
亮度控制	17/32	0x5f1f
扫描范围	0～7 位	0xdfff
译码方式	非译码方式	0x9f00
显示测试	正常操作	0xff00
停机方式	正常操作	0x3f80

　　本题目通过按键控制计时表的走时/停止，采用定时器 T0 作为计时器，每 10ms 产生一次中断，每 100 次中断时间为 1s。在此期间，如"开始"按键按下，则程序将 TR0 置为 1，T0 运行，时钟开始走时；如"复位"按键按下，则程序将 TR0 置为 0，同时将时间变量清零，从而中断停止，并实现复位。

2.32　脉冲分频器的设计

　　设计一个 100 脉冲分频器。使用定时器 T1 的方式 2 对 T1 引脚（P3.5 引脚）输入的脉冲计数，每计满 100 个脉冲时，在 P1.1 引脚输出一个正脉冲。T1 引脚输入的计数脉冲由虚拟数字时钟发生器产生，同时在 T1 引脚接有一个虚拟计数器/计时器来监测数字时钟发生器输出的脉冲数。

　　脉冲分频器的原理电路如图 2-32（a）所示。

　　定时器 T1 的方式 2 的初值设置为 9CH（十进制数 156）。T1 对 P3.5 引脚的脉冲计数，每计满 100 个数，T1 溢出，申请中断，进入中断服务程序，把 P1.1 引脚的电平求反，从而产生对数字时钟源 100 分频后的方波。同时使用另一个虚拟的计数器/计时器对 P1.1 引脚输出的方波计数，从数字时钟发生器与拟计数器/计时器的计数结果即可看出，数字时钟源每发出 100 个脉冲，与

P1.1 引脚连接的虚拟计数器的计数结果就增 1，说明完成了脉冲分频的要求。

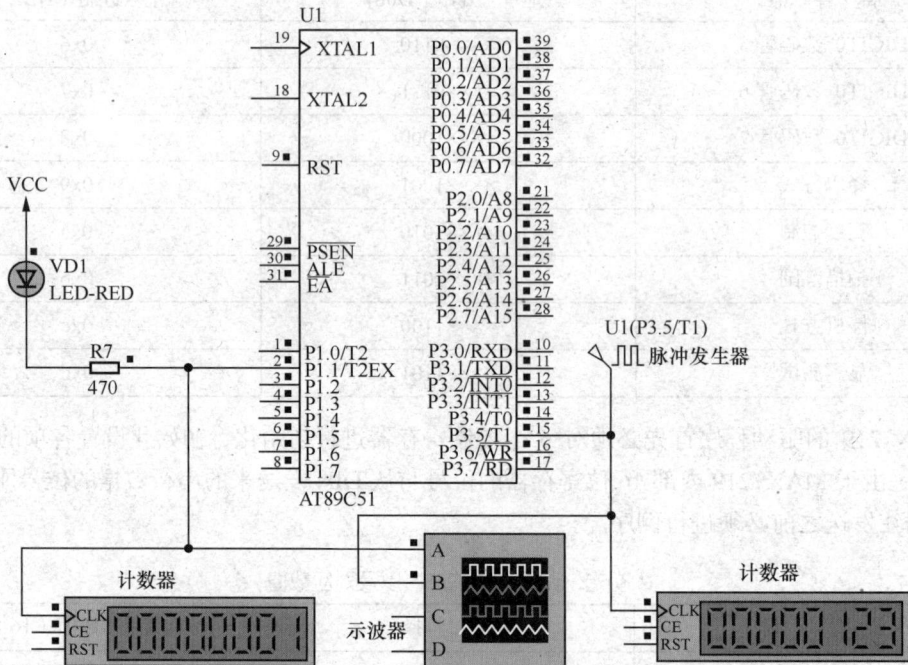

图 2-32（a） 脉冲分频器的原理电路

本题目涉及数字时钟源 DCLOCK 以及虚拟计数器/计时器的添加与设置。

设置数字时钟源 DCLOCK 的属性步骤为：单击信号源选择按钮，在对象选择器中选择 DCLOCK，频率设置为 10Hz，如图 2-32（b）所示。

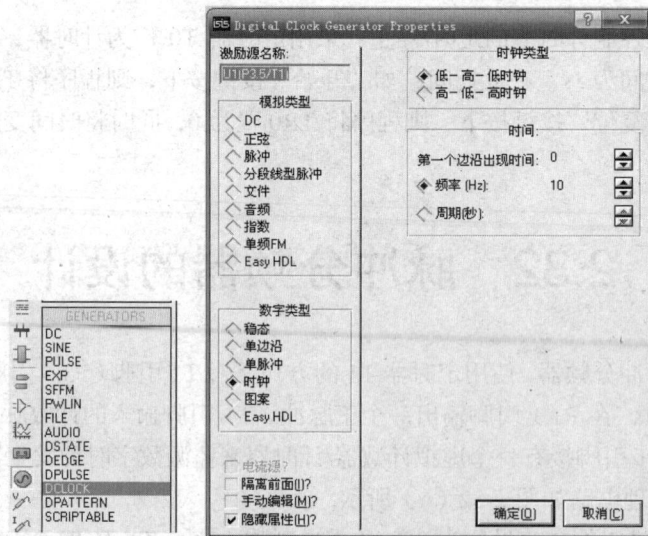

图 2-32（b） 数字时钟源的选择与设置

虚拟计数器/计时器的属性设置：在虚拟仪器对象选择器中选择 COUNTER TIMER，设置其为计数工作方式，如图 2-32（c）所示。

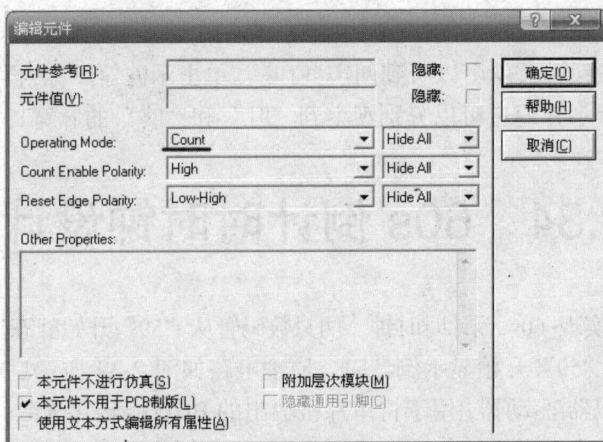

图 2-32（c）　虚拟计数器/计时器的设置

2.33　利用定时器设计的门铃

用定时器控制蜂鸣器模拟发出叮咚的门铃声，用较短的定时形成较高频率的声音"叮"，用较长的定时形成较低频率的声音"咚"，仿真电路加入虚拟示波器，按下按键时除听到门铃声外，还会从示波器的屏幕上观察到两种声响的不同脉宽。

本题目设计需要一个蜂鸣器和一个门铃按钮开关。

原理电路如图 2-33 所示。图中的 P2.0 引脚连接门铃按钮开关，P2.3 引脚连接蜂鸣器，采用定时器中断来控制蜂鸣器响声。P2.6 引脚、P2.7 引脚连接示波器用于观察蜂鸣器响应的脉宽。

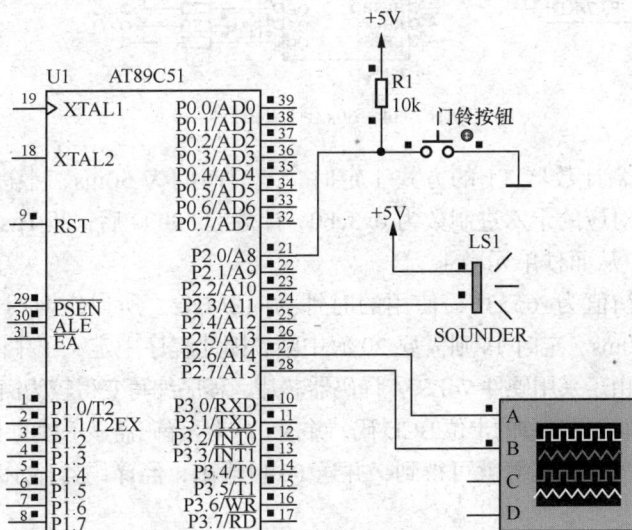

图 2-33　基于定时器的门铃原理电路

当按下门铃按钮开关时，开启中断，定时器溢出进入中断后，在软件中以标志位 i 来判断门铃的声音，开始响铃。先是"叮"，标志位 i 加 1，延时后接着是"咚"，标志位 i 加 1，然后是关中断。测铃响脉宽也是以标志位 i 来识别"叮咚"。当 i 为 0 时给示波器 A 通道高电平；i 为 2 时，给示波器 B 通道高电平。

程序运行后，按下按钮开关就可以听到两声"叮咚"。单击示波器图标，再在菜单中选择"Digital Oscilloscop"选项，在 A、B 通道可以分别观察到"叮"和"咚"的脉宽。

2.34 60s 倒计时时钟设计

利用定时器/计数器实现 60s 倒计时时钟，两只数码管从"59"开始静态显示倒计时的秒值，当显示为"00"时，再从"59"开始显示倒计时。原理电路如图 2-34 所示。电路中的两片 74LS47 为 BCD-7 段数码管译码器/驱动器，用于将单片机输出的 BCD 码转化为数码管的显示数字，从而简化显示程序的编写。

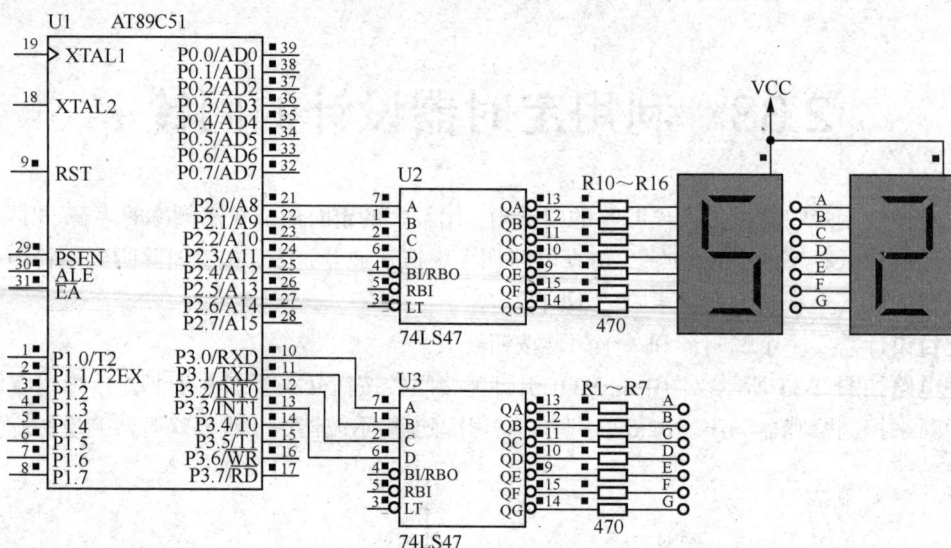

图 2-34 60s 倒计时时钟

本题目采用定时器/计数器 T1 的方式 1 定时，定时时间为 50ms，十进制数计数初值为：15536=65536–50000，对应的十六进制数为 0x3cb0，计数满 50000 后，即 $1\mu s \times 50000 = 50ms$，20 次中断后，时间为 1s，从而秒单元增 1。

由于定时器计数初值为 65536，使用的时钟为 12MHz，所以定时时间为 $1\mu s\times（65536–15536）=1\mu s\times50000=50ms$。定时 1s 则需要 20 次中断，因此程序中定义了中断次数单元 timer，来对中断次数进行计数。由于采用硬件 74LS74 译码器芯片，程序编写变得较为简单，只需将秒单元进行"second/10"运算，即可得到秒的十位 BCD 码，并送 P2 口经译码器显示秒的十位。秒的个位 BCD 码只需取余数"second%10"运算就可得到，并送 P3 口输出，经译码器显示秒的个位。

2.35 LCD 电子钟的设计

使用定时器/计数器来实现一个 LCD 电子钟，采用 LCD 显示。液晶显示器采用 LCD 1602，原理电路如图 2-35 所示。

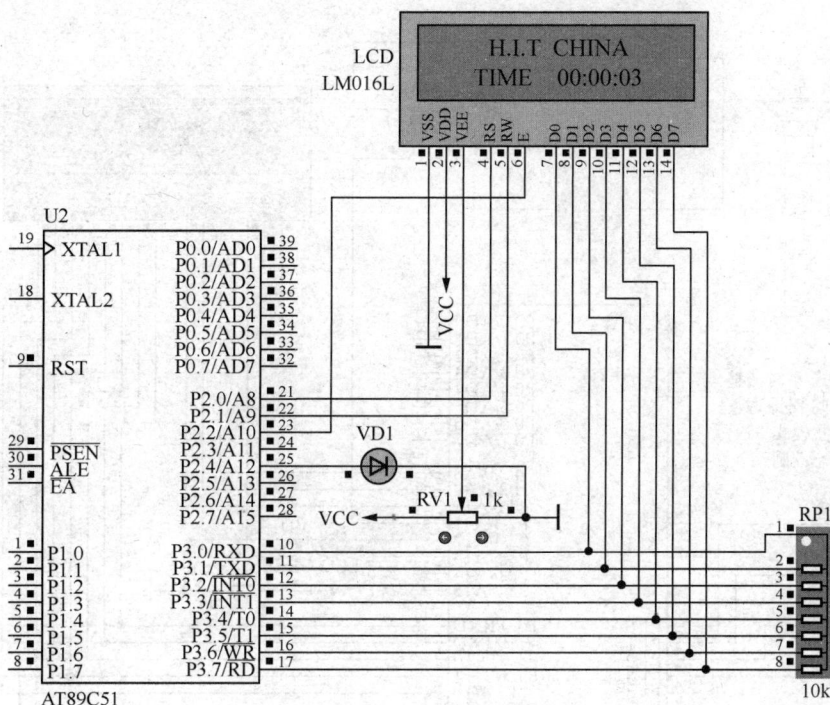

图 2-35　LCD 电子钟的原理电路

时钟的最小计时单位是秒，首先是获得 1s 的定时，可将定时器 T0 的定时时间定为 50ms，采用中断方式累计溢出次数，计满 20 次，则秒计数变量 second 加 1；若秒计满 60，则分计数变量 minute 加 1，同时将秒计数变量 second 清零；若分钟计满 60，则小时计数变量 hour 加 1；若小时计数变量满 24，则将小时计数变量 hour 清零。

先将定时器以及各计数变量设定完毕，然后调用时间显示的子程序。秒计时功能由定时器 T0 的中断服务子程序来实现。

2.36　LCD 显示的定时闹钟制作

制作一个简易的 LCD 显示的定时闹钟，当时钟时间与设置的闹铃时间一致时，继电器开关接通，也可发出声响（可控）。若 LCD 选择有背光显示的模块，则在夜晚或黑暗的场合中也可使用。

定时闹钟的原理电路如图 2-36 所示，其基本功能如下。

（1）显示时钟时间，格式为"时时：分分"，并可重新设置。

（2）显示闹铃时间，格式为"时时：分分"，且显示闪烁以便与时钟时间相区分。闹铃时间可重新设置。

（3）程序执行后工作指示灯 LED 闪烁，表示时钟工作为时钟显示模式，LCD 显示的初始时间为"23:58"。按下 K2，闪烁显示的"00:00"为闹铃的时间，单击 K3 又返回时钟显示模式。时钟从"23:58"开始计时，定时时间"00:00"到时，继电器开关接通，控制电器的开启，且可发出声响（可控）。

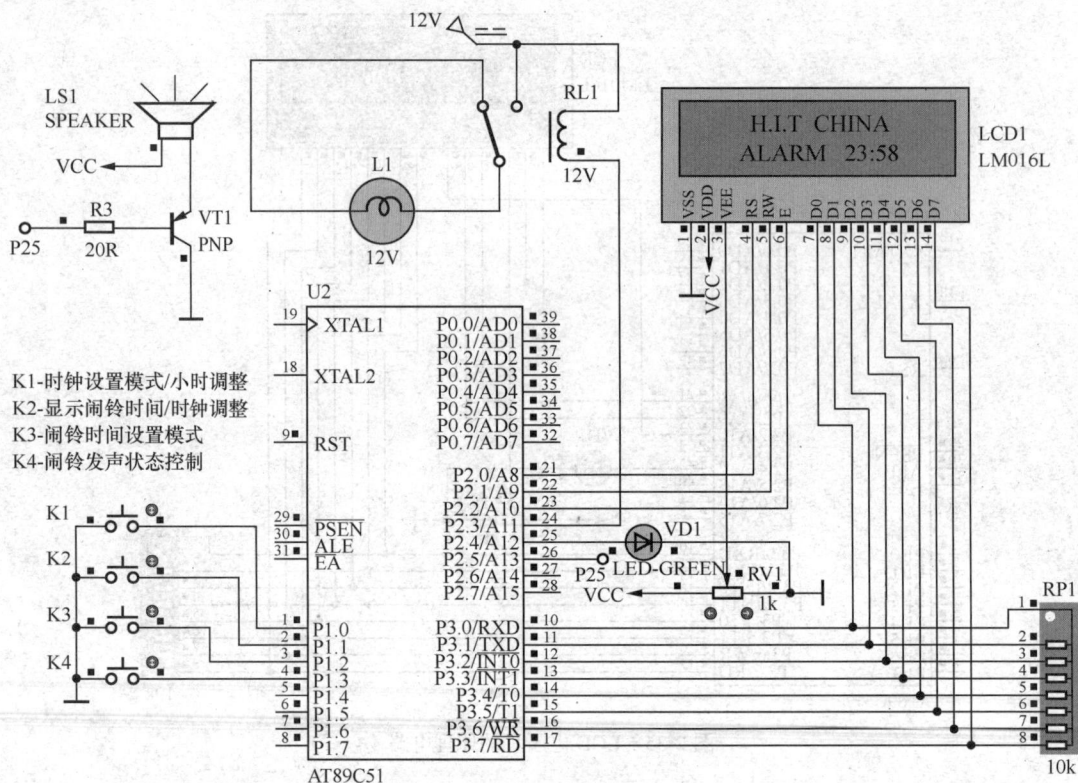

图 2-36 定时闹钟的原理电路

时钟与闹铃时间的设置可通过 4 个功能按键 K1～K4 实现，具体说明如下。

（1）时钟时间的设置。首先单击 K1 进入时钟设置模式。此时每单击一下 K1，小时增 1，单击一下 K2，分钟增 1，再单击 K3，设置完成，返回时钟显示模式。此时小时和分钟均已发生变化。单击 K4，如果发出一声响，则定时到时，开关动作，蜂鸣器关闭；单击 K4，如果发出三声响，则开关动作，蜂鸣器发声。

（2）闹铃的时间设置。首先单击 K3 进入闹铃的设置模式。此时每单击一下 K1，小时增 1，单击一下 K2，分钟增 1，最后单击 K3，设置完成，返回闹铃显示模式。此时闹铃的小时和分钟均已发生变化。

（3）K4 的功能。K4 为闹铃是否发声的状态控制，设为 ON 状态时，闹铃时间到连续 3 次发出"哗"的声音，设置为 OFF 状态时，发出"哗"的一声。开机默认声响关闭。

（4）K2 的单独功能。显示闹铃时间。

本题目设计的难点在于 4 个按键中的每个键都具有两个功能，以最终实现菜单化的输入功能。通过逐层嵌套的循环扫描，实现嵌套式的键盘输入。

另外，本例用到了电磁继电器（RELAY）。电磁继电器一般由电磁铁、衔铁、弹簧片、触点等组成的，其工作电路由低压控制电路和高压工作电路两部分构成。只要在线圈两端加上一定的电压，线圈中就会流过一定的电流，从而产生电磁效应，衔铁就会在电磁力吸引的作用下克服返回弹簧的拉力吸向铁芯，从而带动衔铁的动触点与静触点（常开触点）吸合。

当线圈断电后，电磁的吸力也随之消失，衔铁就会在弹簧的反作用力下返回原来的位置，使动触点与原来的静触点（常闭触点）吸合。这样的吸合、释放，达到了在电路中的导通、切断的目的。在本题目中，通过单片机输出的高电平、低电平控制电磁继电器的通断，从而实现工控系统中重要的"以弱控强"。

2.37 频率计的设计

利用单片机片内的定时器/计数器可以实现对信号频率的测量。对频率的测量有测频法和测周法两种。测频法是利用被测信号的电平变化引发的外部中断，测算 1s 内的出现次数，从而实现对被测信号频率的测定。测周法是通过测算某两次电平变化引发的中断之间的时间，即测得周期，再求倒数，从而实现对频率的测定。总之，测频法是直接根据定义来测定频率，测周法是通过测定周期间接测定频率。从理论上，测频法适用于较高频率的测量，测周法适用于较低频率的测量。本题目采用了测频法。

本题目的单片机为核心的频率计，测量加在 P3.4 引脚上的数字时钟信号的频率，并在外部扩展的 6 位 LED 数码管上显示测量的频率值。原理电路与仿真如图 2-37 所示。

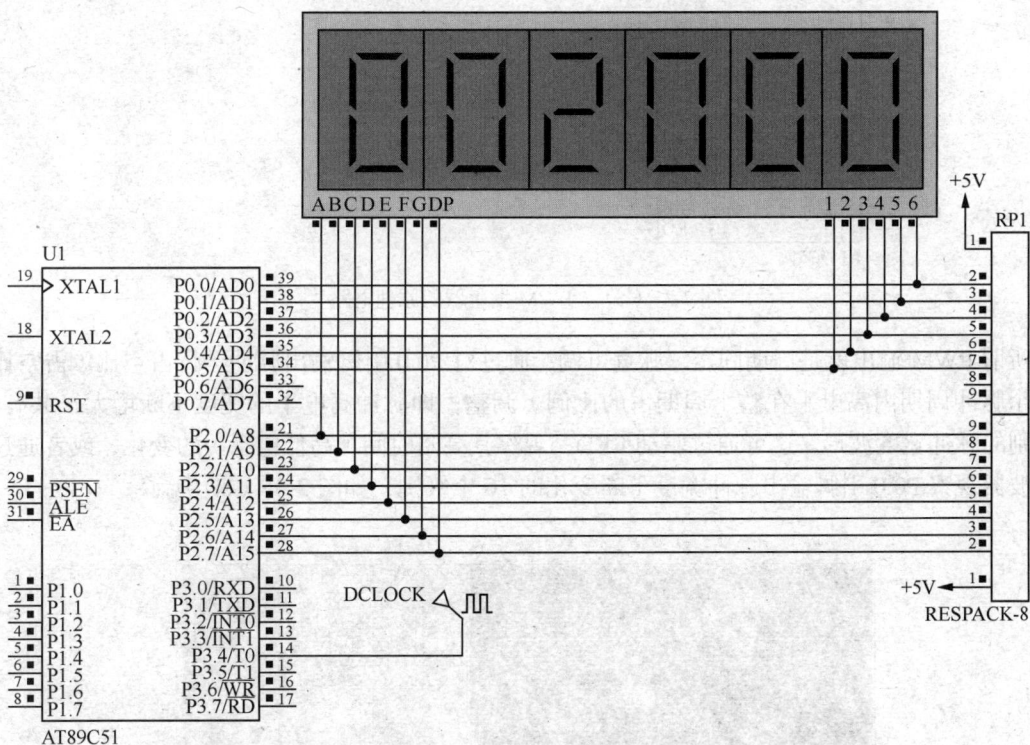

图 2-37 频率计原理电路

本频率计测量的信号由数字时钟源"DCLOCK"产生。手动改变被测时钟信号源的频率，观察是否与 LED 数码管上显示的测量结果相同。

2.38　PWM 发生器的制作

制作一个 PWM 发生器，原理电路如图 2-38（a）所示。脉冲宽度调制（Pulse Width Modulation，PWM）简称脉宽调制，是利用微处理器的数字输出来控制模拟电路的一种非常有效的技术，广泛应用在从测量、通信到功率控制与变换的许多领域中。

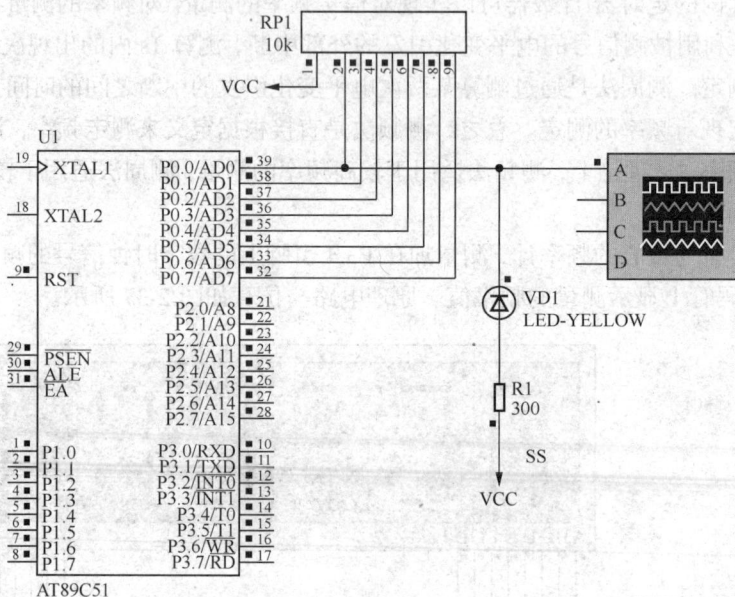

图 2-38（a）　PWM 发生器的原理电路

所谓 PWM 输出就是周期固定，脉宽可调，通过对 P0.0 引脚输出脉冲进行占空比（占空比就是一个脉冲周期内高电平在整个周期占的比例）调整，即脉冲高电平的宽度不断增大，共有 10 个级别的脉冲宽度波形。这可通过驱动 LED，观察其亮暗时间（高低电平）的变化，或者通过虚拟示波器观察 P0.0 引脚输出脉冲宽度不断变化的 10 个级别，如图 2-38（b）所示。

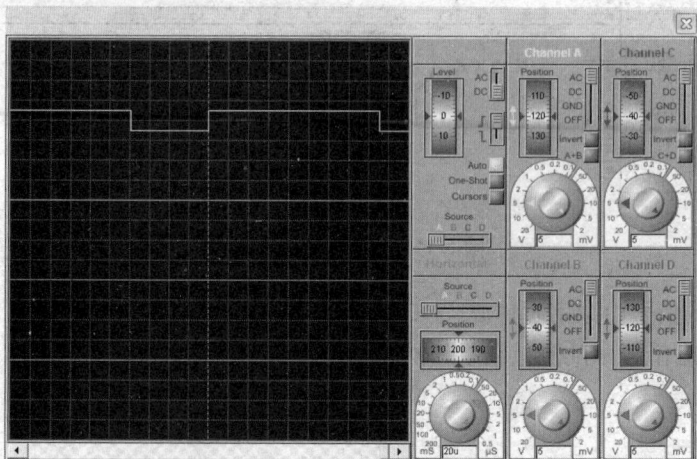

图 2-38（b）　从虚拟示波器上观察到的脉冲宽度变化的波形

2.39　测量脉冲宽度（定时器门控位 GATE 的应用）

本题目介绍定时器特殊功能寄存器 TMOD 中门控位 GATEx（x=0，1）的应用。以 T1 为例，利用门控位 GATE1 测量加在 $\overline{INT1}$ 引脚上正脉冲的宽度。

门控位 GATE1 可使 T1 的启动计数受 $\overline{INT1}$ 的控制，当 GATE1=1，TR1=1 时，只有 $\overline{INT1}$ 引脚输入高电平时，T1 才被允许计数。利用 GATE1 的这一功能，可测量 $\overline{INT1}$ 引脚（P3.3 引脚）上正脉冲的宽度，其方法如图 2-39（a）所示。

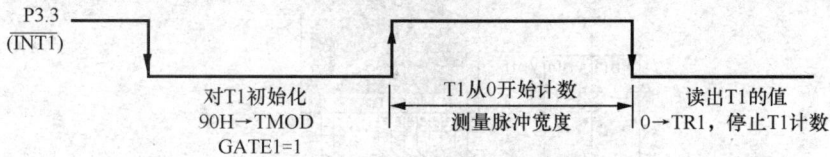

图 2-39（a）　利用 GATE1 位测量正脉冲宽度的原理

测量脉冲宽度的原理电路如图 2-39（b）所示。利用定时器/计数器门控制位 GATE1 来测量 $\overline{INT1}$ 引脚（P3.3 引脚）上正脉冲的宽度，通过旋转信号源的旋钮来调节输出到 P3.3 引脚正脉冲的宽度，正脉冲宽度在 6 位 LED 数码管上以机器周期数显示出来。

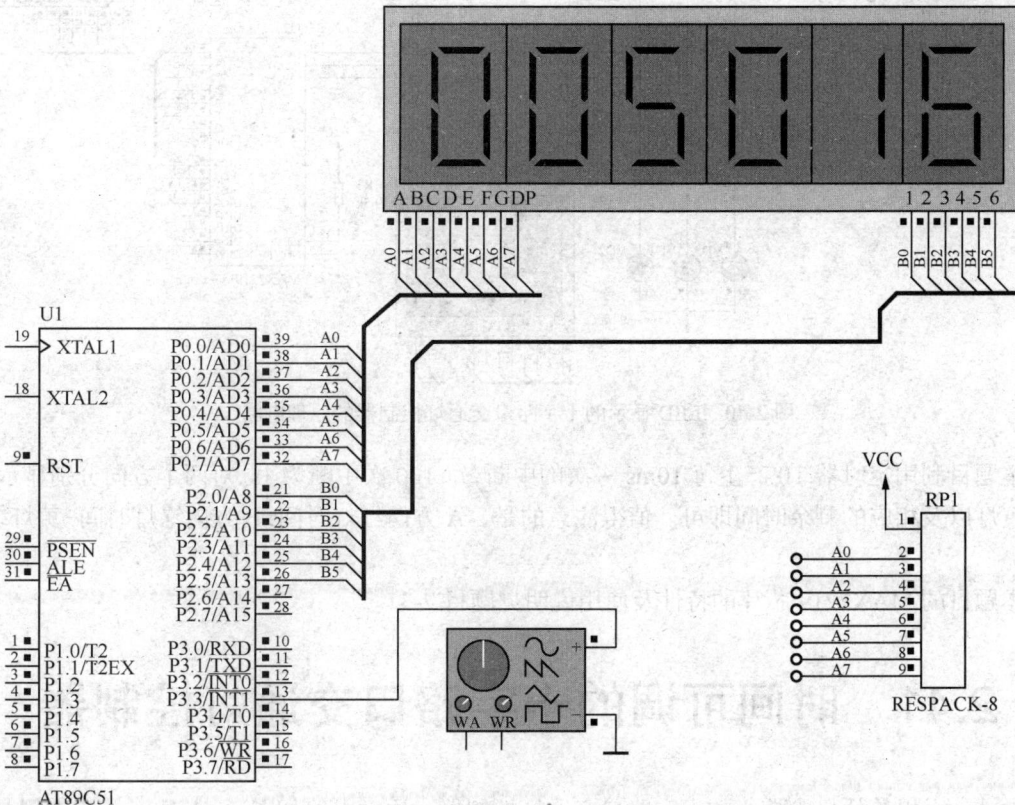

图 2-39（b）　利用 GATE1 位测量 $\overline{INT1}$ 引脚上正脉冲的宽度的原理电路

运行程序，把加在 $\overline{INT1}$ 引脚上的正脉冲宽度显示在 LED 数码管显示器上。晶振频率为 12MHz，如果默认信号源输出频率为 1kHz 的方波，则数码管应显示为 500。

2.40　十字路口交通灯控制器

设计一个十字路口交通灯控制器，原理电路如图 2-40 所示。用单片机的定时器产生秒信号，控制十字路口的红、绿、黄灯交替点亮和熄灭，并且用 4 只 LED 数码管显示十字路口两个方向的剩余时间。东西向通行时间为 80s，南北向通行时间为 60s，缓冲时间为 3s。

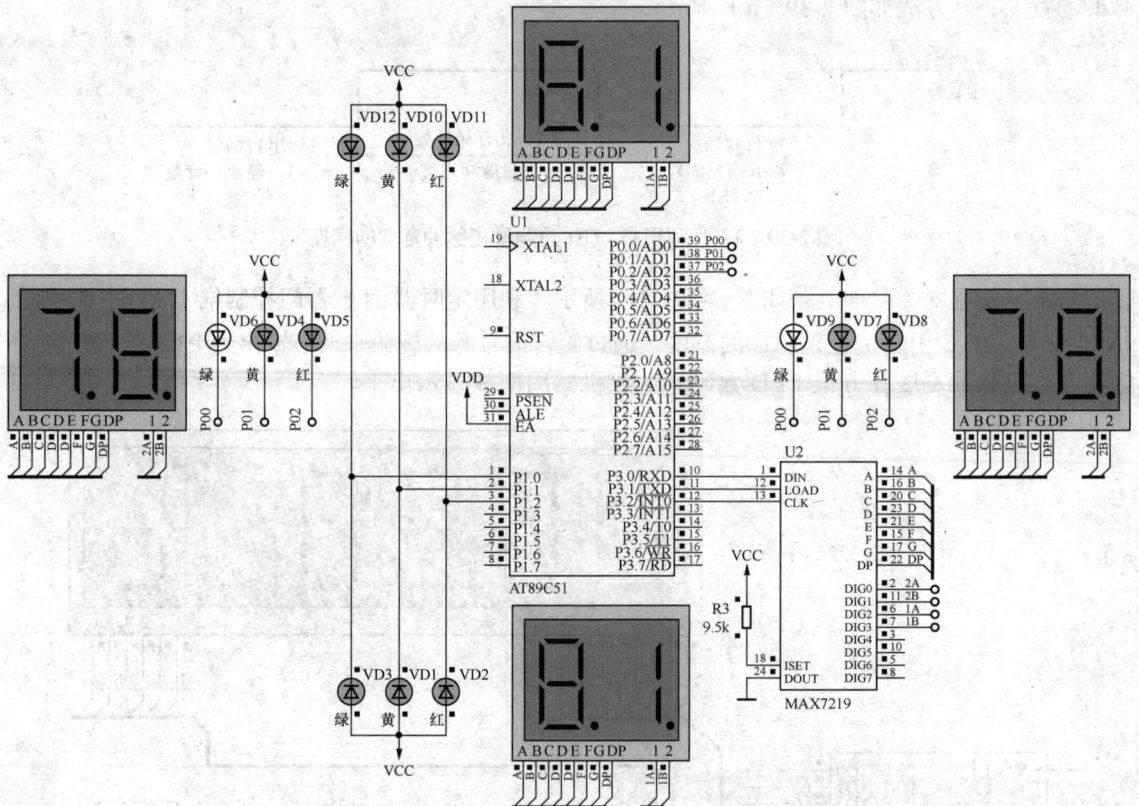

图 2-40　LED 显示的十字路口交通灯控制器的原理电路

本题目利用定时器 T0 产生每 10ms 一次的中断，每 100 次中断为 1s。对两个方向分别显示红、绿、黄灯以及相应的剩余时间即可。值得注意的是，A 方向红灯时间=B 方向绿灯时间+黄灯缓冲时间。

本题目的 MAX7219 芯片的特性及使用说明见题目 2-31。

2.41　时间可调的十字路口交通灯控制器

设计一个以单片机为核心的十字路口交通灯控制器，原理电路如图 2-41 所示。要求用 4 只

LED 数码管显示十字路口两个方向的剩余时间，并能用按键设置两个方向的通行时间（绿、红灯点亮的时间）和暂缓通行时间（黄灯点亮的时间），系统的工作应符合一般交通灯控制的要求。

本题目与题目 2-40 的区别仅在于增加了方向与时间可调节的 6 个独立按键，K1~K6 来调节时间，由 P2 口监测按键的按下与松开。6 个按键的功能分别为：东西方向通过时间增加，东西方向通过时间减少，南北方向通过时间增加，南北方向通过时间减少，黄灯时间增加，黄灯时间减少。

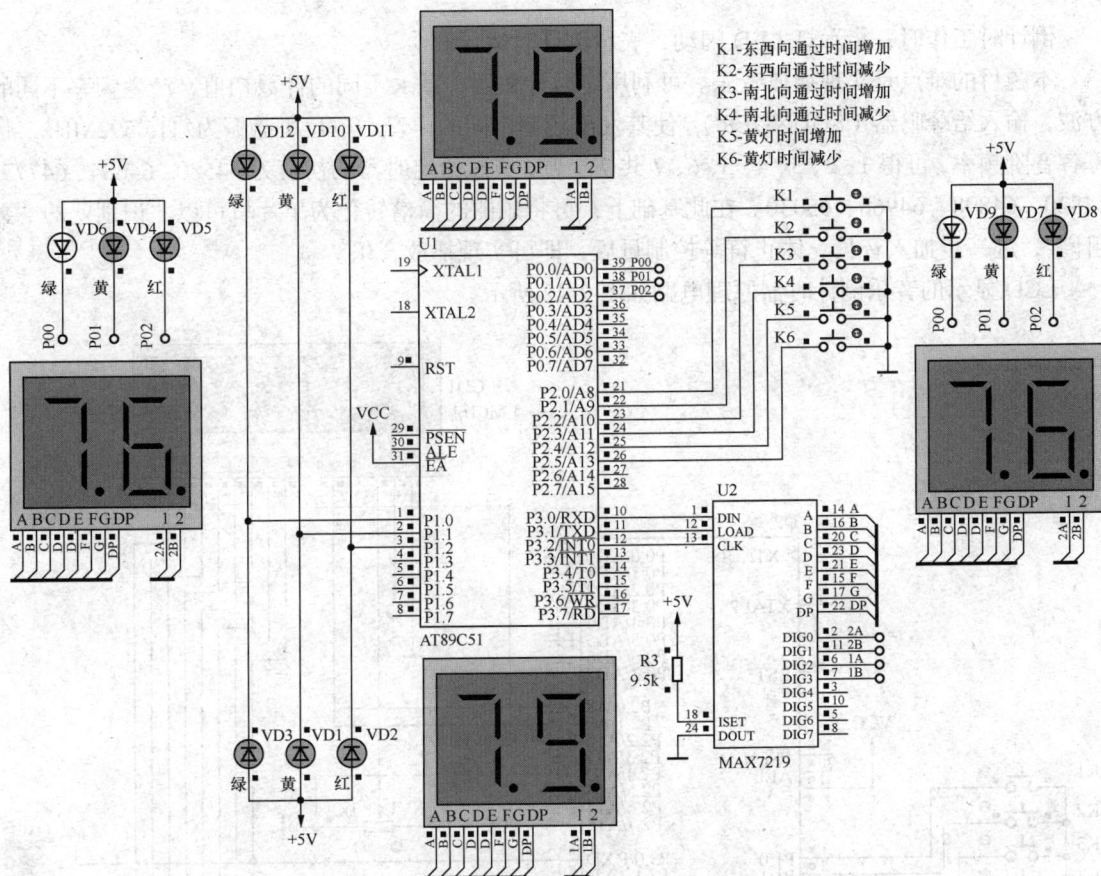

图 2-41　时间可调的十字路口交通灯控制器

2.42　LCD 显示的音乐倒计时器的制作

利用 AT89C51 单片机控制字符型 LCD 显示器制作一个简易的倒计时器，可用于煮方便面、烧开水或小睡片刻等的时间提醒。先进行一小段时间倒计，当倒计时为 0 时，发出一段音乐声响，通知倒计时时间到，去做该做的事。

倒计时器采用字符型 LCD（16×2）显示器，显示格式为 "TIME 分分:秒秒"。

程序运行后，LCD 上显示倒计时时间为 "30:00" 分钟，此时按一下 K5 键开始倒计时。如果要改变为其他的倒计时时间，直接按一下以下其中一个按键设定一个固定的倒计时时间。

K2—设置倒计时的时间为 5 分钟，显示 "05:00"。

K3—设置倒计时的时间为 10 分钟，显示 "10:00"。

K4—设置倒计时的时间为 20 分钟，显示 "20:00"。

注意：只能按一下其中一个按键，设定一次，然后再按一下 K5，即开始倒计时。

也可在 LCD 上显示倒计时的时间为 "30:00" 分钟的基础上进行增 1 分钟或减 1 分钟的倒计时时间调整，即在程序运行后，先按一下 K1，再按一下 K2（增 1 分钟）或按一下 K3（减 1 分钟），直到设定的倒计时时间，然后按一下 K5，即开始倒计时。可调整的倒计时的时间范围为 1～60 分钟。

倒计时工作时，指示灯 LED 闪动，表示倒计时运行。

本题目的难点是实现播放音乐。可利用定时计数器，载入不同的计数初值，产生频率不同的方波，输入给蜂鸣器（SOUNDER），使其发出频率不同的声音。单片机晶振为 11.0592MHz，计算各音阶频率，可得 1、2、3、4、5、6、7 共 7 个音，应赋给定时器的初值为 64580、64684、64777、64820、64898、64968、65030。在此基础上，可将乐曲的简谱转化为单片机可以 "识别" 的 "数组谱"，进一步加入音长、休止符等控制量后，即可实现播放音乐。

LCD 显示的音乐倒计时器原理电路如图 2-42 所示。

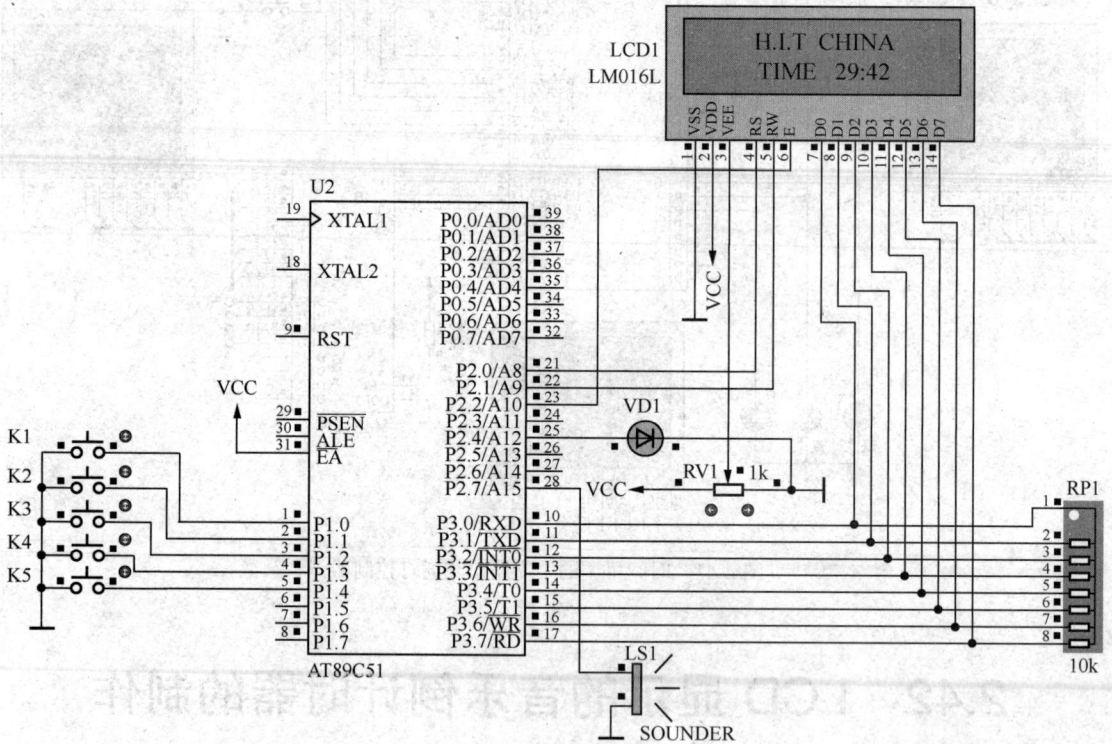

图 2-42　LCD 显示的音乐倒计时器电路原理图与仿真

根据上述要求，本题目引入了如下专用于播放蜂鸣器乐曲的自定义头文件 SoundPlay.h。

/*说明**/

曲谱存储格式 unsigned char code MusicName{音高，音长，音高，音长…0,0};

其中末尾：0，0 表示结束（Important）

音高由 3 位数字组成，具体如下。

（1）个位表示 1～7 这 7 个音符。

（2）十位表示音符所在的音区：1——低音，2——中音，3——高音。

（3）百位表示这个音符是否要升半音：0——不升，1——升半音。

音长最多由 3 位数字组成，具体如下。

（1）个位表示音符的时值，其对应关系如下。

① |数值（n）：|0 |1 |2 |3 |4 |5 |6。

② |几分音符：|1 |2 |4 |8 |16 |32 |64，音符=$2\wedge n$。

（2）十位表示音符的演奏效果（0～2）：0——普通，1——连音，2——顿音。

（3）百位是符点位：0——无符点；1——有符点。

调用演奏子程序的格式如下。

Play（乐曲名，调号，升降八度，演奏速度）。

|乐曲名：要播放的乐曲指针，结尾以（0，0）结束。

|调号（0～11）：是指乐曲升多少个半音演奏。

|升降八度（1～3）：1——降八度；2——不升不降；3——升八度。

|演奏速度（1～12000）：值越大速度越快。

2.43 音乐音符发生器的制作

本题目要求设计一个音乐音符发生器。利用按键的 1、2、3、4、5、6、7、8 共 8 个键，发出 8 种不同的音乐音符声音，即发出 "哆" "唻" "咪" "发" "嗦" "拉" "西" "哆"（高音）的音符声音，并且要求按下按键发声，松开后延迟一段时间停止，如果再按别的键，则发出另一音符的声音。

简易音乐音符发生器的原理电路如图 2-43 所示。依次按下各按键可听见发出的不同音阶声音。

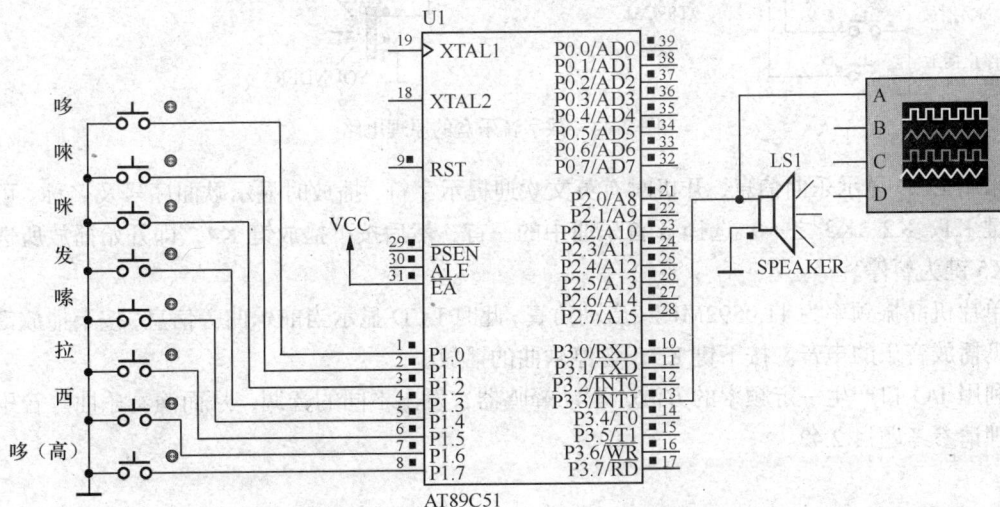

图 2-43 简易音乐音符发生器原理电路

当系统扫描到键盘上有键被按下时，快速检测出是哪一个键被按下，然后单片机的定时器被启动，发出一定频率的脉冲，该频率的脉冲输入蜂鸣器后，发出相应的音调。如果在前一个按下的键发声的同时有另一个键被按下，则启用中断系统，前面键的发音停止，转到后按的键的发音程序，发出后按的键的音调。关于发声原理，请参见题目 2.42。

2.44　数字音乐盒的制作

制作一个数字音乐盒，盒内存有 3 首乐曲，每首不少于 30s。数字音乐盒的原理电路如图 2-44 所示。

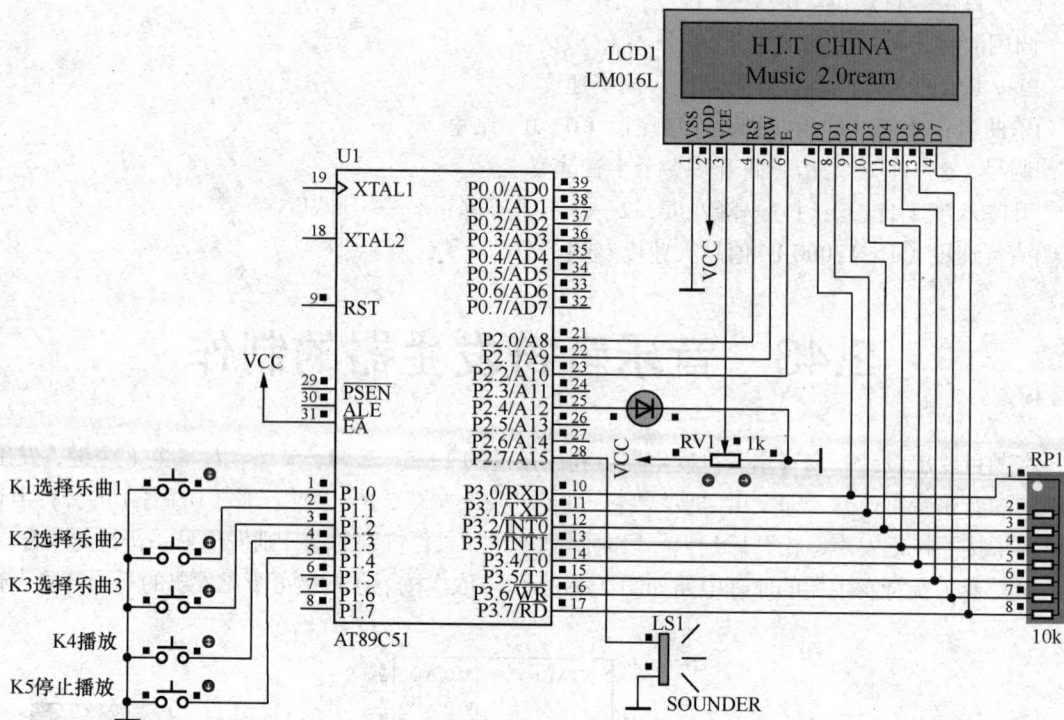

图 2-44　数字音乐盒的原理电路

采用 LCD 显示乐曲信息，开机时有英文欢迎提示字符，播放时显示歌曲序号及名称。可按下功能键 K1、K2、K3 之一，选择 3 首乐曲中的一首；然后按下播放键 K4，即开始播放所选的乐曲；K5 键为暂停。

单片机晶振频率为 11.0592MHz。启动仿真，此时 LCD 显示当前乐曲等信息，按下播放键 K4，可听见播放音乐的声音。按下键 K5，暂停乐曲的播放。

利用 I/O 口产生一定频率的方波，驱动蜂鸣器，发出不同的音调，从而演奏乐曲。音乐的播放原理请参考题目 2.42。

2.45　方式 1 单工串行通信

如图 2-45 所示，单片机甲、乙双机进行串行通信，双机的 RXD 和 TXD 相互交叉连接，甲机的 P1 口接 8 个开关 K1～K8，乙机的 P1 口接 8 个发光二极管 VD1～VD8。甲机设置为只能发送不能接收的单工方式。要求甲机读入 P1 口的 8 个开关 K1～K8 状态后，通过串行口发送到乙机，乙机将接收到的甲机的 8 个开关状态数据送入 P1 口，由 P1 口的 8 个发光二极管 VD1～VD8 来显示。双方晶振均采用 11.059 2MHz。

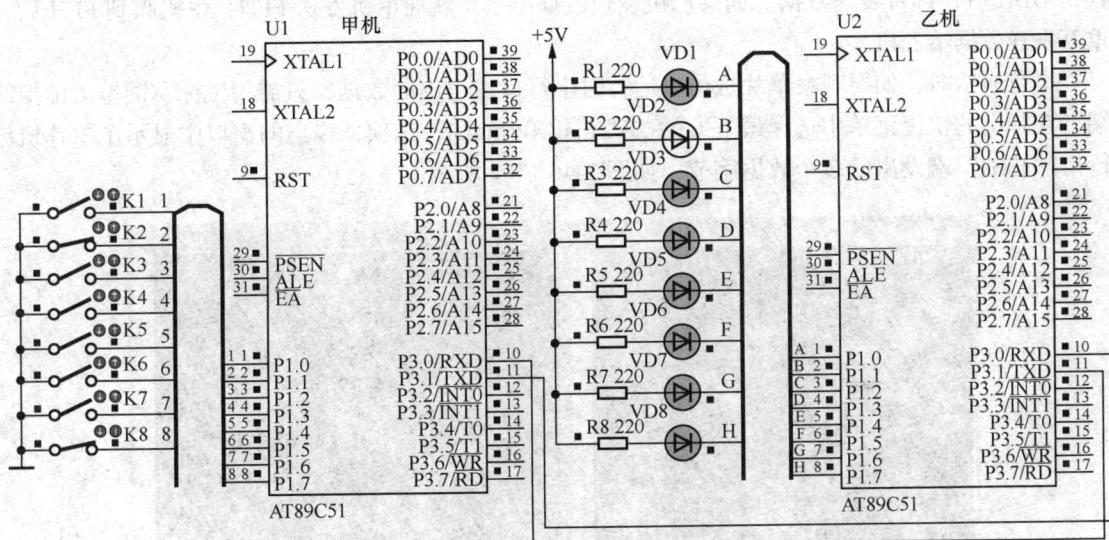

图 2-45 双机方式 1 单工通信的原理电路

2.46 方式 1 半双工串行通信

如图 2-46（a）所示，甲乙两机以方式 1 进行串行通信，双方晶振频率均为 11.059 2MHz，波特率为 2400bit/s。甲机的 TXD 脚、RXD 脚分别与乙机的 RXD 脚、TXD 脚相连。为观察串行口传输的数据，电路中添加了两个虚拟终端来分别显示串口发出的数据。添加虚拟终端，只需单击 Proteus 主界面左侧工具箱的虚拟仪器图标，在预览窗口中显示出各种虚拟仪器选项，单击

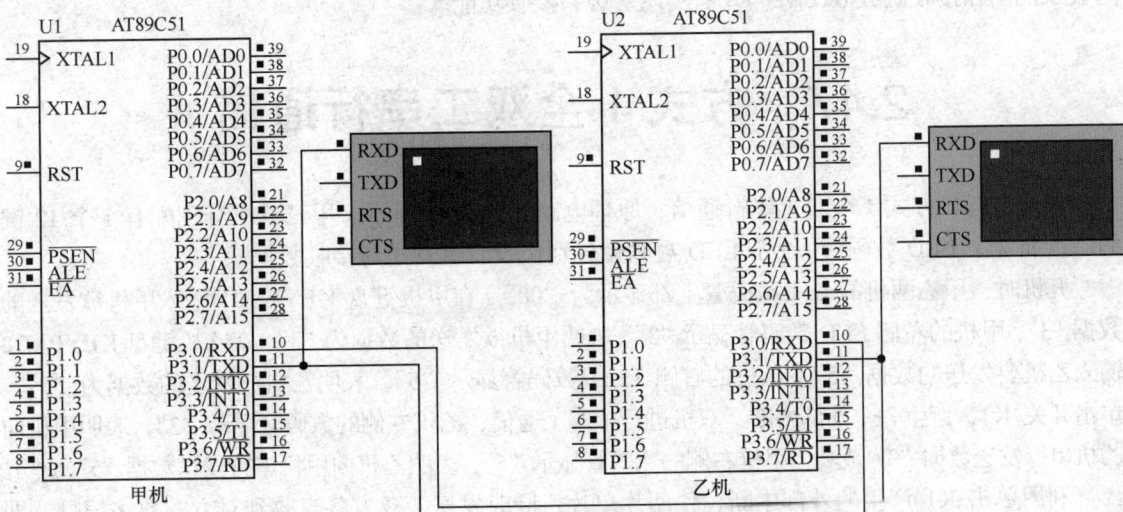

图 2-46（a） 单片机方式 1 半双工通信的原理电路

"Virtual Terminal"选项，并放置在原理图编辑窗口，然后把虚拟终端的"RXD"端与单片机的"TXD"端相连即可。

当串行通信开始时，甲机首先发送数据 AAH，乙机收到后应答 BBH，表示同意接收。甲机收到 BBH 后，即可发送数据。如果乙机发现数据出错，就向甲机发送 FFH，甲机收到 FFH 后，重新发送数据给乙机。

串行通信时，如要观察单片机仿真运行时串行口发送出的数据，只需用鼠标右键单击虚拟终端，在弹出的快捷菜单中选择最下方的"Virtual Terminal"选项，弹出的窗口中显示了单片机串行口"TXD"端发出的多个数据字节，如图 2-46（b）所示。

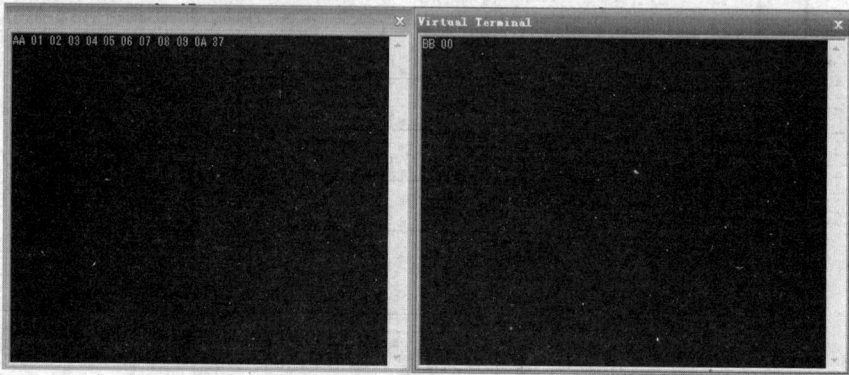

图 2-46（b）　通过串口观察两个单片机串行口发出的数据

设发送的字节块长度为 10 字节，数据缓冲区为 buf，数据发送完毕要立即发送校验和，验证数据发送的准确性。乙机接收的数据存储到数据缓冲区 buf，收到一个数据块后，再接收甲机发来的校验和，并将其与乙机求得的校验和比较：若相等，则说明接收正确，乙机回答 00H；若不等，则说明接收不正确，乙机回答 FFH；请求甲机重新发送。

选择定时器 T1 为方式 2 定时，波特率不倍增，即 SMOD=0，此时写入 T1 的初值应为 F4H。

该双机通信程序可以在甲乙两机中运行，不同的是在程序运行之前，要人为设置 TR。若选择 TR=0，则表示该机为发送方；若 TR=1，则表示该机是接收方。程序根据 TR 设置，利用发送函数 send( )和接收函数 receive( )分别实现发送和接收功能。

2.47　方式 1 全双工串行通信

设计串行口方式 1 全双工串行通信，原理电路如图 2-47 所示。甲乙双机分别配有 1 个 12 键的键盘和 2 个 LED 数码管。2 个 LED 数码管分别代表双机发送与接收数据。

开机时，甲乙两机的 2 个数码管上都显示为"00"。在甲机键盘 KEYPAD1 输入甲机欲发送的数据"3"，甲机的左侧 LED 数码管显示"3"，表明甲机欲发送的数据为"3"。在乙机键盘 KEYPAD2 输入乙机要发送的数据"5"，乙机的右侧 LED 数码管显示"5"，表明乙机欲发送的数据为"5"。单击开关 K1，产生一个外部中断，双机进行全双工通信，乙机左侧的数码管显示"3"，表明甲机向乙机串行发送数据"3"成功。甲机右侧的数码管显示"5"，表明乙机向甲机串行发送数据"5"成功。

利用单击 K1 产生的外部中断，使两片单片机同时发送，双方各自收到对方的数字信息，即实现了"全双工"串行通信。由上所述，双机的程序是相同的。

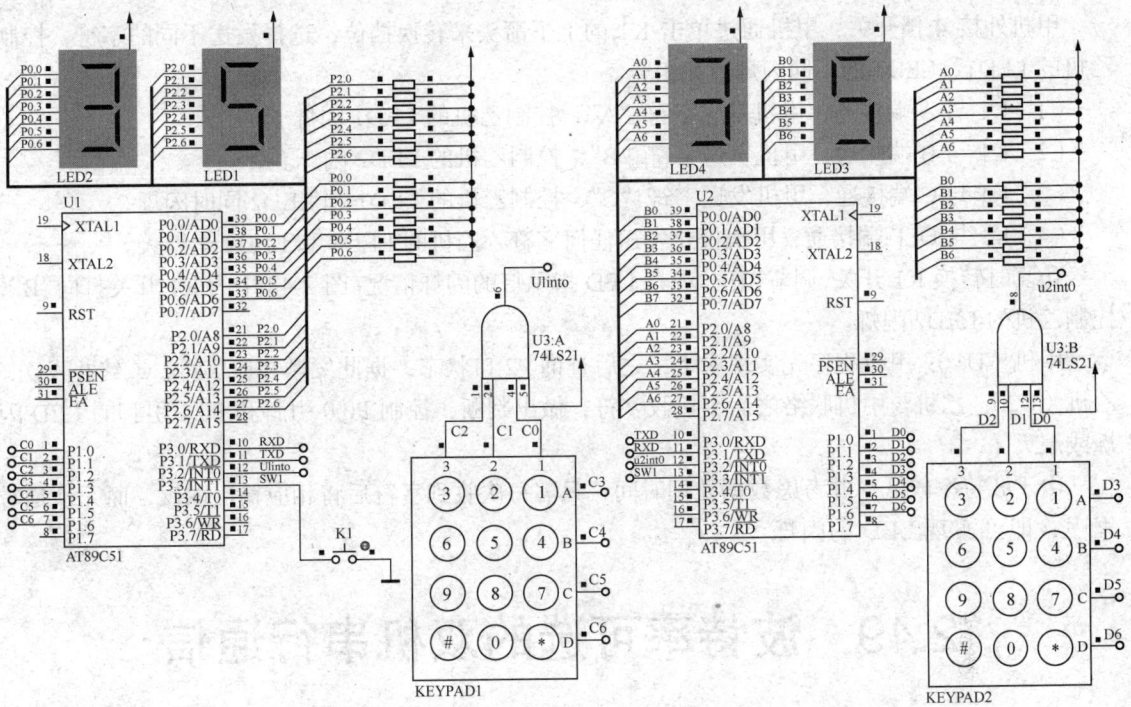

图 2-47 串行口方式 1 全双工串行通信原理电路

2.48 甲机通过串行口控制乙机 LED 闪烁

如图 2-48 所示，U1 为甲机，U2 为乙机，两者通过串口直接相连，采用串行通信方式 1，甲机通过串口向乙机发送字符。

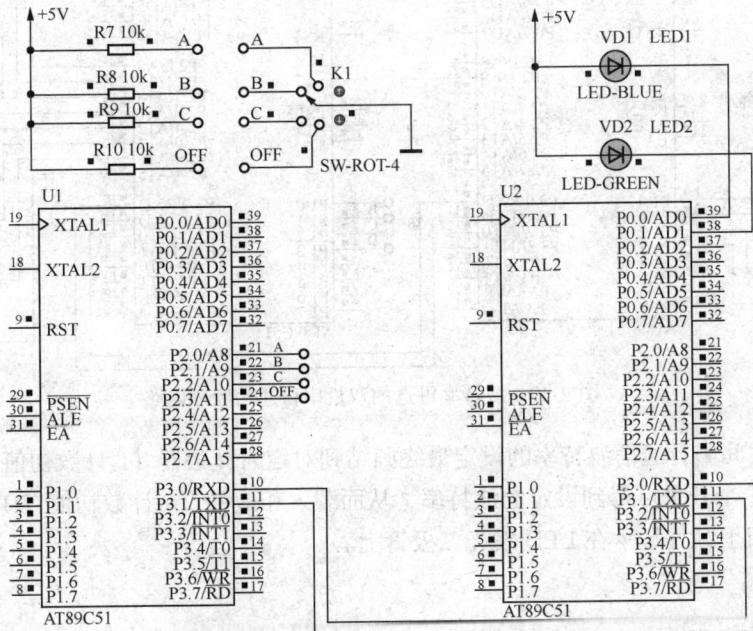

图 2-48 甲机通过串口控制乙机 LED 闪烁

甲机外接 4 挡开关，甲机通过单击 K1 的上下箭头来转换挡位，选择发送不同的字符，控制乙机的 LED1、LED2 的不同闪烁点亮组合。

（1）K1 与 A 端接通，甲机发送字符"A"，控制乙机的 LED1 闪烁。

（2）K1 与 B 端接通，甲机发送字符"B"，控制乙机的 LED2 闪烁。

（3）K1 与 C 端接通，甲机发送字符"C"，控制乙机的 LED1 和 LED2 同时闪烁。

（4）K1 与 OFF 端接通，甲机停止发送任何字符，乙机的 LED1 和 LED2 全熄灭。

仿真时转换 K1 开关，调节挡位，观察 LED 指示灯的闪烁情况。图 2-48 中的 K1 开关打向"B"，控制乙机的 LED2 闪烁。

甲机（U1）：甲机程序先实现联络，之后查询 P2 口状态，据此发送相应字符，或终止发送。乙机（U2）：乙机与甲机联络之后，接收字符，做出判断，控制 P0.0 引脚和 P0.1 引脚的 LED 闪烁或熄灭。

由于波特率较低，并考虑数据处理时间，只需每次收到字符后将相应输出取反，而无须延时程序，即可实现 LED 的闪烁。

2.49　波特率可选的双机串行通信

本题目的串行通信接口原理电路如图 2-49 所示。两个单片机利用串行口方式 1 进行串行单工通信，串行通信的波特率可通过 4 个按键开关来选择设定，可选的波特率为 1200、2400、4800 或 9600。

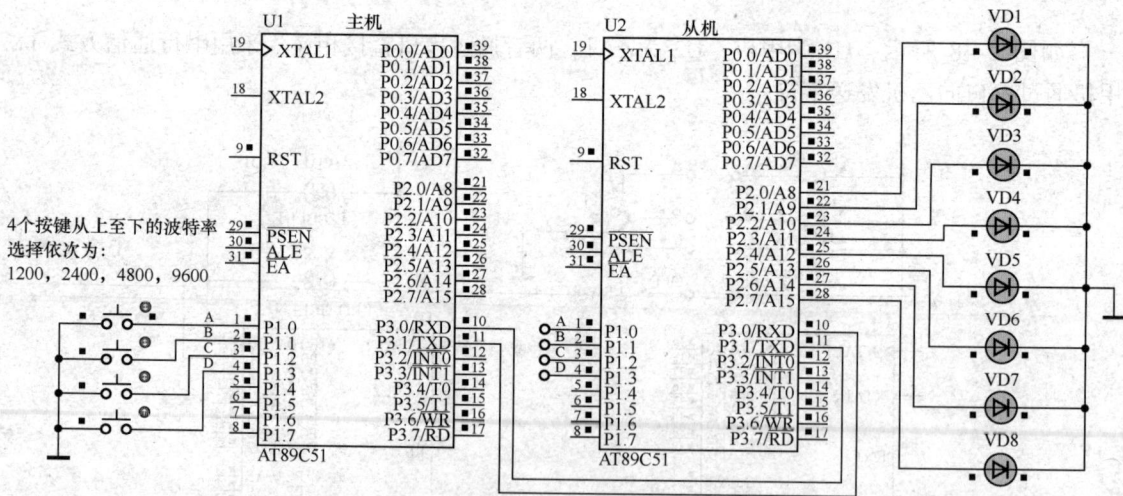

图 2-49　波特率可选的双机串行通信原理电路

两单片机之间串行通信波特率的设定最终归结到对定时计数器 T1 计数初值 TH1、TL1 的设定。通过选择 4 个开关可得到设定的波特率，从而载入相应的 T1 计数初值 TH1、TL1。主机将 0xaa 传输到从机上，并显示在 LED 发光二极管上。

2.50 双机全双工串行通信

两单片机（称为甲机和乙机）之间采用方式1全双工串行通信。原理电路如图2-50所示。

（1）甲机的K1按键可通过串口控制乙机的LED1点亮，LED2灭，K2按键控制乙机LED1灭，LED2点亮，K3按键控制乙机的LED1和LED2全亮。

（2）乙机的K4按键可控制串口向甲机发送K4按下的次数，按下的次数显示在甲机P0口的数码管上。

甲机的P3.2引脚（外中断0输入）检测K1按键的状态；对K2和K3按键状态的检测，通过OC门反相器74LS05进行"线与"后加到P3.3引脚（外中断1输入），从而实现对甲机3个按键中断源的中断请求检测。

仿真结果如图2-50所示。图中显示的是甲机的K2按键按下的情形：乙机的LED2灯亮；乙机的K4按键按下4次，在甲机的数码管上显示"4"。

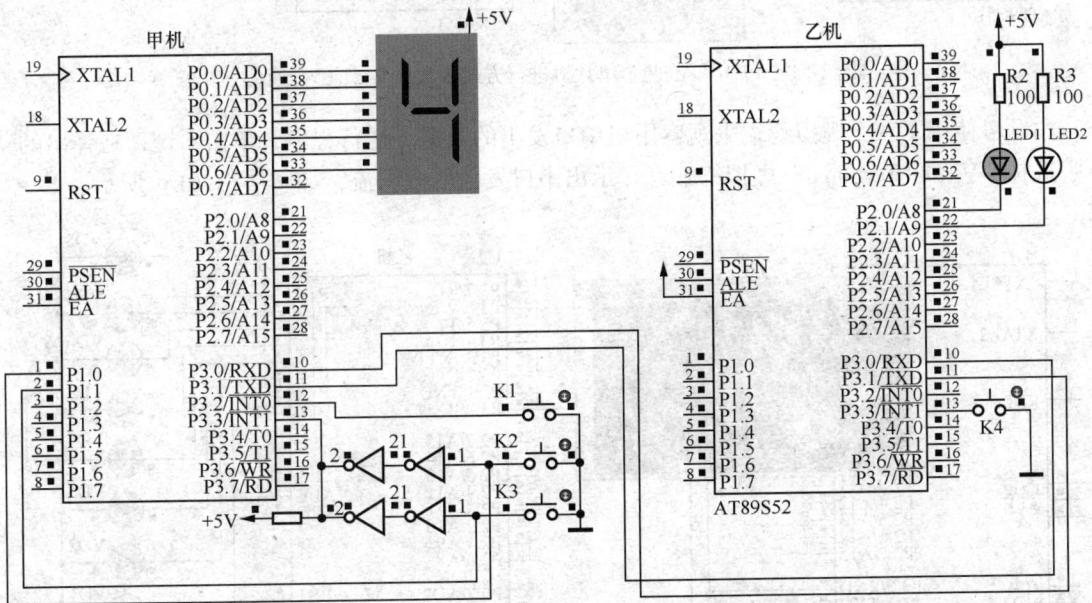

图2-50 双机的全双工串行通信原理电路

2.51 方式3（方式2）的应用设计

方式2与方式1相比的不同之处：方式2接收/发送11位信息，第0位为起始位，第1~8位为数据位，第9位程控位由用户设置的TB8位决定，第10位是停止位1。

而方式2和方式3相比，除了波特率的差别外，其他都相同，因此下面介绍的方式3应用编程，也适用于方式2。

如图2-51（a）所示，甲、乙两单片机进行方式3（或方式2）串行通信。甲机把控制8个流水灯点亮的数据发送给乙机并点亮其P1口的8个LED。方式3比方式1多了1个可编程位TB8,

该位一般作奇偶校验位。乙机接收到的 8 位二进制数据有可能出错，需进行奇偶校验，其方法是比较乙机的 RB8 和 PSW 的奇偶校验位 P，如果相同，则接收数据；否则拒绝接收。

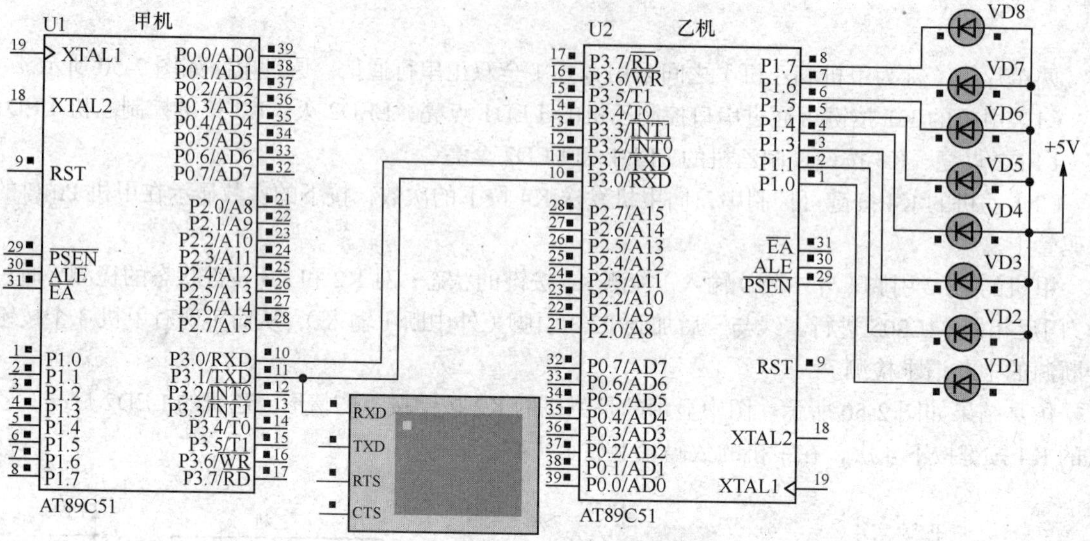

图 2-51（a）　甲乙两个单片机进行方式 3（方式 2）串行通信

本题目使用了一个虚拟终端来观察甲机串口发出的数据。运行程序，单击右键，在弹出的菜单中选择"Virtual Terminal"虚拟终端，显示出串口发出的数据流，如图 2-51（b）所示。

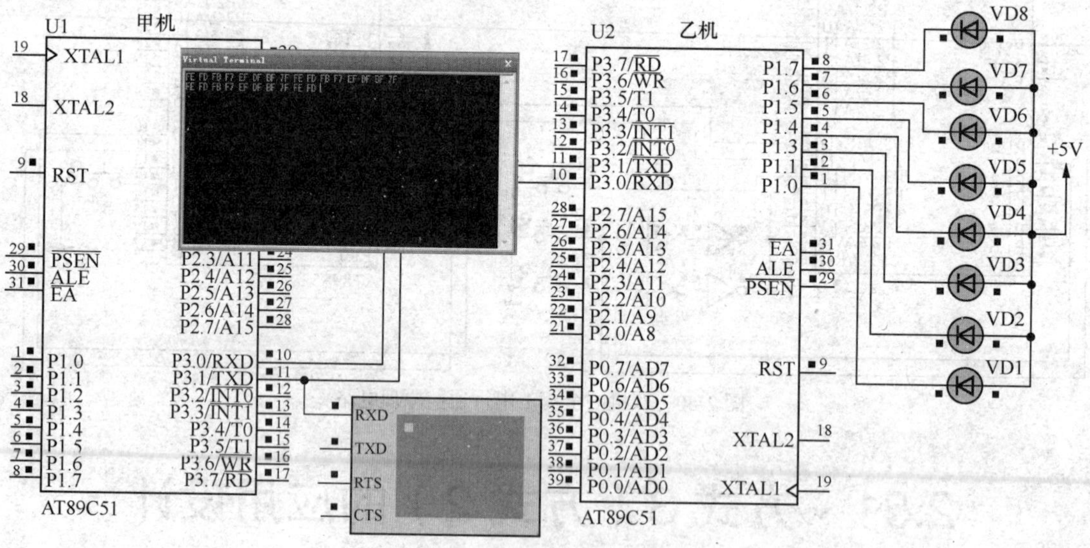

图 2-51（b）　甲机串口发给乙机的数据流

2.52　多机串行通信

本题目的多机串行通信系统，由 1 个主单片机分别与 2 个从单片机进行串行通信，原理电路如图 2-52 所示。用户分别按下开关 K1 或 K2 来选择主机与对应的 1#或 2 #从机进行串行通信，当某从机的黄色 LED 点亮时，表示主机与该从机连接成功；该从机的 8 个绿色 LED 闪亮，表示主机与从机在进行串行数据通信。如果断开 K1 或 K2，则主机与相应从机的串行通信中断。

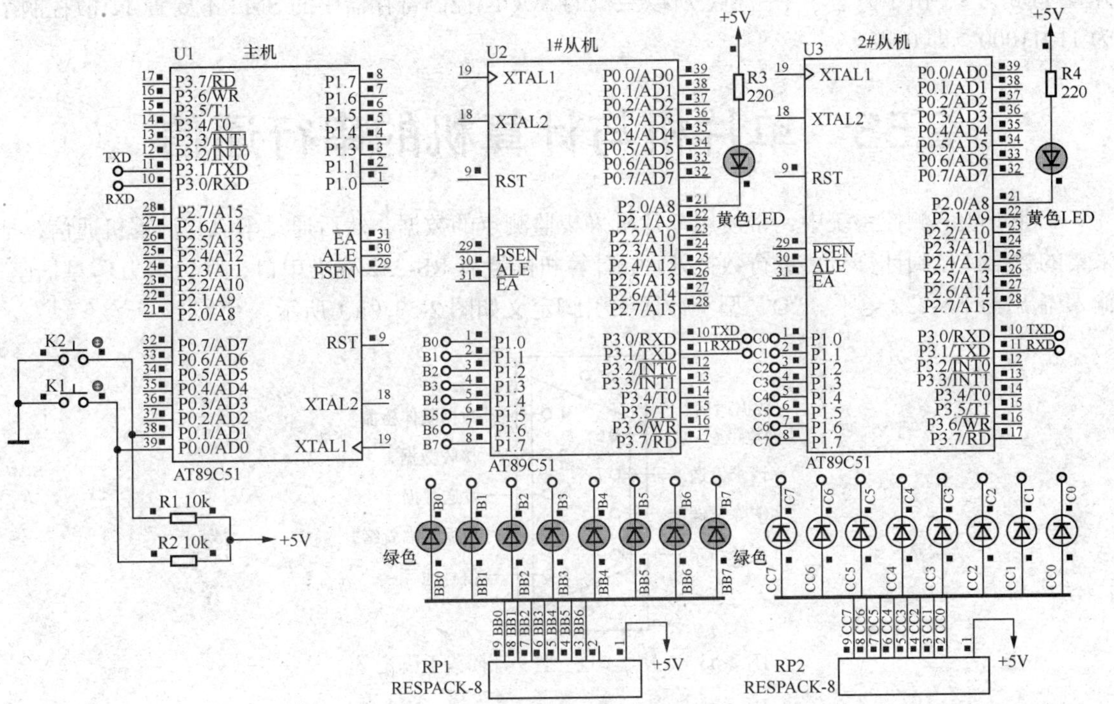

图 2-52 主机与 2 个从机的多机通信的原理电路与仿真

根据串口多机通信原理，主机首先要识别 1#从机和 2#从机，要先发地址帧，后发数据帧，数据帧只能由与地址相符合的从机接收，运用串口方式 3 和 SM2 位来识别地址帧与数据帧，从而判别地址和判断是否接收数据，SM2 先置为 1，以接收地址帧，若地址与本从机相符合，则 SM2 清零，准备接收数据帧。主机发送的地址帧第 9 位为 1，数据帧第 9 位为 0，这样就可有选择地接收。

3 个单片机的串行通信方式都设置为方式 3。

因为本题目为多机串行通信，各从机程序都是相同的，只是地址不同，所以本题目对于 3 个或 3 个以上的从机系统都是适用的，只是增加选择开关 K 而已。

本例的多机通信的约定如下。

（1）2 台从机的地址为 01H、02H。

（2）主机发出的 0xff 为控制命令，使所有从机都处于 SM2=1 的状态。

（3）其余的控制命令：00H——接收命令，01H——发送命令。这两条命令是以数据帧的形式发送的。

（4）从机的状态字如下。

	D7	D6	D5	D4	D3	D2	D1	D0
状态字	ERR	0	0	0	0	0	TRDY	RRDY

其中：

ERR（D7 位）=1，表示收到非法命令。

TRDY（D1 位）=1，表示发送准备完毕。

RRDY（D0位）=1，表示接收准备完毕。

串行通信时，主机采用查询方式，从机采用中断方式。主机串行口设为方式3，允许接收，并置TB8为1。由于只有1个主机，所以主机的SCON控制寄存器中的SM2不要置1，故控制字为11011000，即0xd8。

2.53　单片机与计算机的串行通信

工业现场的测控系统中，常使用单片机采集监测点的数据，然后通过串口与计算机通信，把采集的数据传送到计算机上进行数据处理。计算机配置有RS-232标准串口，为9针"D"型插座，输入/输出为RS-232电平。"D"型9针插头引脚定义如图2-53（a）所示。

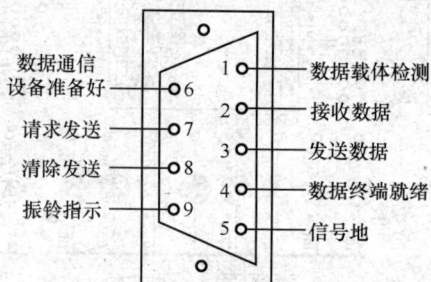

图2-53（a）　"D"型9针插头引脚定义

表2-5为RS-232C的"D"型9针插头的引脚定义。由于两者电平不匹配，因此必须把单片机输出的TTL电平转换为RS-232电平。单片机与计算机的接口如图2-53（b）所示。

表2-5　　　　　　　　　　　　　　　计算机的RS-232C接口信号

引脚号	功能	符号	方向
1	数据载体检测	DCD	输入
2	接收数据	TXD	输出
3	发送数据	RXD	输入
4	数据终端就绪	DTR	输出
5	信号地	GND	
6	数据通信设备准备好	DSR	输入
7	请求发送	RTS	输出
8	清除发送	CTS	输入
9	振铃指示	RI	输入

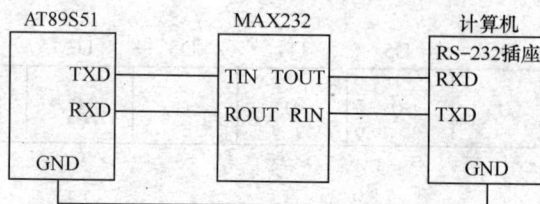

图2-53（b）　单片机与计算机的RS-232串行通信接口

图 2-53（b）中的电平转换芯片为 MAX232，接口连接只用了计算机 RS-232 插座中的 2 号引脚、3 号引脚与 5 号引脚。

单片机向计算机发送数据的 Proteus 硬件原理电路如图 2-53（c）所示。要求单片机通过串行口的 TXD 脚向计算机串行发送 8 个数据字节。本题目中使用了两个串行口虚拟终端，用于观察串行口线上出现的串行传输数据。

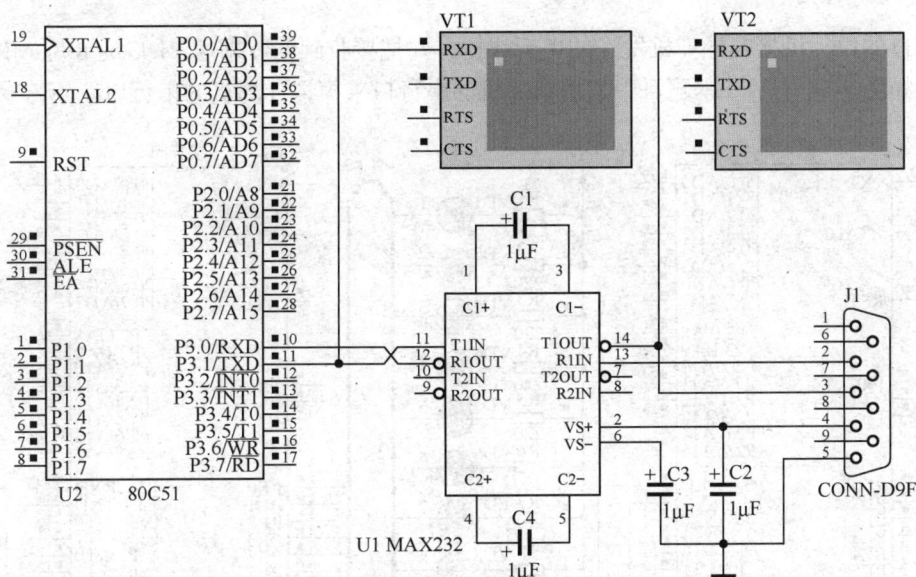

图 2-53（c）　单片机向计算机发送数据的 Proteus 仿真电路

运行程序，单击鼠标右键，在弹出的菜单中选择 "Virtual Terminal"，即可弹出两个虚拟终端窗口 VT1 与 VT2，并显示出串口发出的数据流，如图 2-53（d）所示。

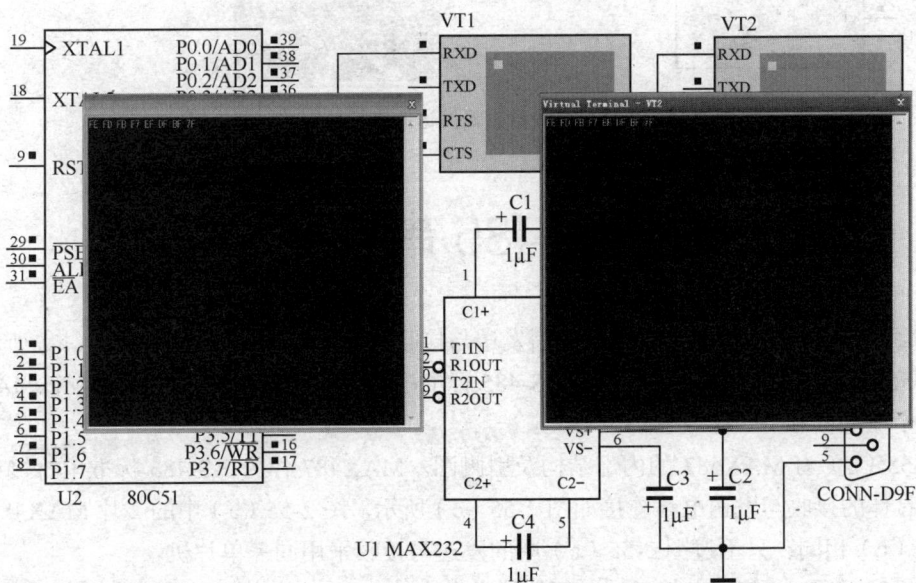

图 2-53（d）　从两个虚拟终端窗口观察到的串行通信数据

VT1 窗口显示的数据表示单片机发送给计算机的数据，VT2 显示的数据表示由计算机经

RS-232 串口模型 COMPIM 接收的数据，由于使用了串口模型 COMPIM，从而省去了计算机的模型，解决了单片机与计算机串行通信的虚拟仿真问题。

2.54 计算机向单片机发送数据

本题目的单片机接收计算机发送的串行数据，并把接收到的数据送 P1 口的 8 位 LED 显示。原理电路如图 2-54 所示。本题目中采用单片机的串行口来模拟计算机的串行口。

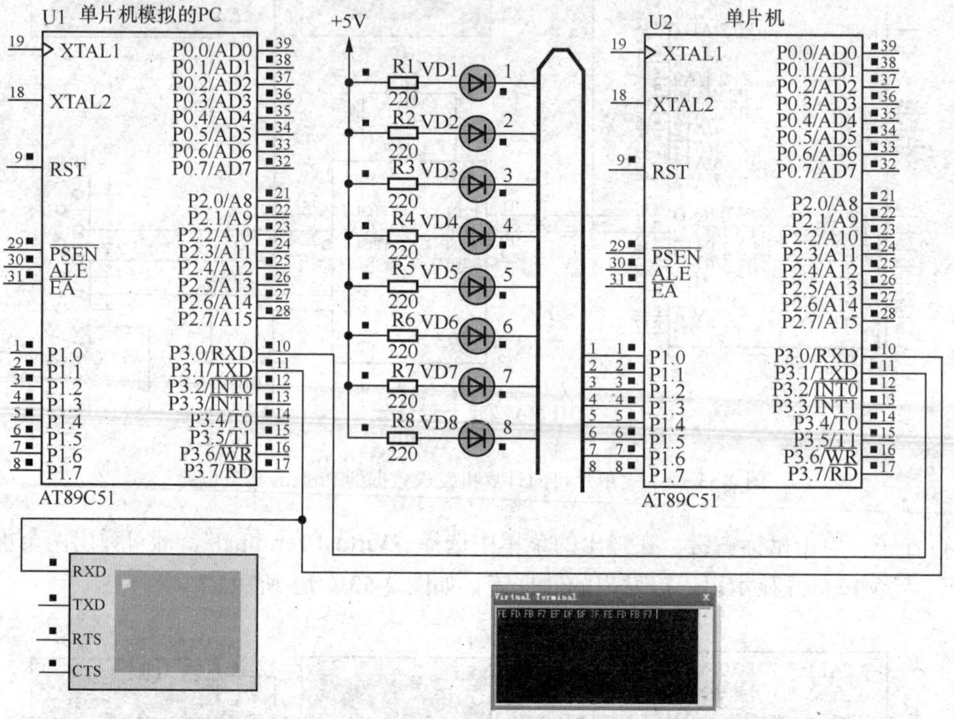

图 2-54 单片机接收计算机发送的串行数据的原理电路

2.55 RS-485 串行通信设计

本题目设计 RS-485 标准接口串行通信发送与接收字符。原理电路如图 2-55（a）所示。

图 2-55（a）中的 MAX487 是用于 RS-485 标准串行接口的低功耗收发器，每个 MAX487 中都具有一个驱动器和一个接收器。

图 2-55（b）为 MAX487 的内部结构及引脚图。MAX487 作为 RS-485 标准串行接口低功耗收发器，具体的接收与发送电路连接如图 2-55（c）所示。图 2-55（a）中的 2 片 MAX487 的连接与图 2-55（c）相同，只不过图 2-55（a）中的发送与接收采用同一单片机。

单片机运行后，通过 RS-485 端口不停地发送字符 0～9，这时可用示波器观察 RS-485 端口 485_A、485_B 信号线上的波形，或者采用数码管来显示 RS-485 接收器接收的字符。本题目采用后一种方法。

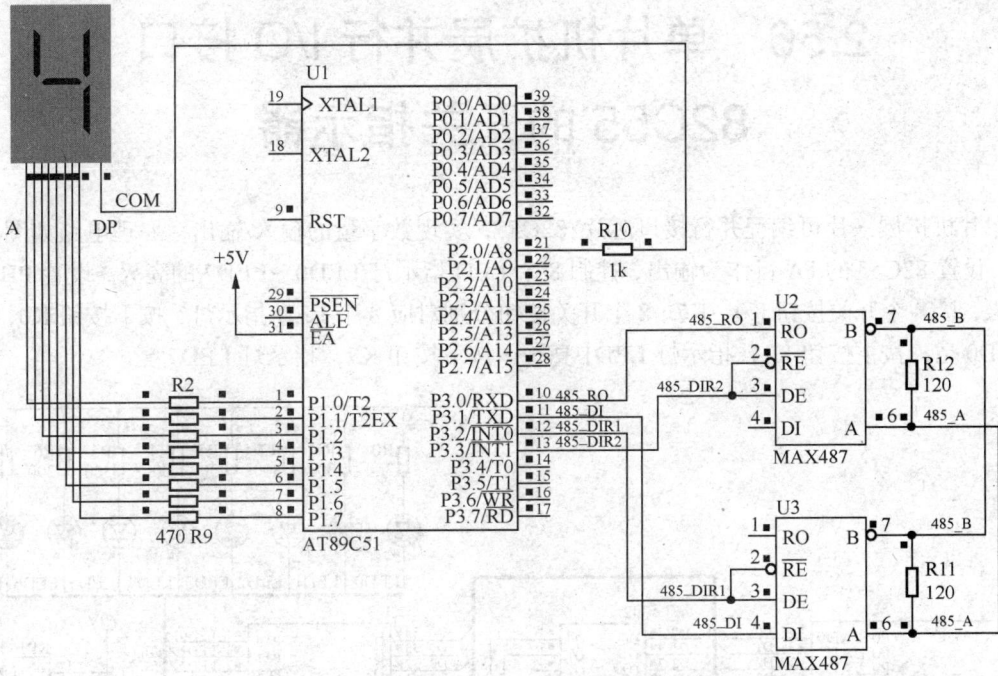

图 2-55（a）　RS-485 串行通信自发自收字符的原理电路

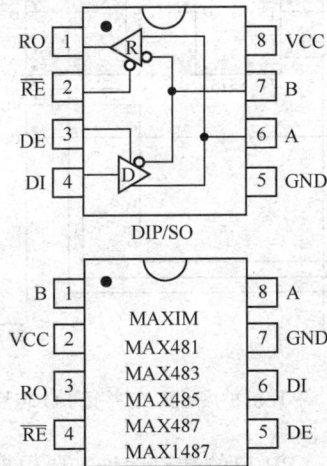

图 2-55（b）　MAX487 的内部结构及引脚图

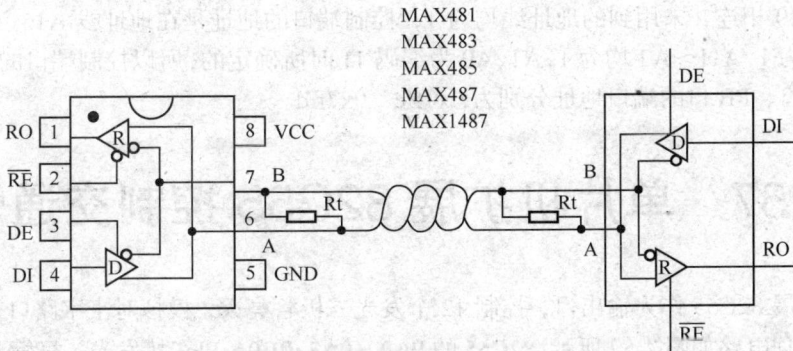

图 2-55（c）　RS-485 标准串行接口的连接

2.56 单片机扩展并行 I/O 接口 82C55 的开关指示器

单片机扩展一片可编程并行接口芯片 82C55，实现数字量的输入/输出，原理电路如图 2-56 所示。设置 82C55 的 PA 口作为输出，控制 8 个 LED 指示灯 LED0～LED7 的亮灭，设置 PB 口作为输入，接 8 个开关按钮 K0～K7。8 个开关按钮分别对应 8 个 LED 指示灯，按下按钮 K0，指示灯 LED0 亮；按下按钮 K1，指示灯 LED1 亮……按下按钮 K7，指示灯 LED7 亮。

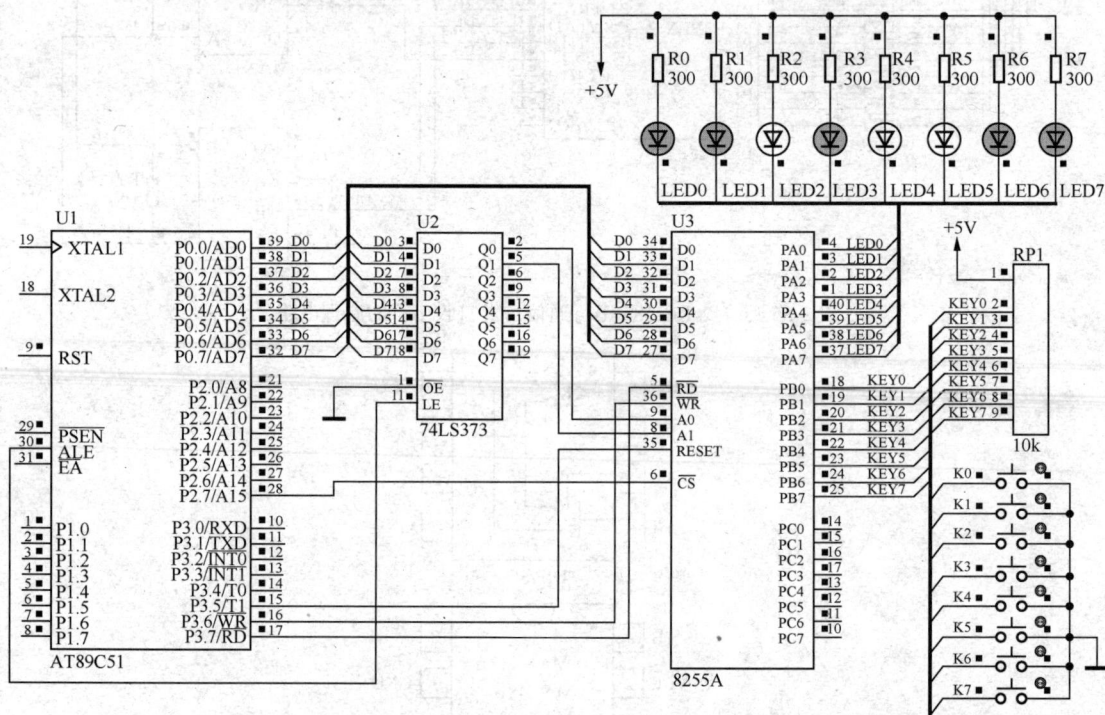

图 2-56 单片机扩展 82C55 并行 I/O 芯片的原理电路

82C55 片内的控制口、PA 口、PB 口的端口地址，要根据 82C55 的 $\overline{CS}$、A1、A0 与单片机的地址线 A15～A0 的连接来决定。其中 $\overline{CS}$ 与单片机的地址线 A15 相连，A1、A0 分别与单片机的地址线 A1、A0 相连，未用到的地址线均为 1，控制端口的地址是在地址线 A15 为 0，未用到的 A14～A12 均为 1，A11～A2 均为 1，A1、A0 为编码 11 时所确定的，所以控制端口的地址为 0x7fff，同理可得 PA 口、PB 口的端口地址分别为 0x7ffc、0x7ffd。

2.57 单片机扩展 82C55 控制交通灯

单片机扩展 82C55 作为输出口，控制 12 个发光二极管亮灭，模拟对十字路口交通灯的管理。本题目原理电路如图 2-57 所示。82C55 的 PA0～PA7、PB0～PB3 接发光二极管 LED1～LED3、LED4～LED6、LED7～LED9、LED10～LED12，代表 4 个路口的绿、黄、红灯。

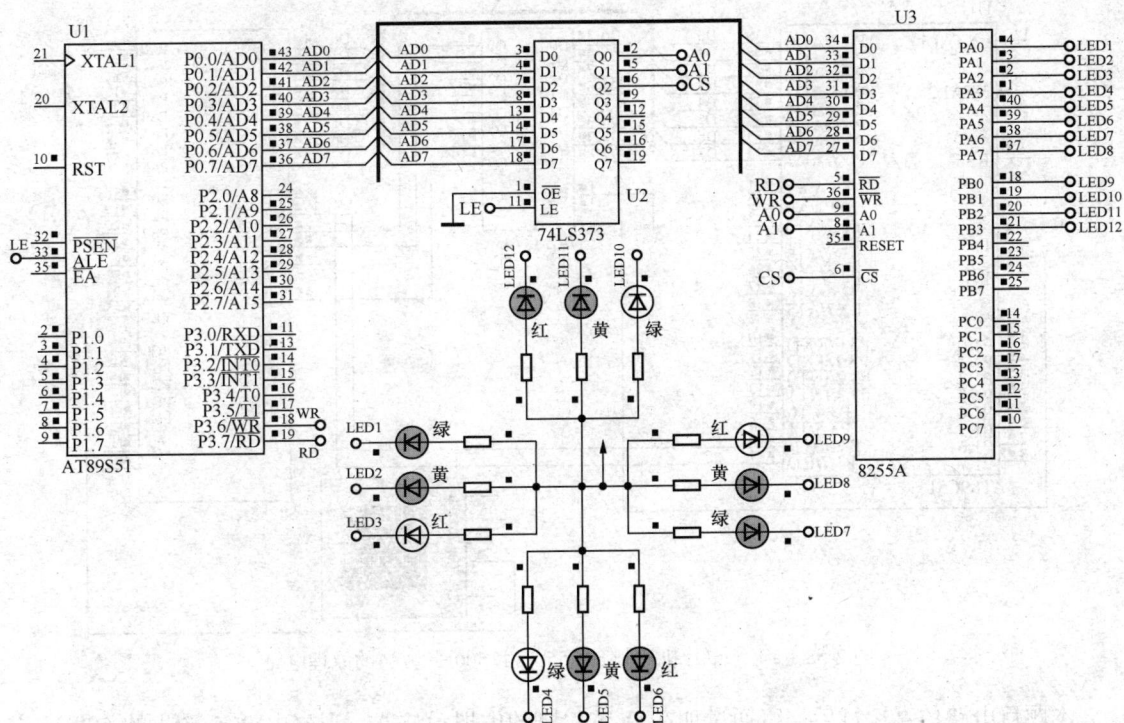

图 2-57　单片机扩展 82C55 的交通灯控制器原理电路

执行程序，初始状态为 4 个路口的红灯全亮之后，东西路口的绿灯亮，南北路口的红灯亮，东西路口方向通车，延迟一段时间后，东西路口的绿灯熄灭，黄灯开始闪烁，闪烁几次后，东西路口红灯亮，而同时南北路口的绿灯亮，南北路口方向开始通车，延迟一段时间后，南北路口的绿灯熄灭，黄灯开始闪烁，闪烁若干次后，再切换到东西路口方向，之后重复以上过程。

本题目涉及单片机扩展 82C55 并行接口芯片的接口电路设计与软件设置，以及控制对 82C55 各端口寄存器发送点亮或熄灭发光二极管的位控数据。

2.58　单片机控制 82C55 产生 500Hz 方波

AT89C51 单片机外部扩展一片可编程并行 I/O 接口芯片 82C55，并控制 82C55 的 PC5 引脚输出 500Hz 的方波，原理电路如图 2-58（a）所示。

PC5 引脚输出 500Hz 的方波，其高低电平的持续时间分别为 1ms，通过定时器 T0 的方式 2 定时 0.2ms（12MHz 时钟），计数 5 次来实现 1ms 的定时，因此定时器 T0 方式 2 的时间常数为：$x=56$，即 38H。计满 1ms 后，将 PC5 引脚的状态读入并取反，再写回到 PC5 引脚，即可产生 500Hz 方波。

单片机通过向 82C55 的控制端口写入不同的控制字就可以控制 82C55 芯片处于不同的工作方式。

单片机的外扩 I/O 端口与外部 RAM 是统一编址的，82C55 控制寄存器端口地址为 ff7fH（未用到的地址线全为 1），PC 口地址为 ff7eH，对相应端口地址进行操作就可实现所需的功能。

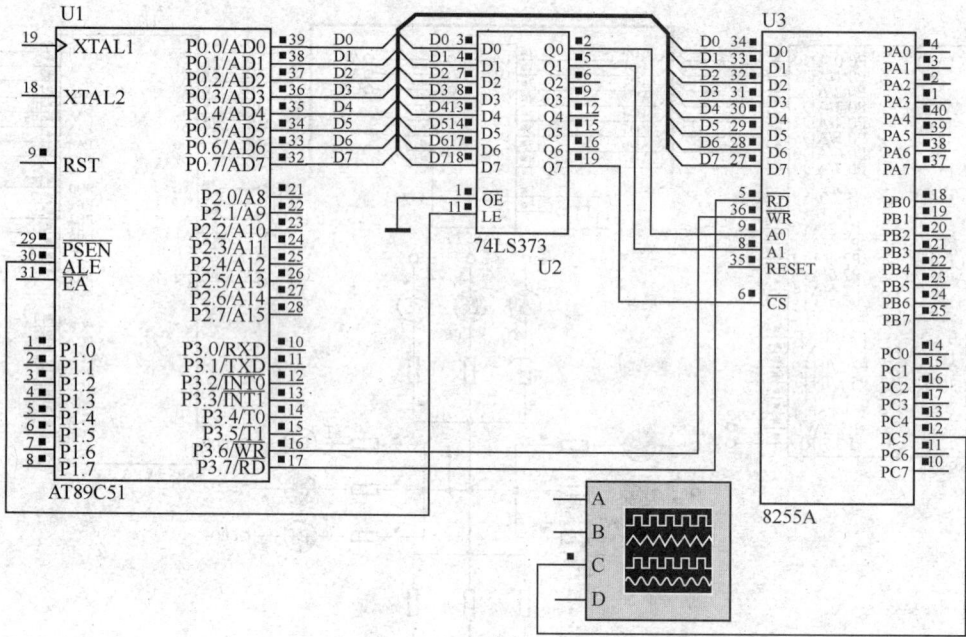

图 2-58（a）　单片机控制 82C55 产生 500Hz 方波的原理电路

本题目电路仿真运行后，可通过加在 PC5 引脚的虚拟示波器，观察由 PC5 产生的 500Hz 方波。如要观察虚拟示波器显示的波形，只需用鼠标右键单击图 2-58（a）中的虚拟示波器图标，再单击快捷菜单中的"Digital Oscilloscope"选项，即可在出现的虚拟示波器的屏幕中观察到 500Hz 的方波（周期为 2ms），如图 2-58（b）所示。

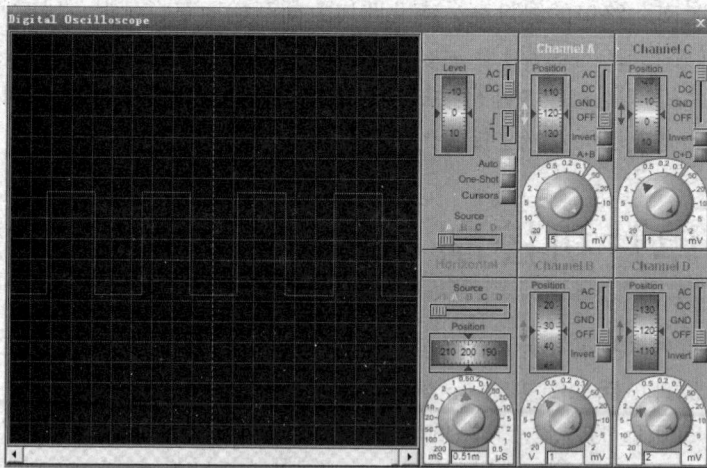

图 2-58（b）　虚拟示波器上显示的 500Hz 方波

2.59　扩展 74LSTTL 电路的开关检测器

利用 74LSTTL 芯片，可扩展简单的并行 I/O 接口。本题目的原理电路如图 2-59 所示。74LS245 是双向缓冲驱动器，这里仅使用它的单向输入缓冲作为扩展的输入口，将 1 脚接地即可实现由 B

端向 A 端的单向缓冲输入。74LS245 的 8 个输入端分别接 8 个开关 K0~K7。扩展的 74LS373 是 8D 锁存器，作为扩展的输出口，输出端接 8 个发光二极管 VD0~VD7。当某输入口线的开关按下时，该输入口线为低电平，经 74LS245 读入单片机 P0 口后，再将口线的状态输出给 74LS373 相应位为 "0" 的位使对应按下开关的二极管点亮发光，从而指示出被按下开关的位置。图 2-59 中有 2 个开关 K1 和 K4 被按下，对应的 2 个发光二极管 VD1 和 VD4 被点亮。

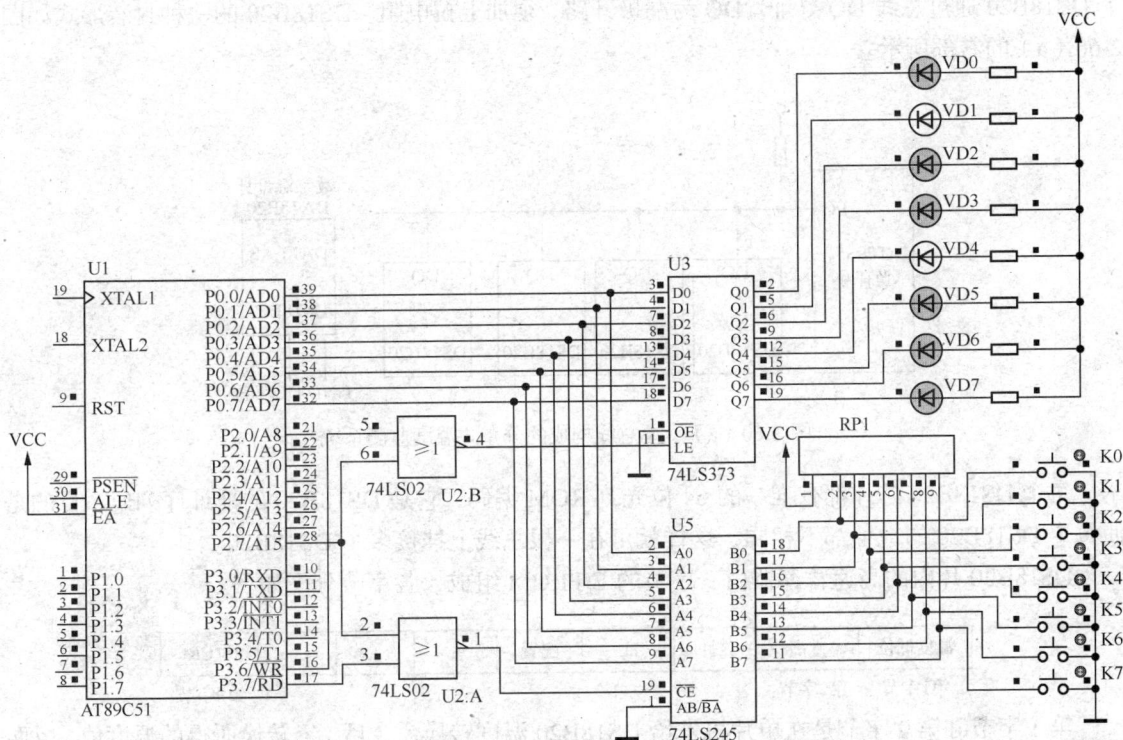

图 2-59　扩展 74LSTTL 电路的开关检测器的原理电路

在程序中访问扩展的 I/O 口直接通过对片外数据存储器的读/写方式来进行。扩展的输入端口与输出端口具有相同的地址，均为 0x7fff，当读入开关状态时，单片机 P2.7 引脚与 RD* 引脚为低，经或门加到 74LS245 的片选端 CE* 引脚上，从而打开输入缓冲，读入开关的状态。输出开关状态时，单片机 P2.7 引脚与 WR* 引脚为低，经或门加到 74LS373 的片选端 LE 引脚上，从而将开关状态数据输出至 74LS373 并锁存，驱动点亮相应的发光二极管。

2.60　单总线 DS18B20 测温系统案例设计 1

单总线扩展应用的典型案例是采用单总线温度传感器 DS18B20 的温度测量系统。DS18B20 是美国 DALLAS 公司生产的数字温度传感器，具有体积小、低功耗、适用电压范围宽、抗干扰能力强等优点，是支持 "单总线" 接口的温度传感器。

DS18B20 将温度直接转化成数字信号，以 "单总线" 方式传送给单片机处理，因而可省去传统测温电路的信号放大、A/D 转换等外围电路，大大提高了系统的抗干扰性。所以特别适用于测控点多、分布面广、环境恶劣以及狭小空间内设备的测温，广泛用于现场温度测量，如环境控制、设备或过程控制、测温类消费电子产品等。

1. DS18B20 的特性

DS18B20 测量温度的范围为 $-55℃\sim+128℃$，在 $-10℃\sim+85℃$ 范围内，测量精度可达 $\pm0.5℃$。

图 2-60（a）所示为单片机与多个带有单总线接口的数字温度传感器 DS18B20 芯片的分布式温度监测系统，图中的多个 DS18B20 都挂在单片机的 1 根 I/O 口线（即 DQ 线）上。单片机对每个 DS18B20 通过总线 DQ 寻址。DQ 为漏极开路，须加上拉电阻。DS18B20 的一种封装形式如图 2-60（a）的右部所示。

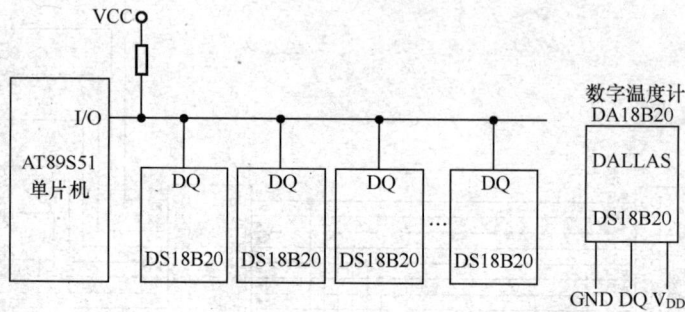

图 2-60（a）　单总线构成的分布式温度监测系统

每个 DS18B20 芯片都有唯一的 64 位光刻 ROM 编码，它是 DS18B20 的地址序列码，目的是使每个 DS18B20 的地址都不相同，这样就可在一根总线上挂接多个 DS18B20。

DS18B20 片内的高速暂存器由 9 字节的 E^2PROM 组成，各字节分配如下。

温度低位	温度高位	TH	TL	配置	–	–	8位CRC
第1字节	第2字节						第9字节

第 1 字节和第 2 字节是在单片机发给 DS18B20 温度转换命令后，经转换所得的温度值，以两字节补码形式存放其中。单片机通过单总线可读得该数据，读取时低位在前，高位在后。

第 3、第 4 字节分别是由软件写入用户报警的上、下限值 TH 和 TL。

第 5 字节为配置寄存器，可对其更改 DS18B20 的测温分辨率。

第 6～第 8 字节未用，为全 1。

第 9 字节是前面所有 8 字节的 CRC 码，用来保证正确通信。片内还有 1 个 E^2PROM，其为 TH、TL 以及配置寄存器的映像。

第 5 字节的配置寄存器各位的定义如下。

TM	R1	R0	1	1	1	1	1

其中，TM 位出厂时已被写入 0，用户不能改变；低 5 位都为 1；R1 和 R0 用来设置分辨率。表 2-6 列出了 R1、R0 与分辨率和转换时间的关系。用户可通过修改 R1、R0 位的编码，获得合适的分辨率。

由表 2-6 可看出，DS18B20 的转换时间与分辨率有关。当设定分辨率为 9 位时，转换时间为 93.75ms；依次类推；当设定分辨率为 12 位时，转换时间为 750ms。

表 2-7 列出了 DS18B20 温度转换后得到的 16 位转换结果的典型值。

表 2-6　　　　　　　　　　　　R1、R0 与分辨率和转换时间的关系

R1	R0	分辨率	最大转换时间
0	0	9 位	93.75 ms
0	1	10 位	187.5 ms
1	0	11 位	375 ms
1	1	12 位	750 ms

表 2-7　　　　　　　　　　　　　　DS18B20 温度数据

温度/℃	符号位（5 位）					数据位（11 位）											十六进制温度值
+125	0	0	0	0	0	1	1	1	1	1	0	1	0	0	0	0	0x07d0
+25.0625	0	0	0	0	0	0	0	1	1	0	0	1	0	0	0	1	0x0191
−25.0625	1	1	1	1	1	1	1	0	0	1	1	0	1	1	1	1	0xfe6f
−55	1	1	1	1	1	1	1	0	0	1	0	0	0	0	0	0	0xfc90

下面介绍温度转换的计算方法。

当 DS18B20 采集的温度为+125℃时，输出为 0x07d0，则：

实际温度数值=（0x07d0）/16=（$0 \times 16^3 + 7 \times 16^2 + 13 \times 16^1 + 0 \times 16^0$）/16=125

当 DS18B20 采集的温度为−55℃时，输出为 0xfc90，由于是补码，所以先将 11 位数据取反加 1 得 0x0370，注意符号位不变，也不参加运算，则：

实际温度数值=（0x0370）/16=（$0 \times 16^3 + 3 \times 16^2 + 7 \times 16^1 + 0 \times 16^0$）/16=55

注意，负号则需要对采集的温度的结果数据进行判断后，再予以显示。

2. DS18B20 的工作时序

DS18B20 对工作时序要求严格，延时需准确，否则容易出错。DS18B20 的工作时序包括初始化时序、写时序和读时序。

（1）初始化时序。单片机将数据线电平拉低 480～960μs 后释放，等待 15～60μs，单总线器件即可输出一个持续 60～240μs 的低电平，单片机收到此应答后即可进行操作。

（2）写时序。当单片机将数据线电平从高拉到低时，产生写时序，有写"0"和写"1"两种时序。写时序开始后，DS18B20 在 15～60μs 期间从数据线上采样。如果采样到低电平，则向 DS18B20 写的是"0"；如果采样到高电平，则向 DS18B20 写的是"1"。这两个独立的时序间至少需要拉高总线电平 1μs 的时间。

（3）读时序。当单片机从 DS18B20 读取数据时，产生读时序。此时单片机将数据线的电平从高拉到低，使读时序被初始化。如果在此后的 15μs 内，单片机在数据线上采样到低电平，则从 DS18B20 读的是"0"；如果在此后的 15μs 内，单片机在数据线上采样到高电平，则从 DS18B20 读的是"1"。

3. DS18B20 的命令

DS18B20 的所有命令均为 8 位长，常用的命令代码见表 2-8。

4. 基于 DS18B20 的单总线温度测量系统设计

利用 DS18B20 和 LED 数码管实现单总线温度测量系统，原理电路如图 2-60（b）所示。DS18B20 的测量范围是−55℃～128℃。本题目只显示 0℃～99℃。通过本题目，读者可以了解 DS18B20 的特性以及单片机 I/O 实现单总线协议的方法。

表 2-8   DS18B20 命令

命令的功能	命令代码
启动温度转换	0x44
读取暂存器内容	0xbe
读 DS18B20 的序列号（总线上仅有 1 个 DS18B20 时使用）	0x33
跳过读序列号的操作（总线上仅有 1 个 DS18B20 时使用）	0xcc
将数据写入暂存器的第 2、第 3 字节中	0x4e
匹配 ROM（总线上有多个 DS18B20 时使用）	0x55
搜索 ROM（单片机识别所有 DS18B20 的 64 位编码）	0xf0
报警搜索（仅在温度测量报警时使用）	0xec
读电源供给方式，0 为寄生电源，1 为外部电源	0xb4

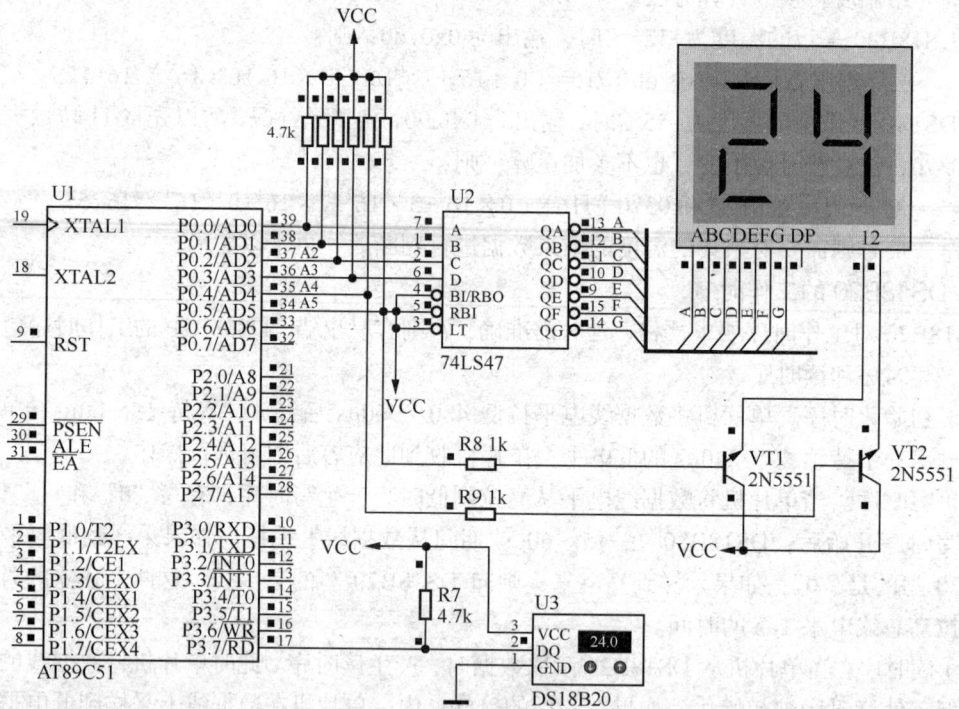

图 2-60（b）　单总线的基于 DS18B20 的温度测量系统原理电路

电路中的 74LS47 是 BCD-7 段译码器/驱动器，将单片机 P0 口输出的用于显示的 BCD 码转化成相应的数字显示的段码，并直接驱动 LED 数码管显示。

2.61　单总线 DS18B20 测温系统案例设计 2

本题目为单片机扩展 1 个单总线温度传感器 DS18B20，构成一个单总线温度测量系统，原理电路如图 2-61（a）所示。本题目与题目 2.60 的区别是，温度测量结果采用 LCD1602 显示，显示范围也就不限于仅显示两位数字 00～99，可将 DS18B20 温度测量范围内的全部数值显示出来。

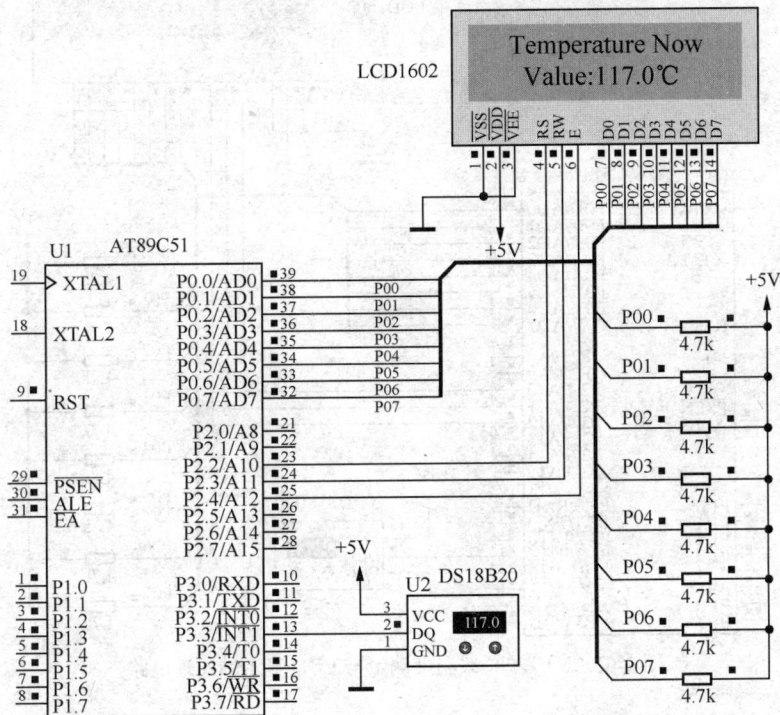

图 2-61（a） 单总线温度测量与 LCD 显示的原理电路

有关温度传感器 DS18B20 的特性、时序以及温度转换的计算方法见题目 2.60。

对 DS18B20 的具体操作如下。

首先对 DS18B20 进行初始化，然后识别，最后读取测量结果并显示。由于单总线上仅挂接有 1 个 DS18B20，单片机可不必读取 64 位序列码而直接对 DS18B20 进行操作，因此可采用跳过读序列号的命令（0xcc），然后对 DS18B20 发出启动转换命令（0x44）。等待转换结束后，再次将 DS18B20 进行初始化并跳过读序列号操作，接着向 DS18B20 发出读暂存器的命令（0xbe），就可以读出温度值，然后将温度值送到 LCD1602 显示。

调节 DS18B20 上的图符"↓"或"↑"，相当于改变环境温度，相应的 LCD 显示的温度值也随之变化。

如果将图 2-61（a）中的 DS18B20 的 DQ 引脚与单片机的 P3.3 引脚的连线断开，执行程序时，单片机就会检测不到 DS18B20，此时 LCD 会显示图 2-61（b）所示的内容。

根据 DS18B20 的基本特性与时序，对 DS18B20 的操作步骤如下。

（1）初始化 DS18B20，跳过读序列号。

（2）启动温度转换。

（3）延时等待。

（4）初始化 DS18B20，跳过读序列号。

（5）读取温度值。

（6）温度值送 LCD 显示。

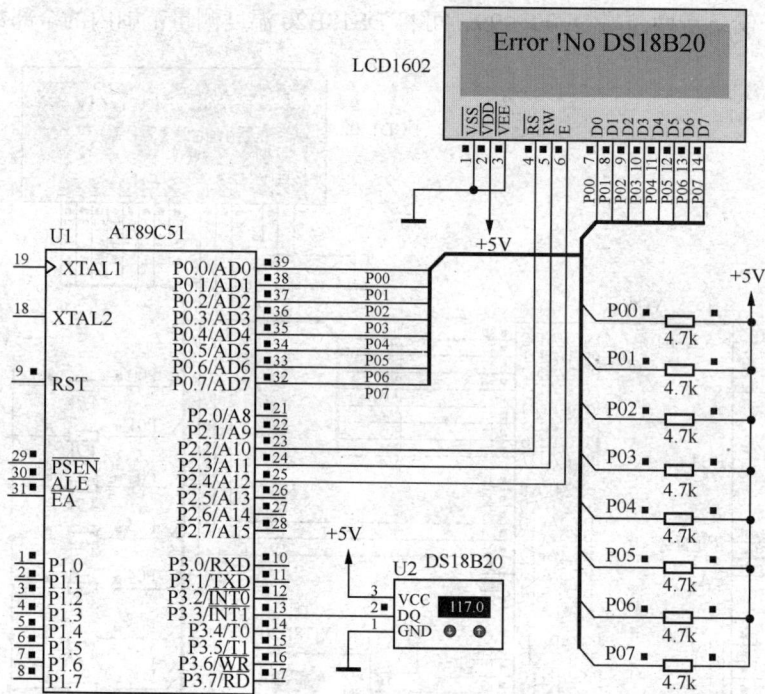

图 2-61（b） 单总线温度测量与 LCD 显示的原理电路

2.62 片内 RAM 的读写

本题目先向片内 RAM 写入数据 0x39，再把写入片内 RAM 中的数据读出并送数码管显示，原理电路如图 2-62 所示。

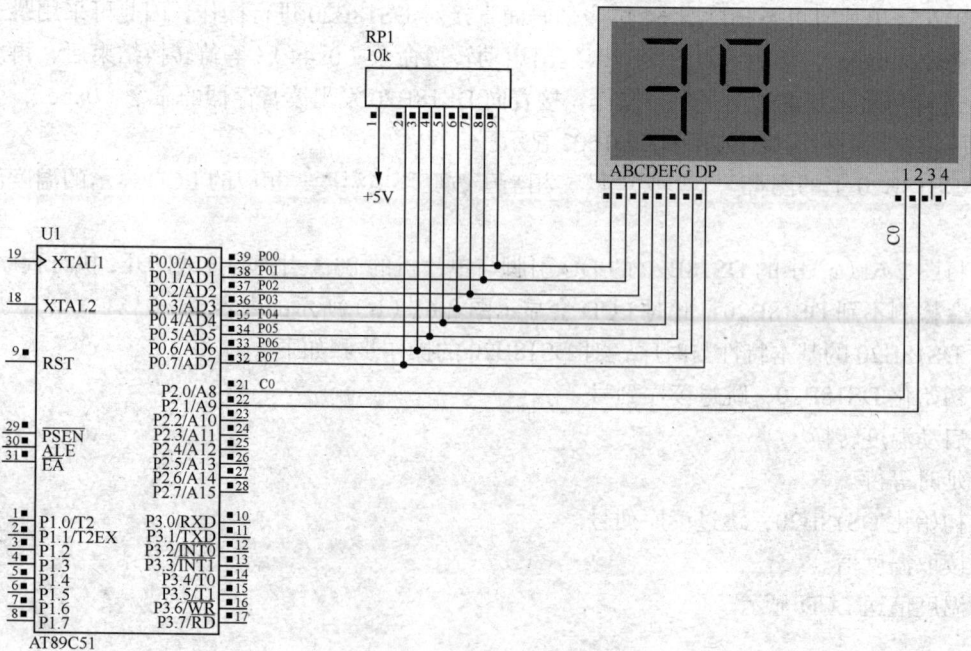

图 2-62 写入片内 RAM 单元的数据在数码管上显示的原理电路

2.63　单片机并行扩展数据存储器 RAM6264

单片机外部扩展 1 片外部数据存储器 RAM6264。原理电路如图 2-63（a）所示。单片机先向 0x0000 地址写入 64 字节的数据 0x01～0x40，写入的数据同时送到 P1 口通过 8 个 LED 显示出来，然后将这些数据反向复制到 RAM6264 的 0x0080 地址开始处。复制操作时，数据也通过 P1 口的 8 个 LED 显示出来。上述两个操作执行完成后，发光二极管 D1 被点亮，表示数据第 1 次的写入起始地址 0x0000 的 64 字节，以及将这 64 字节数据反向复制到起始地址 0x0080 的读写已经完成。如要查看 RAM6264 中的内容，可在 D1 点亮后，单击"暂停"按钮 ▮▮，然后单击调试（Debug）菜单，在下拉菜单中选择"Memory Contents"，即可看到图 2-63（b）所示窗口中显示的 RAM6264 中的数据。可看到单元地址 0x0000～0x003f 中的内容为 0x01～0x40。

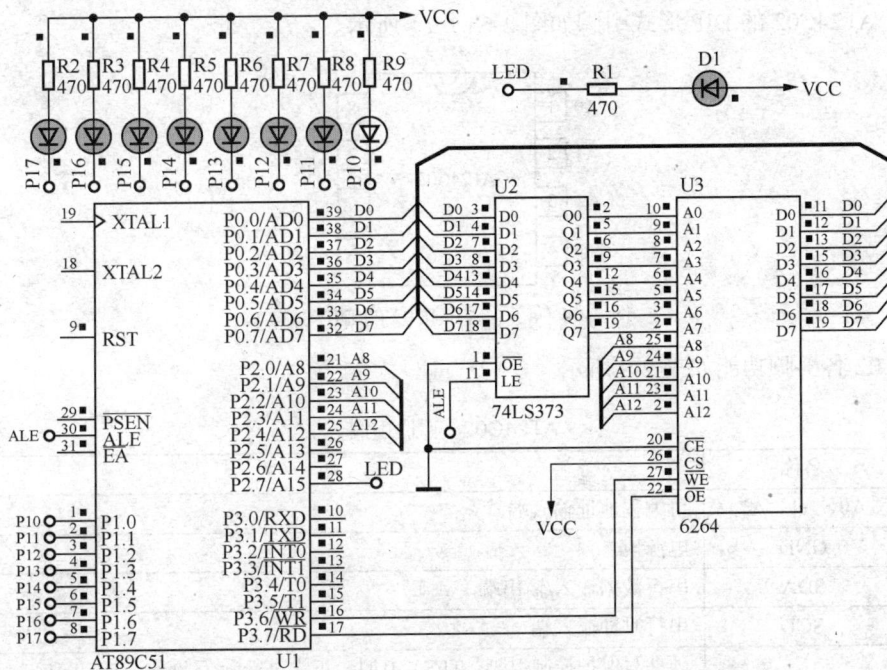

图 2-63（a）　单片机外部扩展 1 片外部数据存储器 RAM6264

图 2-63（b）　RAM6264 第 1 次写入的数据与反向复制的数据

而从起始地址 0x0080 开始的 64 个单元中的数据为 0x40～0x01，可见完成了反向复制。

2.64 基于 I²C 总线的 AT24C02 存储器 IC 卡设计

通用存储器的 IC 卡由通用存储器芯片封装而成，其结构和功能简单，生产成本低，使用方便，在各个领域已得到广泛应用。目前用于 IC 卡的通用存储器芯片多为 E²PROM，且采用 I²C 总线接口，典型代表为带有 I²C 接口的 AT24Cxx 系列。该系列具有 AT24C01/02/04/08/16 等型号，它们的封装形式、引脚功能及内部结构类似，只是容量不同，分别为 128B/256B/512B/1KB/2KB。下面以 AT24C02 为例，介绍单片机通过 I²C 总线对 AT24C02 进行读写操作，即实现对 IC 卡的读写操作。

1. AT24C02 芯片简介

（1）封装与引脚

AT24C02 的封装形式有双列直插（DIP）8 脚式和贴片 8 脚式两种，无论何种封装，其引脚功能都相同。AT24C02 的 DIP 形式引脚如图 2-64（a）所示。

图 2-64（a） AT24C02 的 DIP 引脚

AT24C02 各引脚功能如表 2-9 所示。

表 2-9　　　　　　　　　　　　　　AT24C02 的引脚功能

引脚	名称	功　　　能
1～3	A0、A1、A2	可编程地址输入端
4	GND	电源地
5	SDA	串行数据输入/输出端
6	SCL	串行时钟输入端
7	TEST	硬件写保护控制引脚。TEST=0 时，正常进行读/写操作；TEST=1 时，对部分存储区域只能读，不能写（写保护）
8	VCC	+5V 电源

（2）存储结构与寻址

AT24C02 的存储容量为 256B，分为 32 页，每页 8B。有两种寻址方式：芯片寻址和片内子地址寻址。

① 芯片寻址。AT24C02 芯片地址固定为 1010，它是 I²C 总线器件的特征编码，其地址控制字的格式为 1010 A2A1A0 R/$\overline{W}$。A2A1A0 引脚接高、低电平后得到确定的 3 位编码，与 1010 形成 7 位编码，即为该器件的地址码。由于 A2A1A0 共有 8 种组合，故系统最多可外接 8 片 AT24C02，R/$\overline{W}$ 是对芯片的读/写控制位。

② 片内子地址寻址。确定 AT24C02 芯片的 7 位地址码后，片内的存储空间可用 1 字节的地址码寻址，寻址范围为 00H～FFH，即可对片内的 256 个单元进行读/写操作。

（3）写操作

AT24C02 有两种写入方式：字节写入方式和页写入方式。

① 字节写入方式。单片机（主器件）先发送启动信号和 1 字节的控制字，从器件发出应答信号后，单片机再发送 1 字节的存储单元子地址（AT24C02 芯片内部单元的地址码），单片机收到 AT24C02 应答后，再发送 8 位数据和 1 位终止信号。

② 页写入方式。单片机先发送启动信号和 1 字节的控制字，再发送 1 字节的存储器起始单元地址，上述几字节都得到 AT24C02 的应答后，就可以发送最多 1 页的数据，并顺序存放在已指定的起始地址开始的相继单元中，最后以终止信号结束。

（4）读操作

AT24C02 的读操作也有两种方式，即指定地址读方式和指定地址连续读方式。

① 指定地址读方式。单片机发送启动信号后，先发送含有芯片地址的写操作控制字，AT24C02 应答后，单片机发送 1 字节的指定单元的地址，AT24C02 应答后再发送 1 个含有芯片地址的读操作控制字，此时如果 AT24C02 做出应答，被访问单元的数据就会按 SCL 信号同步出现在 SDA 线上，供单片机读取。

② 指定地址连续读方式。指定地址连续读方式是单片机收到每字节数据后要做出应答，只有 AT24C02 检测到应答信号后，其内部的地址寄存器才自动加 1 指向下一个单元，并顺序将指向单元的数据送到 SDA 线上。当需要结束读操作时，单片机接收到数据后，在需要应答的时刻发送一个非应答信号，接着再发送一个终止信号即可。

2. 单片机通过 I²C 总线扩展单片 AT24C02

单片机通过 I²C 总线扩展 1 片 AT24C02，实现单片机对存储器 AT24C02 的读、写。由于 Proteus 元件库中没有 AT24C02，所以可用 FM24C02 或 24C02 来代替。

AT89C51 与 FM24C02 的接口原理电路如图 2-64（b）所示。

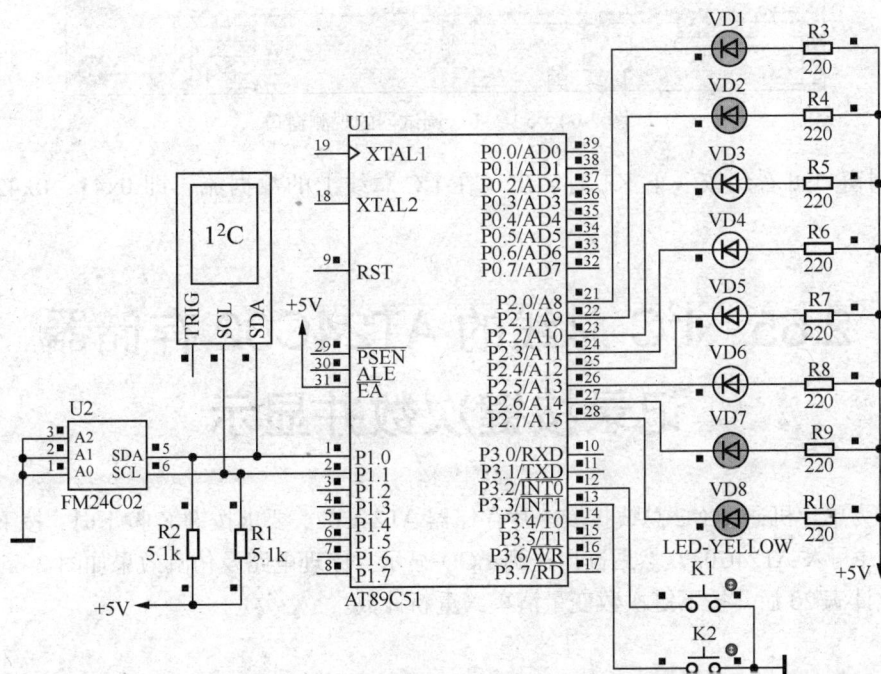

图 2-64（b）　AT89C51 与 FM24C02 接口的原理电路

图 2-64（b）中 K1 作为外部中断 0 的中断源，当按下 K1 时，单片机通过 I²C 总线发送数据 0x41、0x42、0x43、0xaa 给 FM24C02，待数据发送完毕后，将数据 0xc3 送 P2 口通过 LED 显示出来，即标号为 VD1～VD8 的 8 个 LED 中 VD3、VD4、VD5、VD6 灯亮，如图 2-64（b）所示。

K2 作为外部中断 1 的中断源，当按下 K2 时，单片机通过 I²C 总线读取刚才 FM24C02 中的数据，等读数据完毕后，将读出的最后一个数据 0xaa 送 P2 口通过 LED 显示出来，即按下 K2 后，VD1、VD3、VD5、VD7 灯亮。

Proteus 提供的 I²C 调试器是调试 I²C 系统的得力工具，使用 I²C 调试器的观测窗口可观察 I²C 总线上的数据流。

把 I²C 调试器的"SDA"端和"SCL"端分别连接在 I²C 总线的"SDA"和"SCL"线上。

在仿真运行时，用鼠标右键单击电路中的 I²C 调试器图标，在快捷菜单中单击"Terminal"选项，即可出现 I²C 调试器的观测窗口，如图 2-64（c）所示。

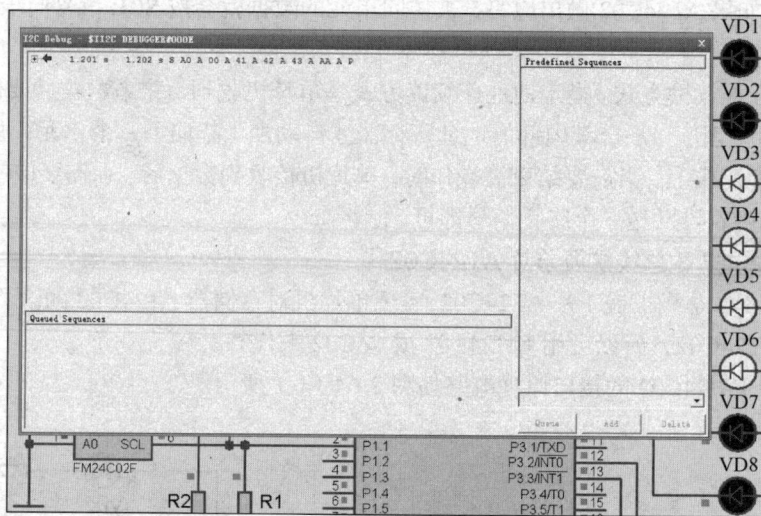

图 2-64（c）　I²C 调试器的观测窗口

从观测窗口可看到按一下 K1 时，出现在 I²C 总线上的数据流，即 0x41、0x42、0x43、0xaa。

2.65　I²C 总线的 AT24C02 存储器记录按键次数并显示

本题目为单片机通过 I²C 总线扩展 1 片存储器 AT24C02，要求按键 K 按下时，按下键的次数变量加 1，并写入 AT24C02，然后读出送到 LCD 显示。原理电路及仿真效果如图 2-65 所示。按键按下次数计满 20 后，按下键次数变量清零，重新计数。

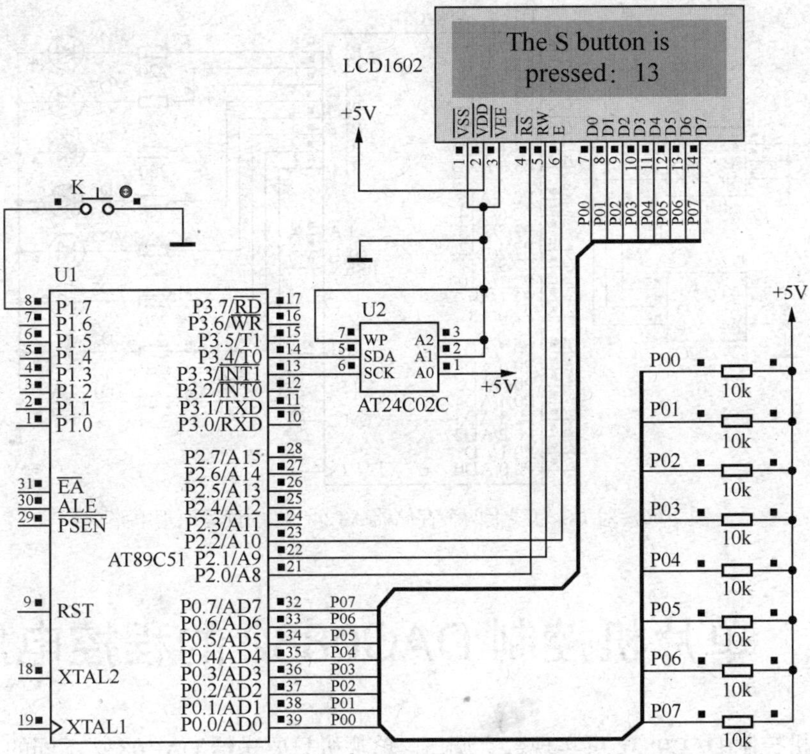

图 2-65　I²C 总线的 AT24C02 存储器记录按下按键次数并在 LCD 显示

2.66　基于 I²C 总线多个存储器 AT24C02 的读写

当 I²C 总线上挂有多个器件时，单片机如何实现对多个器件的读写？对多个器件的读写，只需要用不同的器件地址把器件区分开即可。本题目介绍单片机对挂接在 I²C 总线上的 2 个存储器器件 AT24C02 进行读写操作，其原理也适合于对多个器件的读写操作。本题目的原理电路如图 2-66 所示，通过对 I²C 器件的 A2、A1、A0 引脚连接不同的高、低电平，就可确定器件的不同地址。

本题目中的两个器件的 AT24C02 分别有各自的读写地址。由于第 1 个 AT24C02（U2）的 3 个地址位（A2、A1、A0）均接高电平，即 A2A1A0=111；第 2 个 AT24C02 的 3 个地址位（A2A1A0）均接地，即 A2A1A0=000。因此按照 I²C 总线协议的规定，第 1 个 AT24C02（U2）的读地址为 0xaf，即 1010 1111B，其中高 4 位固定为 1010，最低位的 1 表示读，最低位的前面 3 位即为 A2A1A0 的电平；写地址为 0xae（1010 1110B），最低位的 0 表示写。同理，第 2 个 AT24C02（U3）的读地址为 0xa1（1010 0001B）；写地址为 0xa0（1010 0000B）。

程序执行时，先将数据 0x33 写入 U2（第 1 个 AT24C02）的指定单元地址 0x44，然后从 U2 的 0x44 单元中读出刚才写入的数据（0x33），再把该数据写入 U3（第 2 个 AT24C02）的指定单元地址 0x55 中，再将 0x55 单元中的数据（0x33）读出送到 P1 口，并控制 P1 口的 8 个发光二极管的亮灭（亮为 0，灭为 1），如图 2-66 所示。

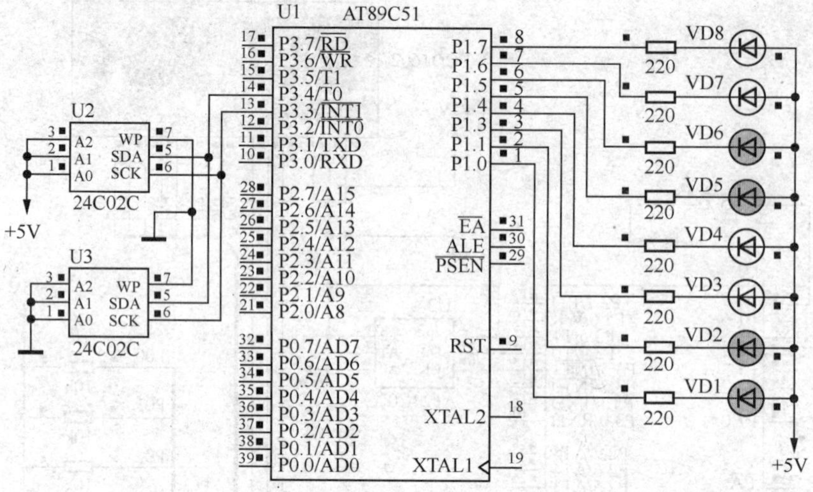

图 2-66 对 I^{2}C 总线上两个存储器 AT24C02 的读写原理电路

2.67 单片机控制 DAC0832 的程控电压源

利用单片机控制 DAC0832 可实现数字调压。单片机只要送给 DAC0832 不同的数字量，即可输出不同的模拟电压。

DAC0832 的输出可采用单缓冲方式或双缓冲方式。如果只有一路模拟量输出，或虽是多路模拟量输出，但并不要求多路输出同步的情况下，就可采用单缓冲方式。

单片机控制 DAC0832 实现数字调压的单缓冲方式接口电路如图 2-67 所示。由于 $\overline{XFER}$ =0、$\overline{WR2}$ =0，所以第二级 "8 位 DAC 寄存器" 处于直通方式。第一级 "8 位输入寄存器" 为单片机控制的锁存方式，其中锁存控制端的 ILE 直接接到有效的高电平，另两个控制端 $\overline{CS}$ 、$\overline{WR1}$ 分别由单片机的 P2.0 引脚和 P2.1 引脚来控制。

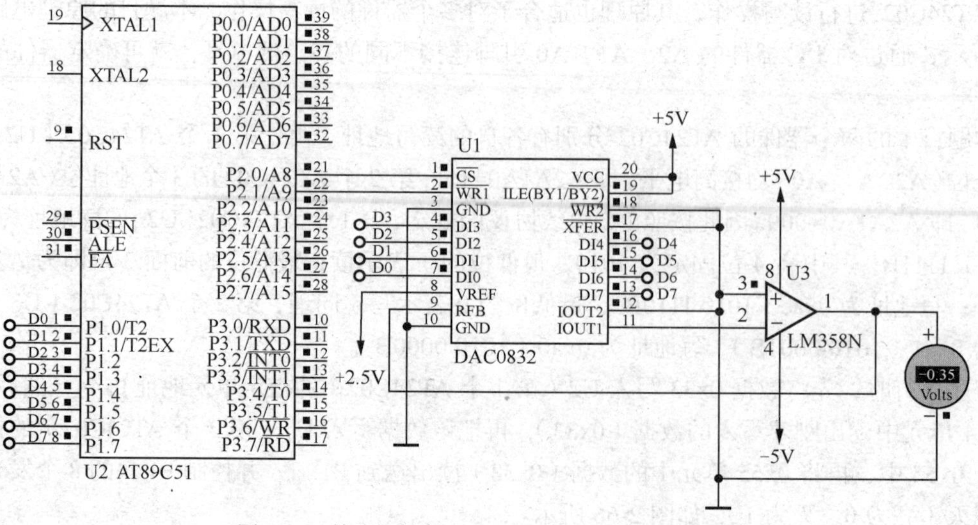

图 2-67 单片机控制 DAC0832 数字调压原理电路

DAC0832 的输出电压 V_o 与输入数字量 B 的关系如下。

$$V_o = -B \cdot \frac{V_{\text{REF}}}{256}$$

由上式可见，DAC0832 输出的模拟电压 V_o 和输入的数字量 B 以及基准电压 V_{REF} 成正比，且 B 为 0 时，V_o 也为 0；B 为 255 时，V_o 为最大的绝对值输出，且不会大于 V_{REF}。

在图 2-67 中，当 P2.0 引脚为低时，如果同时 $\overline{\text{WR}}$ 有效，单片机就会把数字量通过 P1 口送入 DAC0832 的 DI7~DI0 端，并转换输出电压。用虚拟直流电压表可测量经运放 LM358N 的 I/V 转换后的电压值，并观察输出电压的变化。

在仿真运行后，可看到虚拟直流电压表测量的输出电压在−2.5V~0V（参考电压为 2.5V）范围内不断线性变化。如果参考电压为 5V，则输出电压在−5V~0V 范围内变化。如果虚拟直流电压表太小，看不清楚电压的显示值，可用鼠标滚轮放大直流电压表。

单片机送给 DAC0832 不同的数字量，就可得到不同的输出电压，使得单片机控制 DAC0832 成为一个程控输出的电压源。

2.68　单片机扩展 10 位串行 DAC-TLC5615

DAC-TLC5615 为美国 TI 公司的串行接口的 10 位 DAC，属电压输出型，最大输出电压是基准电压值的两倍，带有上电复位功能，即上电时把 DAC-TLC5615 寄存器复位至全零。单片机与 TLC5615 相连，只需用 3 根线，接口简单。串行接口的 DAC-TLC5615 非常适用于电池供电的测试仪表、移动电话，也适用于数字失调、增益调整以及工业控制场合。

TLC5615 的引脚如图 2-68（a）所示。

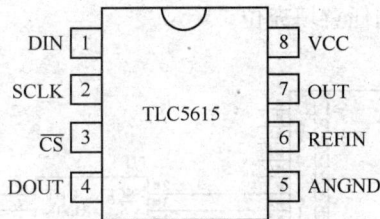

图 2-68（a）　TLC5615 引脚

8 只引脚的功能如下。

- DIN：串行数据输入端。
- SCLK：串行时钟输入端。
- $\overline{\text{CS}}$：片选端，低电平有效。
- DOUT：用于级联时的串行数据输出端。
- ANGND：模拟地。
- REFIN：基准电压输入端，2V~（VCC−2V）。
- OUT：DAC 模拟电压输出端。
- VCC：正电源端，4.5~5.5V，通常取 5V。

TLC5615 的内部结构框图如图 2-68（b）所示。

TLC5615 由以下几部分组成。

- 10 位 DAC 电路。
- 一个 16 位移位寄存器，接收串行移入的二进制数，并且有一个级联的数据输出端 DOUT。
- 并行输入/输出的 10 bit DAC 寄存器，为 10 位 DAC 电路提供待转换的二进制数据。
- 电压跟随器为参考电压端 REFIN 提供高输入阻抗，大约 10MΩ。
- "×2"电路提供最大值为 2 倍于 REFIN 的输出。
- 上电复位电路和控制逻辑电路。

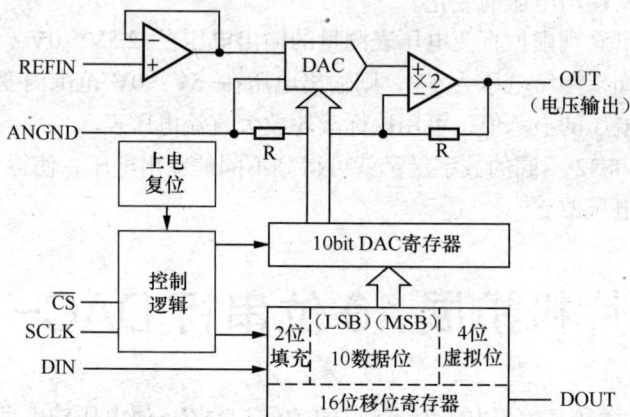

图 2-68（b） TLC5615 内部功能框图

TLC5615 有两种工作方式。

（1）第 1 种工作方式：12 位数据序列。如图 2-68（b）所示，16 位移位寄存器分为高 4 位的虚拟位、低 2 位的填充位以及 10 位有效数据位。在 TLC5615 工作时，只需要向 16 位移位寄存器先后输入 10 位有效位和低 2 位的任意填充位。

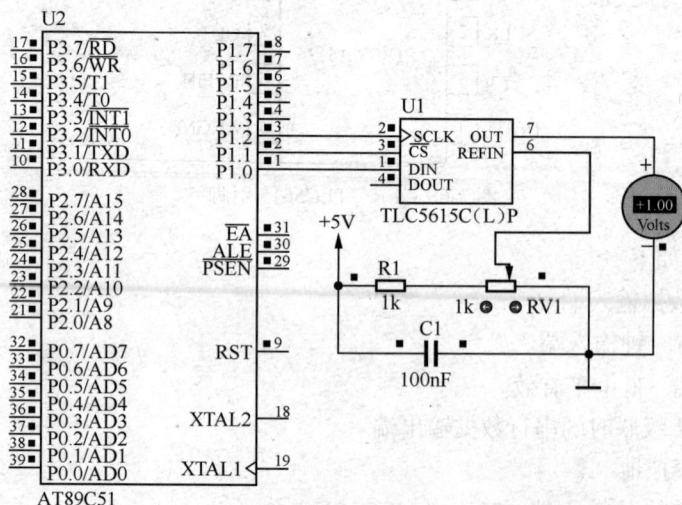

图 2-68（c） 单片机与 DAC-TLC5615 的接口电路

（2）第 2 种工作方式为级联方式，即 16 位数据列。可将本片的 DOUT 接到下一片的 DIN，需要向 16 位移位寄存器先后输入高 4 位虚拟位、10 位有效位和低 2 位填充位，由于增加了高 4

位虚拟位，所以需要 16 个时钟脉冲。

单片机控制串行 DAC-TLC5615 进行 D/A 转换，电路原理图及仿真如图 2-68（c）所示。调节电位器 RV1，使 DAC-TLC5615 的输出电压可在 0～5V 内调节，从虚拟直流电压表的显示窗口可观察到 DAC 转换输出的电压值。

当 $\overline{CS}$ 为低电平时，在每一个 SCLK 时钟的上升沿将 DIN 的 1 位数据移入 16 位移位寄存器，注意，二进制最高有效位被导前移入。接着，$\overline{CS}$ 的上升沿将 16 位移位寄存器的 10 位有效数据锁存于 10 位 DAC 寄存器，供转换；当片选端 $\overline{CS}$ 为高电平时，串行输入数据不能被移入 16 位移位寄存器。

2.69　单片机扩展 DAC0832 的波形发生器

本题目使用单片机控制 DAC0832 产生正弦波、方波、三角波、梯形波和锯齿波。原理电路如图 2-69 所示。单片机的 P1.0～P1.4 引脚接有 5 个按键，当按键按下时，分别对应产生正弦波、方波、三角波、梯形波和锯齿波。

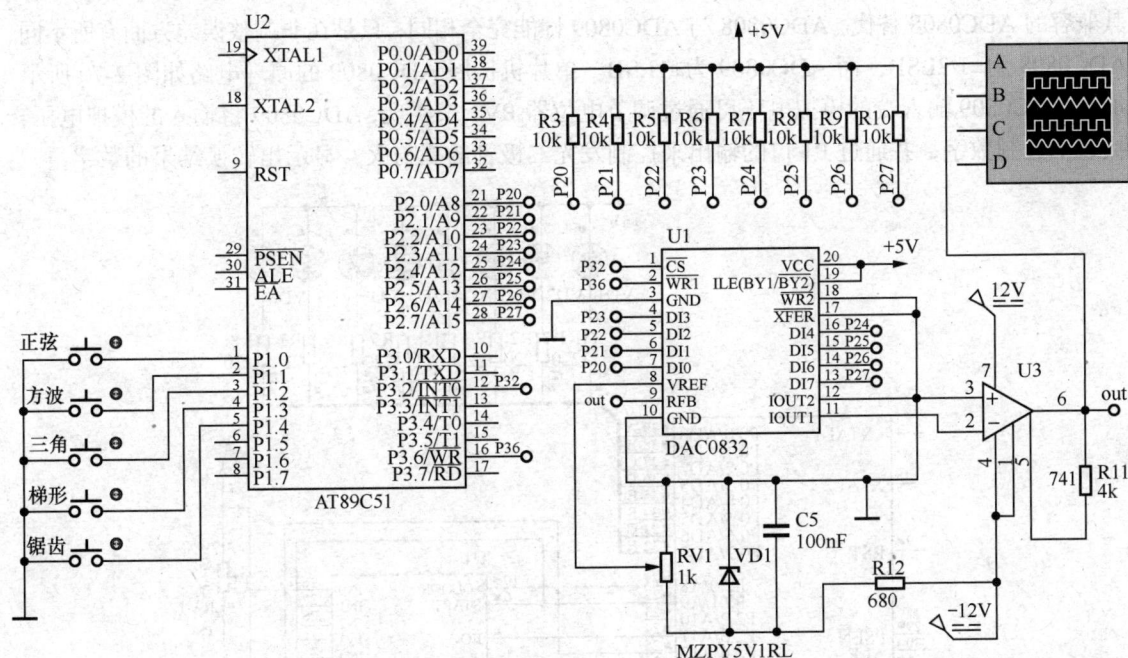

图 2-69　单片机控制 DAC0832 产生各种波形的原理电路

单片机控制 DAC0832 能产生各种波形，实质就是单片机把波形的采样点数据送至 DAC0832，经 D/A 转换后输出模拟信号。改变送出的函数波形采样点后的延时时间，可改变输出波形的频率。产生各种函数波形的原理如下。

（1）正弦波的产生

单片机把正弦波的 256 个采样点的数据送给 DAC0832。正弦波采样数据可采用软件编程或 MATLAB 等工具计算。

（2）方波的产生

单片机采用定时器定时中断，时间常数决定方波高、低电平的持续时间。

（3）三角波的产生

单片机把初始数字量0送给DAC0832后，不断加1，增至0xff后，再把送给DAC0832的数字量不断减1，减至0后，再重复上述过程。

（4）梯形波的产生

输入给DAC0832的数字量从0开始，逐次加1。当输入数字量为0xff时，延时一段时间，形成梯形波的平顶，然后波形数据再逐次减1，如此循环，则输出梯形波。

（5）锯齿波的产生

单片机把初始数据0送给DAC0832后，数据不断加1，增至0xff后，再加1则溢出清零，模拟输出又为0，然后重复上述过程，如此循环，则输出锯齿波。

2.70　单片机扩展 ADC0809 的 A/D 转换

ADC0809是常见的8位逐次比较型的A/D转换器。但Proteus元件库中没有ADC0809，可用其兼容的ADC0808替代。ADC0808与ADC0809性能完全相同，只是在非调整误差方面有所不同，ADC0808为±1/2LSB，而ADC0809为±1LSB。单片机扩展ADC0809的原理电路如图2-70所示。加到ADC0809输入端的模拟电压可通过调节电位器RV1来实现，ADC0809将输入的模拟电压转换成二进制数字，并通过P1口的输出来控制发光二极管的亮与灭，显示出转换结果的数字量。

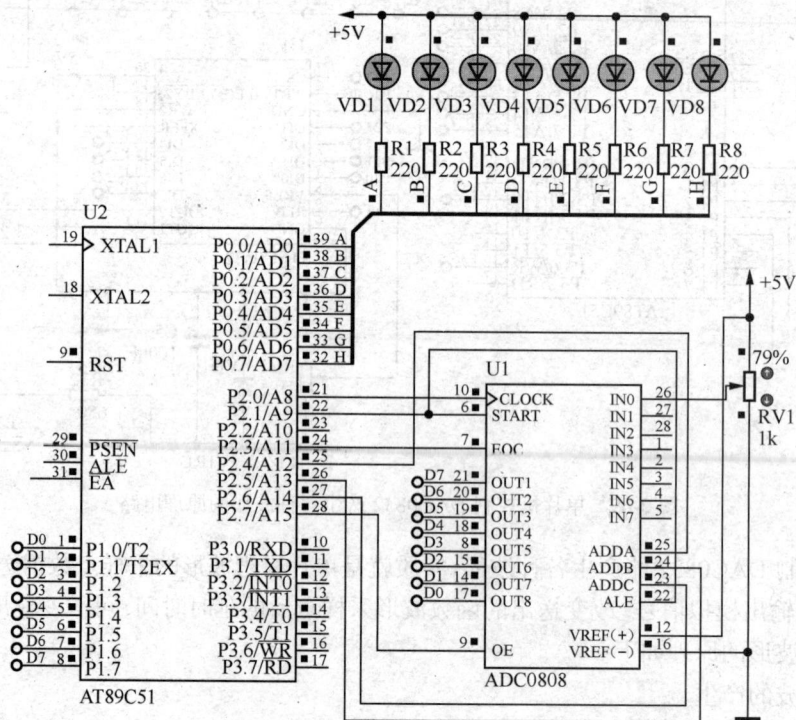

图 2-70　单片机控制 ADC0809 进行转换

ADC0809转换一次约需100μs，本例采用查询方式，即使用P2.3引脚来查询EOC引脚的电平，判断 A/D 转换是否结束。如果 EOC 脚为高电平，则说明 A/D 转换结束，单片机从 P1 口读入转换二进制的结果，然后把转换结果从 P0 口输出给 8 个发光二极管，对应转换结果为 "0" 的位，发光二极管被点亮。

ADC0809 在使用时必须外加高精度基准电压，其电压的变化要小于 1LSB，这是保证转换精度的基本条件，否则当被转换的输入电压不变，而基准电压的变化大于 1LSB 时，也会引起 A/D 转换器输出的数字量变化。

上面介绍的是采用查询方式读取转换结果，如果采用中断方式读取转换结果，可将 EOC 引脚与单片机的 P2.3 引脚断开，EOC 引脚接反相器（如 74LS04）的输入，反相器的输出接至单片机的外部中断请求输入端（$\overline{INT0}$ 或 $\overline{INT1}$ 脚），当 A/D 转换结束时，EOC 引脚上的跳变则是向单片机发出的中断请求信号。

读者可修改本题目的接口电路及程序，使单片机采用中断方式来读取 A/D 转换结果。

2.71　单片机控制 ADC0809 实现 2 路数据采集

本题目采用单片机控制 ADC0809 的 2 个通道的输入模拟量进行转换，2 个通道的结果显示各占 3 位，同时显示在 8 位数码管上（有效显示位数为 6 位）。2 个通道的模拟输入电压的大小由 2 个滑动电位器来调节。原理电路如图 2-71 所示。

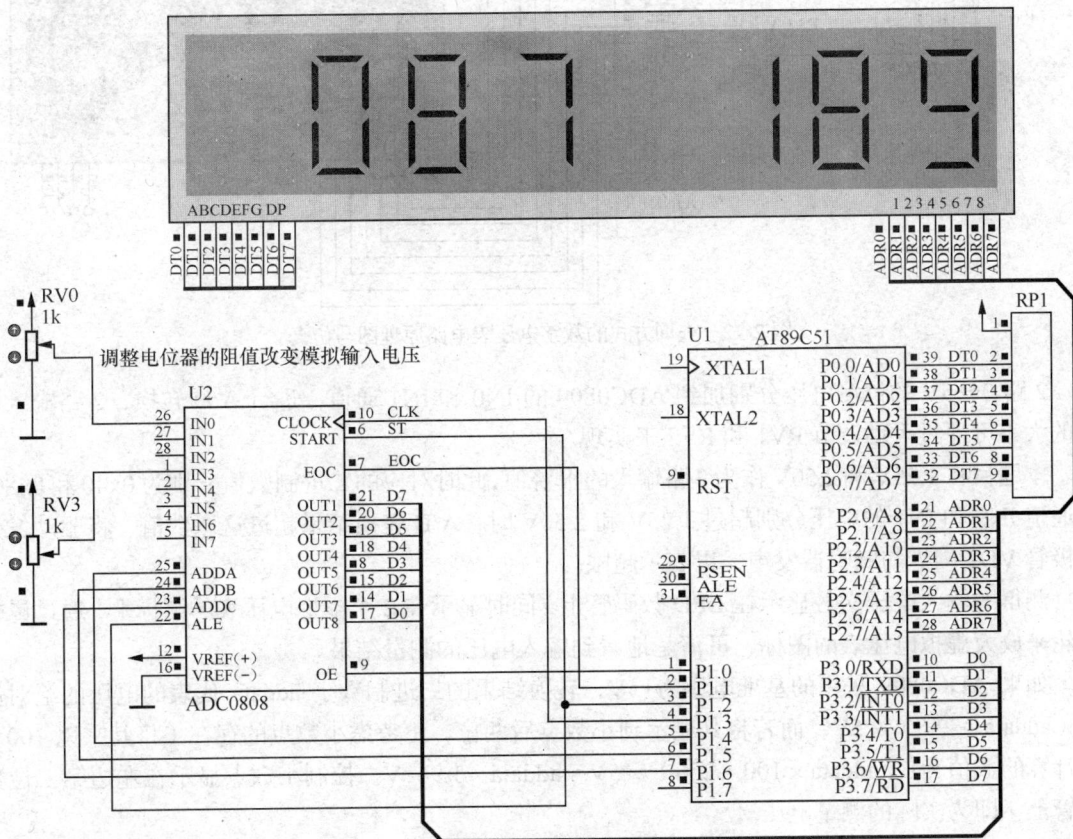

图 2-71　ADC0809 双通道数据采集的接口电路

2.72 2 路查询方式的数字电压表设计

设计一个采用查询方式单片机对 2 路模拟电压（0～5V）交替进行数据采集的数字电压表。数字电压表的原理电路与仿真如图 2-72 所示。

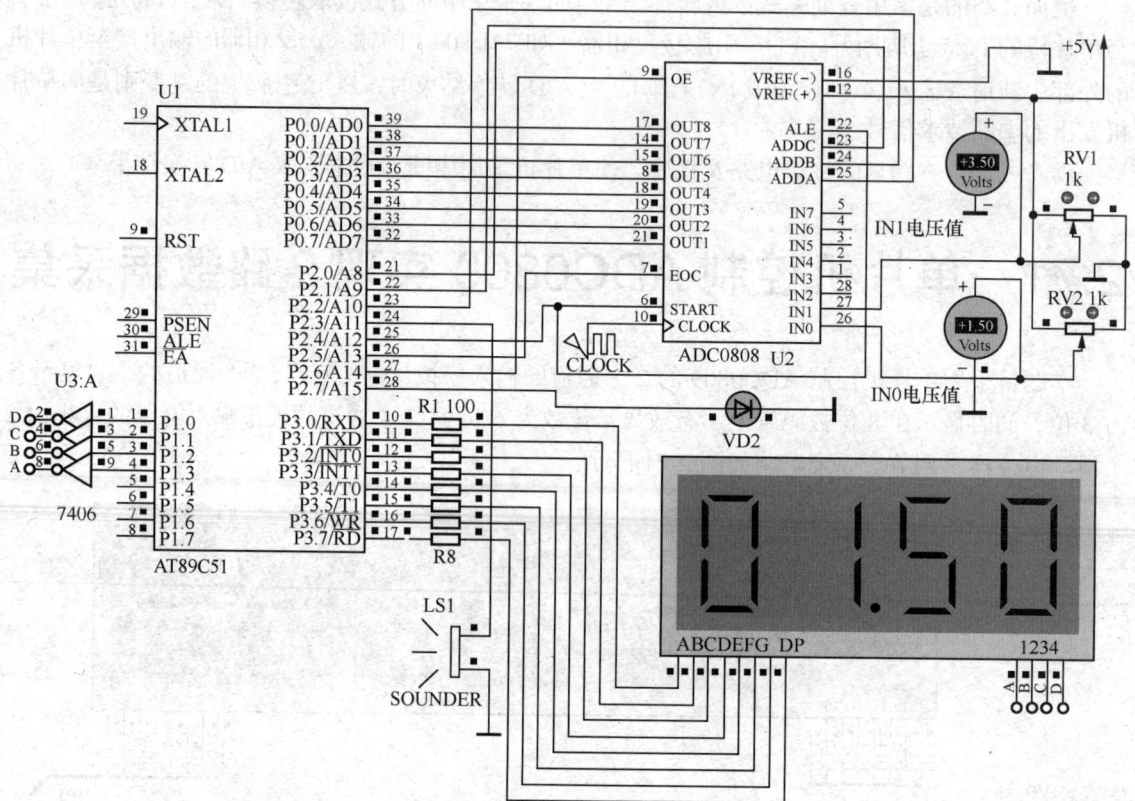

图 2-72 查询方式的数字电压表电路原理图与仿真

2 路 0～5V 的被测电压分别加到 ADC0809 的 IN0 和 IN1 通道，进行 A/D 转换，2 路输入电压的大小可通过手动调节 RV1 和 RV2 来实现。

本题目将 1.25V 和 2.50V 作为 2 路输入的报警值，此时对应的二进制数值分别为 0x40 和 0x80。当通道 IN0 和 IN1 的电压分别超过 1.25V 和 2.50V 时，A/D 转换结果超过这一数值，将驱动发光二极管 VD2 闪烁与蜂鸣器发声，以表示超限。

测得的输入电压交替显示在 LED 数码管上，同时显示在 2 个虚拟电压表的图标上，通过鼠标滚轮来放大虚拟电压表的图标，可清楚地看到输入电压的测量结果。

如果 ADC0809 采用的基准电压为+5V，转换结果的二进制数字 addata 代表的电压的绝对值为（addata÷256）×5V，而若将其显示到小数点后两位，不考虑小数点的存在（将其乘以 100），其计算的数值为：（addata×100÷256）×5V≈addata×1.96 V。控制小数点显示在左边第二位数码管上，即为实际的测量电压。

2.73　2 路中断方式的数字电压表设计

现要求交替采集 2 路输入模拟电压，采用中断方式来读取转换结果，并交替显示，输入电压超出界限时，指示灯 VD2 闪烁并驱动蜂鸣器报警。

采用中断方式读取转换结果，需将 EOC 引脚与 P2.5 引脚断开，然后将 EOC 引脚经反相器 74LS06 接至单片机的 $\overline{INT0}$ 引脚。本题目的接口电路以及仿真如图 2-73 所示。

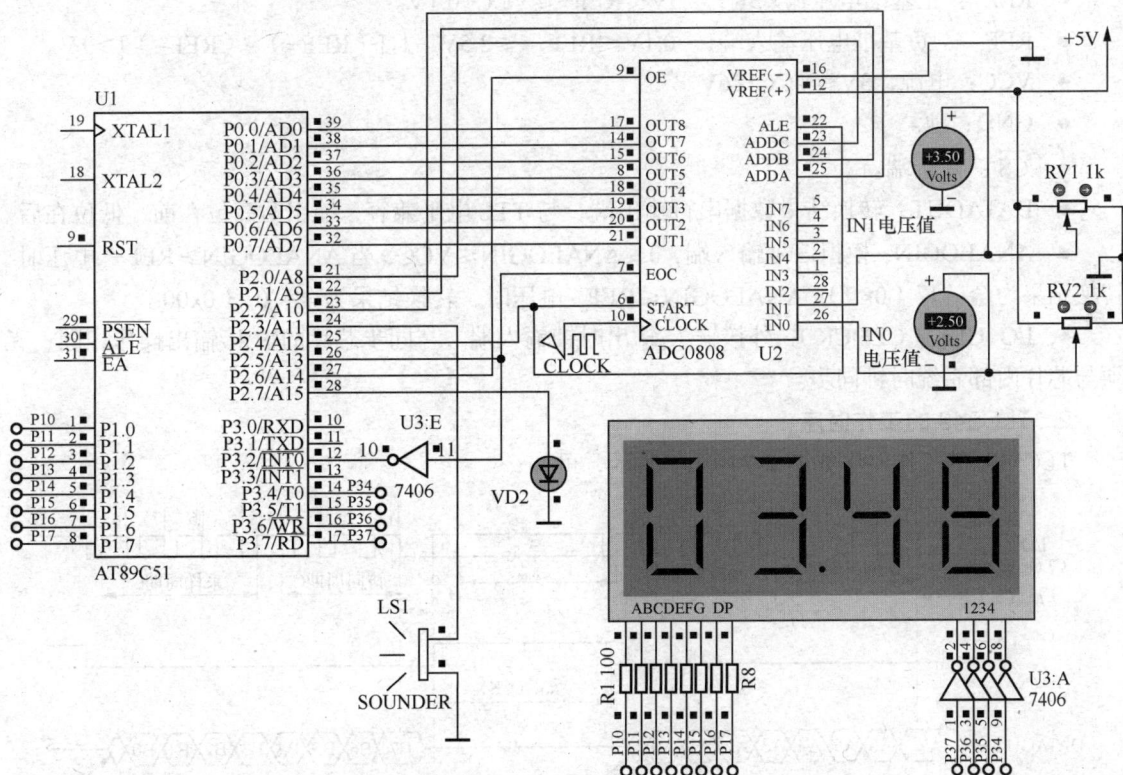

图 2-73　2 路中断方式的数字电压表原理电路与仿真

2.74　单片机扩展串行 8 位 ADC–TLC549

串行接口的 A/D 转换器与单片机连接具有占用 I/O 口线少的优点，目前使用逐渐增多，随着价格的降低，大有取代并行 A/D 转换器的趋势。

TLC549 是 美国 TI 公司推出的低价位、高性能的带有 SPI 串行口的 8 位 A/D 转换器，转换时间小于 17μs，最大转换速率为 40kHz。它与各种单片机连接简单，可构成廉价的测控应用系统。内部系统时钟的典型值为 4MHz，电源为 3～6V。

1. TLC549 的引脚及功能

TLC549 的引脚如图 2-74（a）所示。

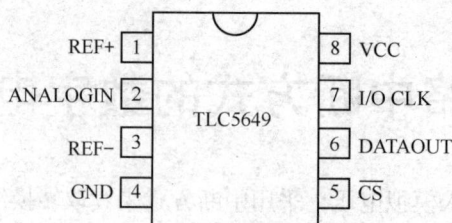

图 2-74（a）　TLC549 的引脚

各引脚功能如下。

- REF+：正基准电压输入端，$2.5V \leqslant REF+ \leqslant VCC+0.1V$。
- REF−：负基准电压输入端，$-0.1V \leqslant REF- \leqslant 2.5V$，且$[（REF+）-（REF-）] \geqslant 1V$。
- VCC：电源，$3V \leqslant VCC \leqslant 6V$。
- GND：地。
- $\overline{CS}$：片选端。
- DATAOUT：转换结果数据串行输出端，与 TTL 电平兼容，输出时高位在前，低位在后。
- ANALOGIN：模拟信号输入端，$0 \leqslant ANALOGIN \leqslant VCC$，当 ANALOGIN $\geqslant$ REF+ 电压时，转换结果为全"1"（0xff），ANALOGIN $\leqslant$ REF− 电压时，转换结果为全"0"（0x00）。
- I/O CLK（CLOCK）：外接输入/输出时钟输入端，与同步芯片的输入/输出操作相同，无须与芯片内部系统时钟同步。

2. TLC549 的工作时序

TLC549 的工作时序如图 2-74（b）所示，可知：

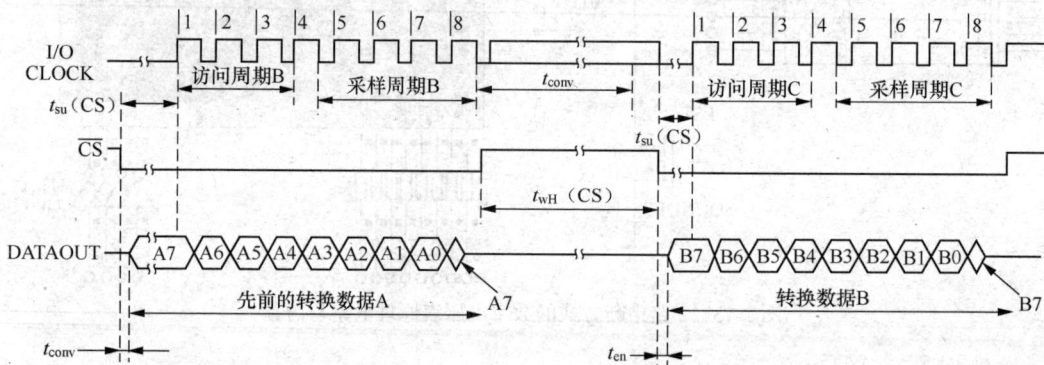

图 2-74（b）　TLC549 的工作时序

（1）串行数据中高位 A7 先输出，最后输出低位 A0。

（2）在每一次 I/O CLOCK 的高电平期间，DATAOUT 线上的数据产生有效输出，每出现一次 I/O CLOCK，DATAOUT 线就输出 1 位数据。一个周期出现 8 次 I/O CLOCK 信号并对应 8 位数据输出。

（3）在 $\overline{CS}$ 变为低电平后，最高有效位（A7）自动置于 DATAOUT 总线。其余 7 位（A6~A0）在前 7 个 I/O CLOCK 下降沿由时钟同步输出。B7~B0 以同样的方式跟在其后。

（4）t_{su} 是在片选信号 $\overline{CS}$ 变低后，I/O CLOCK 开始正跳变的最小时间间隔（1.4μs）。

（5）t_{en} 是从 $\overline{CS}$ 变低到 DATAOUT 线上输出数据的最小时间（1.2μs）。

（6）只要 I/O CLOCK 变高，就可以读取 DATAOUT 线上的数据。

（7）只有在 $\overline{CS}$ 端为低电平时，TLC549 才工作。

（8）TLC549 的 A/D 转换电路没有启动控制端，只要读取前一次数据，即可开始新的 A/D 转换。转换完成后进入保持状态。TLC549 每次转换时间是 17μs，它开始于 $\overline{CS}$ 变为低电平后 I/O CLOCK 的第 8 个下降沿，没有转换完成标志信号。

当 $\overline{CS}$ 变为低电平后，TLC549 芯片被选中，同时前次转换结果的最高有效位 MSB（A7）自 DATAOUT 端输出，接着要求从 I/O CLOCK 端输入 8 个外部时钟信号，前 7 个 I/O CLOCK 信号的作用，是配合 TLC549 输出前次转换结果的 A6~A0 位，并为本次转换做准备；在第 4 个 I/O CLOCK 信号由高至低的跳变之后，片内采样/保持电路开始采样输入模拟量，第 8 个 I/O CLOCK 信号的下降沿使片内采样/保持电路进入保持状态并启动 A/D 开始转换。转换时间为 36 个系统时钟周期，最大为 17μs。在 A/D 转换完成前的这段时间内，TLC549 的控制逻辑要求为：或者 $\overline{CS}$ 保持高电平，或者 I/O CLOCK 时钟端保持 36 个系统时钟周期的低电平。

由此可见，在 TLC549 的 I/O CLOCK 端输入 8 个外部时钟信号期间需要完成以下工作：读入前次 A/D 转换结果；采样并保持本次转换的输入模拟信号；启动本次 A/D 开始转换。

3. TLC549 与单片机的接口设计

单片机控制串行的 8 位 A/D 转换器 TLC549 进行 A/D 转换的原理电路如图 2-74（c）所示。

图 2-74（c） 单片机与 TLC549 接口的原理电路

由电位计 RV1 提供给 TLC549 模拟量输入，通过调节 RV1 上的"+""-"端，改变输入电压值。编写程序将模拟电压量转换成二进制数字量，本题目用 P0 口输出控制 8 个发光二极管的亮、灭来显示转换结果的二进制码，也可用数码管将转换完毕的数字量以十六进制数形式显示出来。在 TLC549 的模拟电压输入端"AIN"接了一个电压探针，可将被转换的模拟电压显示出来，例如，图 2-74（c）所示的被转换的电压值为 3.49985V。

2.75 单片机扩展串行 12 位 ADC–TLC2543

TLC2543 是美国 TI 公司推出的采用 SPI 串行接口的 A/D 转换器，转换时间为 10μs。片内有一个 14 路模拟开关，用来选择 11 路模拟输入以及 3 路内部测试电压中的 1 路进行采样。为了保证测量结果的准确性，该器件具有 3 路内置自测试方式，可分别测试"REF+"高基准电压值、"REF−"低基准电压值和"REF+/2"值。该器件的模拟输入范围为 REF+～REF−，一般模拟量的范围为 0～+5V，所以 REF+脚接+5V，REF−脚接地。

TLC2543 价格适中，分辨率较高，已在智能仪器仪表中有较为广泛的应用。

1. TLC2543 的引脚及功能

TLC2543 的引脚如图 2-75（a）所示。

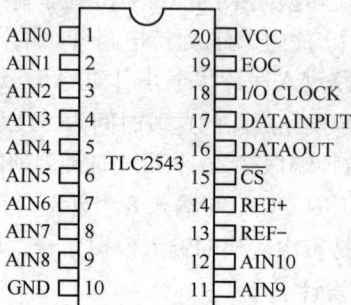

图 2-75（a）　TLC2543 的引脚

各引脚功能如下。

- AIN0～AIN10：11 路模拟量输入端。
- $\overline{CS}$：片选端。
- DATAINPUT：串行数据输入端。由 4 位串行地址输入来选择模拟量输入通道。
- DATAOUT：A/D 转换结果的三态串行输出端。$\overline{CS}$ 为高时处于高阻抗状态，$\overline{CS}$ 为低时处于转换结果输出状态。
- EOC：转换结束端。
- I/O CLOCK：I/O 时钟端。
- REF+：正基准电压端。基准电压的正端（通常为 VCC）被加到 REF+，最大的输入电压范围为加在本引脚与 REF−引脚的电压差。
- REF−：负基准电压端。基准电压的低端（通常为地）加到此端。
- VCC：电源。
- GND：地。

2. TLC2543 的工作时序

TLC2543 的工作时序分为 I/O 周期和实际转换周期。

（1）I/O 周期

I/O 周期由外部提供的 I/O CLOCK 定义，延续 8 个、12 个或 16 个时钟周期，取决于选定的输出数据的长度。器件进入 I/O 周期后同时进行两种操作。

① TLC2543 的工作时序如图 2-75（b）所示。在 I/O CLOCK 的前 8 个脉冲的上升沿，以 MSB 前导方式从 DATAINPUT 端输入 8 位数据到输入寄存器。其中前 4 位为模拟通道地址，控制 14 通道模拟多路器从 11 个模拟输入和 3 个内部自测电压中，选通 1 路到采样保持器，该电路从第 4 个 I/O CLOCK 脉冲的下降沿开始，对所选的信号进行采样，直到最后一个 I/O CLOCK 脉冲的下降沿。I/O 脉冲的时钟个数与输出数据长度（位数）有关，输出数据的长度由输入数据的 D3、D2 可选择为 8 位、12 位或 16 位。当工作于 12 位或 16 位时，在前 8 个脉冲之后，DATAINPUT 无效。

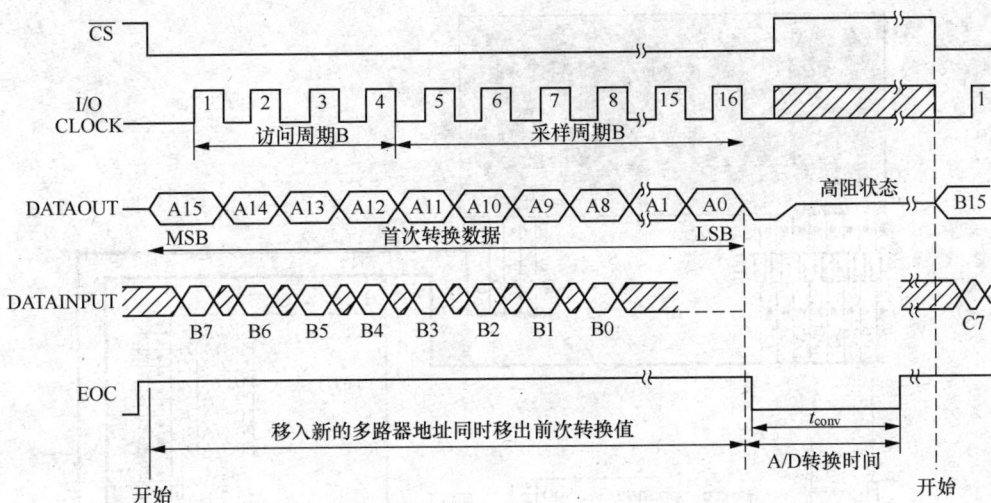

图 2-75（b）　TLC2543 的工作时序

② 在 DATAOUT 端串行输出 8 位、12 位或 16 位数据。当 $\overline{CS}$ 保持为低时，第 1 个数据出现在 EOC 的上升沿，若转换由 $\overline{CS}$ 控制，则第 1 个输出数据发生在 $\overline{CS}$ 的下降沿。这个数据是前一次转换的结果，在第 1 个输出数据位之后的每个后续位均由后续的 I/O CLOCK 脉冲下降沿输出。

（2）转换周期

在 I/O 周期的最后一个 I/O CLOCK 脉冲下降沿之后，EOC 变低，采样值保持不变，转换周期开始，片内转换器对采样值进行逐次逼近式 A/D 转换，其工作由与 I/O CLOCK 同步的内部时钟控制。转换结束后 EOC 变高，转换结果锁存在输出数据寄存器中，待下一个 I/O 周期输出。I/O 周期和转换周期交替进行，从而可减少外部的数字噪声对转换精度的影响。

3. TLC2543 的命令字

每次 A/D 转换，单片机都必须给 TLC2543 写入命令字，以便确定被转换的信号来自哪个通道，转换结果用多少位输出，输出的顺序是高位在前还是低位在前，输出的结果是有符号数还是无符号数。命令字的写入顺序是高位在前。命令字格式如下。

通道地址选择（D7～D4）	数据的长度（D3～D2）	数据的顺序（D1）	数据的极性（D0）

（1）通道地址选择位（D7～D4）用来选择输入通道。二进制数 0000～1010 分别是 11 路模拟量 AIN0～AIN10 的地址；地址 1011、1100 和 1101 所选择的自测试电压分别是（VREF（VREF+）–（VREF–））/2、VREF–、VREF+。1110 是掉电地址，选择掉电后，TLC2543 处于休眠状态，此时电流小于 20μA。

（2）数据的长度（D3～D2）位用来选择转换的结果用多少位输出。x0 表示 12 位输出；01 表示 8 位输出；11 表示 16 位输出。

（3）数据的顺序位（D1）用来选择数据输出的顺序。0 表示高位在前；1 表示低位在前。

（4）数据的极性位（D0）用来选择数据的极性。0 表示数据是无符号数；1 表示数据是有符号数。

4. TLC2543 与单片机的接口设计

单片机与 TLC2543 接口电路如图 2-75（c）所示，程序控制对 AIN2 模拟通道进行数据采集，结果在数码管上显示，输入电压的改变通过调节 RV1 来实现。

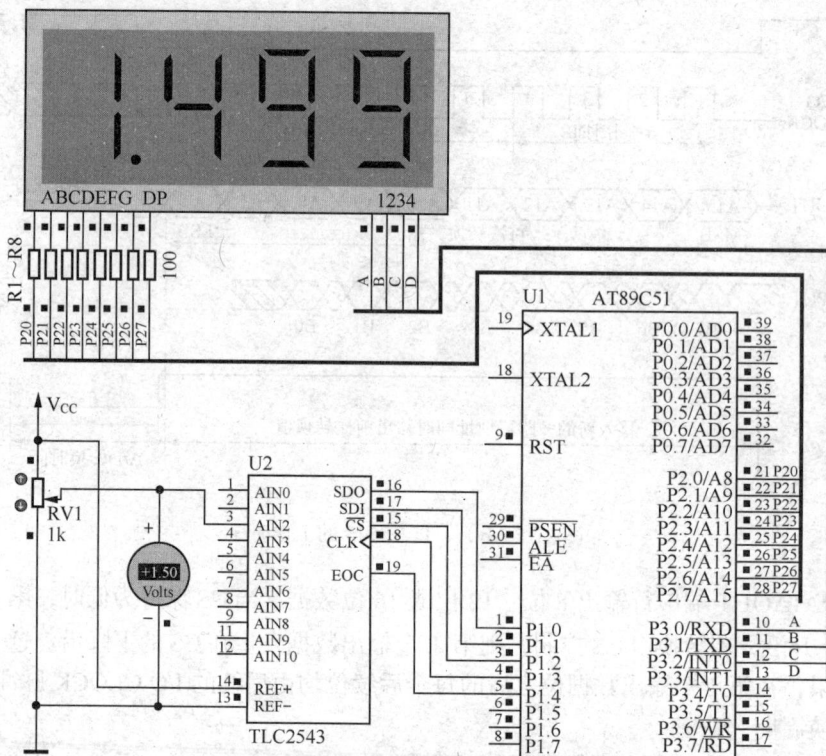

图 2-75（c） 单片机与 TLC2543 的接口电路

TLC2543 与单片机的接口采用 SPI 串行外设接口，由于 AT89S51 没有 SPI 接口，所以必须采用软件与单片机 I/O 口线相结合，来模拟 SPI 的接口时序。TLC2543 的 3 个控制输入端分别为 I/O CLOCK（18 脚，输入/输出时钟）、DATAINPUT（17 脚，4 位串行地址输入端）以及 $\overline{CS}$（15 脚，片选），分别由单片机的 P1.3、P1.1 和 P1.2 引脚来控制。转换结果（16 脚）由单片机的 P1.0 引脚串行接收，单片机将命令字通过 P1.1 引脚串行写入 TLC2543 的输入寄存器中。

片内的 14 通道选择开关可选择 11 个模拟输入中的任一路或 3 个内部自测电压中的一个并且自动完成采样保持。转换结束后"EOC"输出变高，转换结果由三态输出端"DATAOUT"输出。

采集的数据为 12 位无符号数时，采用高位在前的输出数据。写入 TLC2543 的命令字为 0xa0。由于 TLC2543 的工作时序，所以命令字写入和转换结果输出是同时进行的，即在读出转换结果的同时也写入下一次的命令字，采集 11 个数据要进行 12 次转换。第 1 次写入的命令字是有实际意义的操作，但是第 1 次读出的转换结果是无意义的操作，应丢弃；而第 11 次写入的命令字是无意义的操作，而读出的转换结果是有意义的操作。

2.76 步进电机正反转的控制

步进电机是将脉冲信号转变为角位移或线位移的开环控制元件。在非超载的情况下，电机的转速、停止的位置只取决于脉冲信号的频率和脉冲数，而不受负载变化的影响。给电机加一个脉冲信号，电机则转过一个步距角，因而步进电机只有周期性的误差而无累积误差。

1. 控制步进电机的工作原理

步进电机的驱动是由单片机通过切换每组线圈中电流的顺序来使电机做步进式旋转的，切换是通过单片机输出脉冲信号来实现的。调节脉冲信号频率就可以改变步进电机的转速；而改变各相脉冲的先后顺序，就可以改变电机的旋转方向。

步进电机驱动方式可采用双四拍（AB→BC→CD→DA→AB）方式，也可采用单四拍（A→B→C→D→A）方式。为了使步进电机旋转平稳，还可以采用单、双八拍方式（A→AB→B→BC→C→CD→D→DA→A）。各种工作方式的时序图如图 2-76（a）所示。

图 2-76（a）中的脉冲信号是高电平有效，但因为实际控制时公共端是接在 VCC 上，所以实际控制脉冲是低电平有效。

2．电路设计与编程

利用单片机控制步进电机的原理电路如图 2-76（b）所示。编写程序，用四路 I/O 口的输出实现环形脉冲的分配，控制步进电机按固定方向连续转动。同时，通过"正转"和"反转"两个按键来控制电机的正转与反转。要求按下"正转"按键时，控制步进电机正转；按下"反转"按键时，控制步进电机反转；松开按键时，电机停止转动。

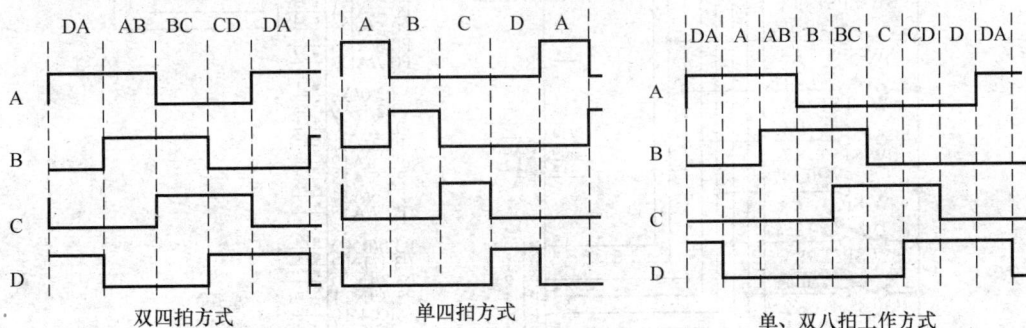

图 2-76（a）　各种工作方式的时序图

图 2-76（b）中的 ULN2003 是高耐压、大电流达林顿阵列系列产品，由 7 个 NPN 达林顿管

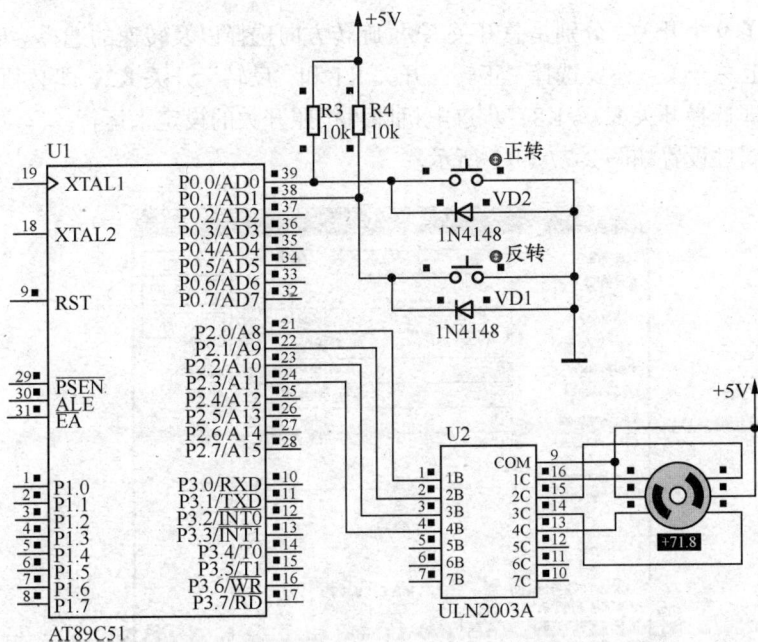

图 2-76（b）　单片机控制步进电机的接口电路

组成，多用于单片机、智能仪表、PLC 等控制电路中。在 5V 的工作电压下，它能与 TTL 和 CMOS 电路直接相连，可直接驱动继电器等负载，具有电流增益高、工作电压高、温度范围宽、带负载能力强等特点。对其输入 5V 的 TTL 电平，输出可达 500mA/50V，适应于各类高速大功率驱动的系统。

2.77　步进电机正反转与转速的控制

本题目用单片机控制步进电机，选择旋转方向，即正转（顺时针）、反转（逆时针），以及 6 挡转速可选择，分别是 5r/s、2.5r/s、1.25r/s、1r/s、0.5r/s 和 0.25r/s。原理电路如图 2-77（a）所示。

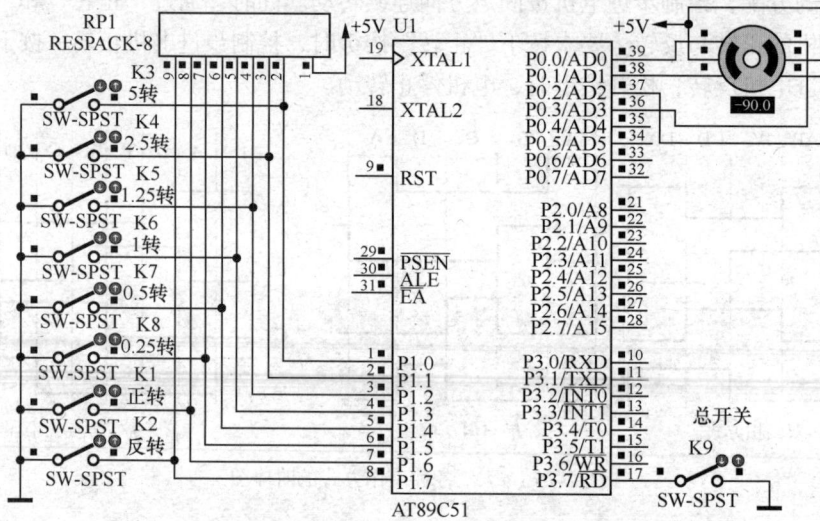

图 2-77（a）　步进电机转速与方向控制的原理电路

电路中设置了 9 个开关，分别是总开关 K9、旋转方向选择以及转速的选择。步进电机要想运行，首先必须合上总开关，还要选择"正转"开关 K1 和"反转"开关 K2，即必须选择一个合上，最后选择转速，即选择开关 K3～K8，步进电机即可按照开关的设定来运行。

步进电机的属性设置如图 2-77（b）所示。

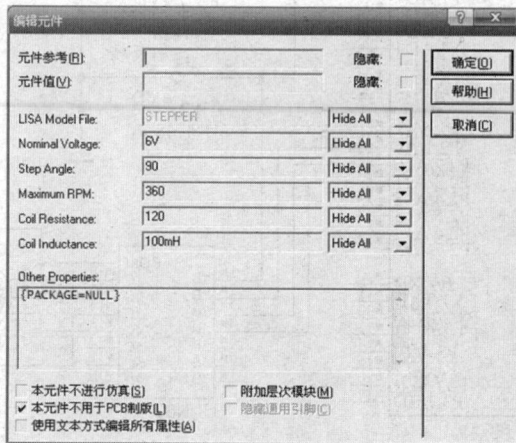

图 2-77（b）　步进电机的属性设置

2.78　单片机控制直流电机

直流电机多用在没有交流电源、方便移动的场合，具有低速、大力矩等特点。下面介绍如何使用单片机控制直流电机。

1. 控制直流电机的工作原理

对直流电机可精确控制其旋转速度或转矩。直流电机是通过两个磁场的相互作用产生旋转。有刷直流电机的结构如图 2-78（a）所示，定子上装设了一对直流励磁的静止的主磁极 N 和 S，在转子上装设电枢铁心。定子与转子之间有一个气隙。在电枢铁心上放置了由两根导体连成的电枢线圈，线圈的首端和末端分别连到两个圆弧形的铜片上，此铜片称为换向片。换向片之间互相绝缘，由换向片构成的整体称为换向器。换向器固定在转轴上，换向片与转轴之间亦互相绝缘。在换向片上放置着一对固定不动的电刷 B1 和 B2，当电枢旋转时，电枢线圈通过换向片和电刷与外电路接通。

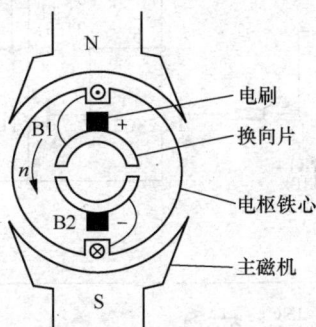

图 2-78（a）　有刷直流电机结构示意图

定子通过永磁体或受激励电磁铁产生一个固定磁场，由于转子由一系列电磁体构成，所以当电流通过其中一个绕组时会产生一个磁场。对有刷直流电机而言，转子上的换向器和定子的电刷在电机旋转时为每个绕组提供电能。通电转子绕组与定子磁体有相反极性，因而相互吸引，使转子转动至与定子磁场对准的位置。当转子到达对准位置时，电刷通过换向器为下一组绕组供电，从而使转子维持旋转运动，如图 2-78（b）所示。

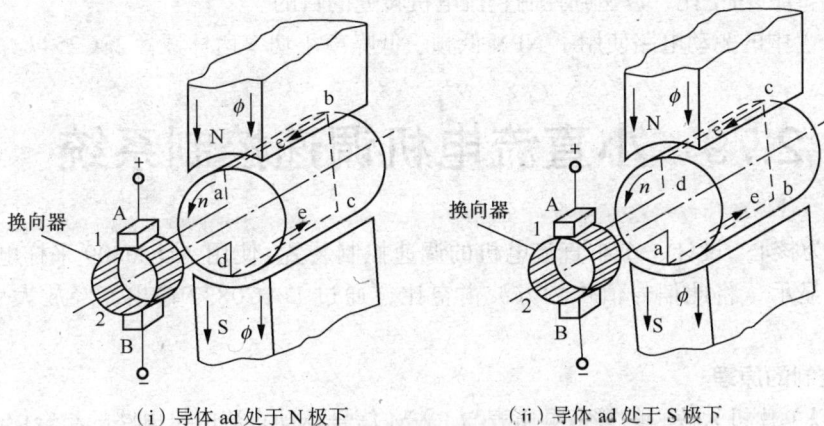

（i）导体 ad 处于 N 极下　　　（ii）导体 ad 处于 S 极下

图 2-78（b）　有刷直流电机工作示意图

直流电机的旋转速度与施加的电压成正比，输出转矩则与电流成正比。由于必须在工作期间改变直流电机的速度，直流电机的控制是较困难的问题。直流电机高效运行最常见的方法是施加一个 PWM（脉宽调制）脉冲波，其占空比对应于所需速度。直流电机本身起到一个低通滤波器的作用，它可将 PWM 信号转换为有效直流电平。特别是对于单片机驱动的直流电机，由于 PWM 信号相对容易产生，所以这种驱动方式使用得较为广泛。

2．电路设计

原理电路如图 2-78（c）所示。使用单片机两个 I/O 引脚来控制直流电机的转速与旋转方向。其中 P3.7 引脚输出 PWM 信号用来控制直流电机的转速；P3.6 引脚用来控制直流电机的旋转方向。

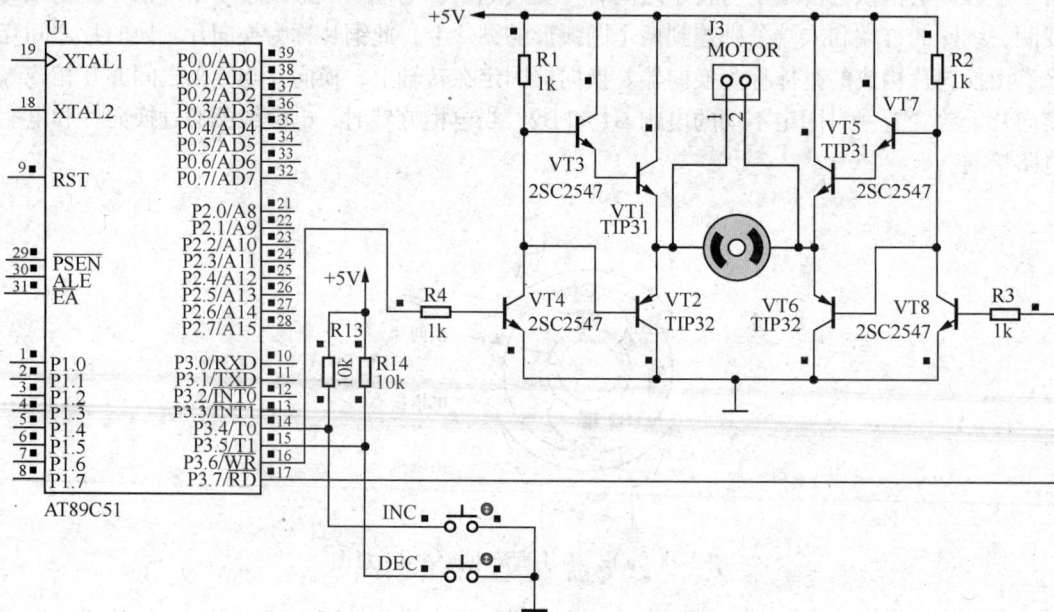

图 2-78（c）　单片机控制直流电机的原理电路

当 P3.6=1 时，P3.7 引脚发送 PWM 波，将看到直流电机正转，并且可以通过"INC"和"DEC"两个按键来增大和减少直流电机的转速。反之，P3.6=0 时，P3.7 引脚发送 PWM 信号，将看到直流电机反转。因此，增大和减小电机的转速，实际上是通过按下"INC"或"DEC"按键来改变输出的 PWM 信号的占空比，以达到控制直流电机转速的目的。

图 2-78（c）中的驱动电路使用了 NPN 低频、低噪声小功率达林顿管 2SC2547。

2.79　小直流电机调速控制系统

以单片机为核心，设计一个小直流电机的调速控制装置。使用 ADC0809 采样电位器的值，并在显示器上显示，将此信号值作为方波占空比，通过 DAC0832 输出，经放大后控制电机转速。

1．调速控制的原理

本题目是以单片机为核心的数字电压表与 PWM 信号驱动直流电机电路的组合体。

本题目的关键在于如何利用单片机内部定时计数器，产生占空比可调的 PWM 驱动信号。使用定时计数器 T0，选择其工作方式 1（16 位定时计数器），通过改变软件载入的计数初值来调节 PWM 信号占空比。

① ADC0809 采样得到电压信号的数字值 addata。

② 初始化 T0，使 TH0=(256*addata)/256，TL0=(addata*256)%256，令输出 out=0（因为 addata 取值为 256，而定时计数器为 16 位，故在此将其放大 256，以实现 0～255 档的调节）。

③ 中断处理，若原来 out=0，使 TH0=~((256*addata)/256)，TL0=~((addata*256)%256)，令输出 out=1；若原来 out=1，使 TH0=(256*addata)/256，TL0=(addata*256)%256，令输出 out=0。

不断循环执行上述 3 步，可以通过改变输入电压信号来调整 PWM 占空比。

需要注意的是，第 3 步中用到了按位取反运算 "~"，其功能是保证 PWM 的周期始终稳定在从 0x0000 计数到 0xffff 所需的时间上。位运算的效率远高于普通十进制的代数运算，应尽量使用。

2. 原理电路设计与仿真

制作的小直流电机调速控制系统原理电路与仿真如图 2-79 所示。其中 LED 显示的为通过滑动变阻器输入的电压值。

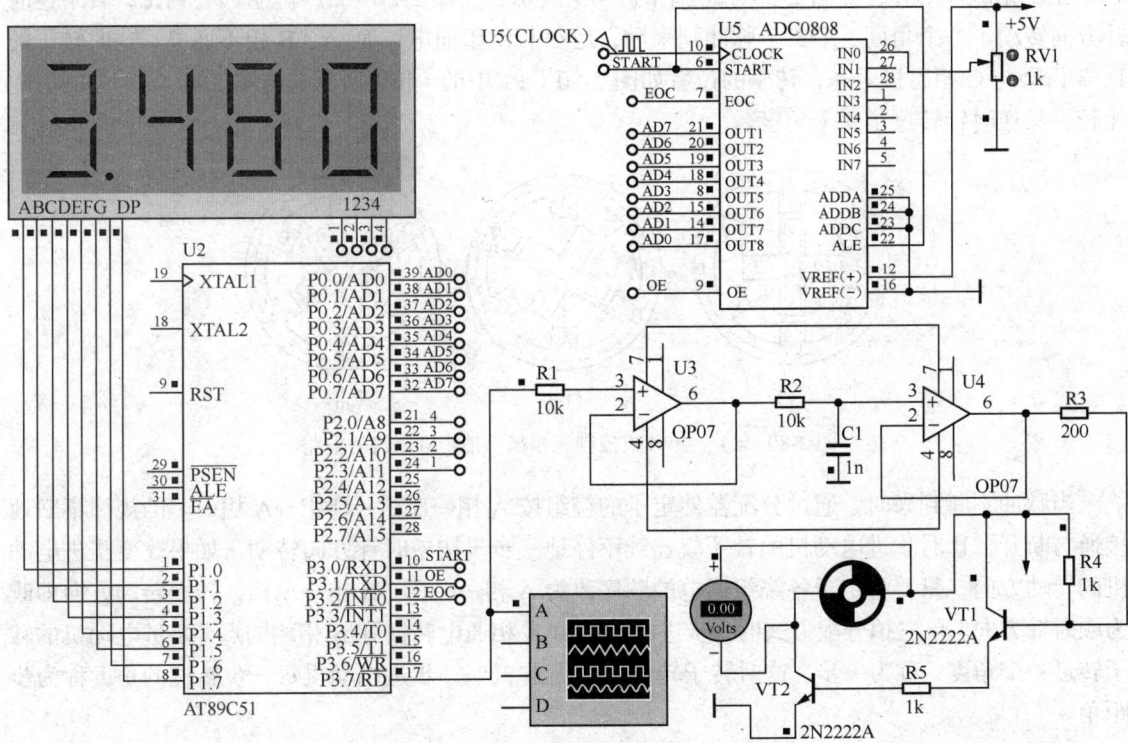

图 2-79　小直流电机调速控制系统电路原理图

2.80　单片机控制三相单三拍步进电机

1. 设计要求

用单片机控制一个三相单三拍的步进电机工作。步进电机的旋转方向由正反转控制信号控制。

步进电机的步数由键盘输入，可输入的步数分别为 3 步、6 步、9 步、12 步、15 步、18 步、21 步、24 步和 27 步，并且键盘具有键盘锁功能，当键盘上锁时，步进电机不接收输入步数，也不会运转。只有当键盘锁打开并输入步数时，步进电机才开始工作。电机运转时有正转和反转指示灯指示。电机在运转过程中，如果过热，则电机停止运转，同时红色指示灯亮，警报响。本设计的关键是如何生成控制步进电机的脉冲序列。

2. 原理说明

步进电机工作时，脉冲信号按一定顺序轮流加到三相绕组上，从而实现不同的工作状态。由于通电顺序不同，所以其运行方式有三相单三拍、三相双三拍和三相单、双六拍 3 种（注意：上面"三相单三拍"中的"三相"是指定子有三相绕组；"拍"是指定子绕组改变一次通电方式；"三拍"表示通电三次完成一个循环。"三相双三拍"中的"双"是指同时有两相绕组通电）。

（1）三相单三拍运行方式。图 2-80（a）所示为反应式步进电动机的工作原理图，若通过脉冲分配器输出的第 1 个脉冲使 A 相绕组通电，B、C 相绕组不通电，则在 A 相绕组通电后产生的磁场将使转子上产生反应转矩，转子的 1、3 齿将与定子磁极对齐，如图 2-80（a）中的（i）所示。第 2 个脉冲到来，使 B 相绕组通电，而 A、C 相绕组不通电；B 相绕组产生的磁场将使转子的 2、4 齿与 B 相磁极对齐，如图 2-80（a）中的（ii）所示，与图 2-80（a）中的（i）相比，转子逆时针方向转动了一个角度。第 3 个脉冲到来后，是 C 相绕组通电，而 A、B 相不通电，这时转子的 1、3 齿会与 C 相磁极对齐，转子的位置如图 2-80（a）中的（iii）所示，与图 2-80（a）中的（ii）比较，又逆时针转过了一个角度。

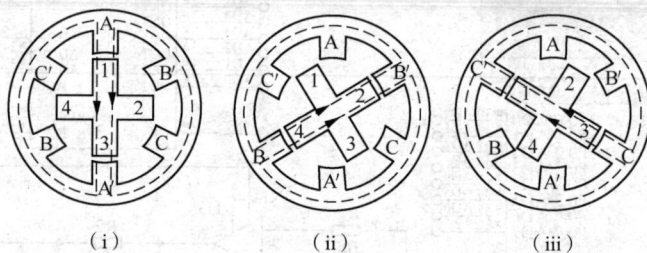

图 2-80（a）　单片机控制三相单三拍步进电机的电路

当脉冲不断到来时，通过分配器使定子的绕组按 A 相→B 相→C 相→A 相……的规律不断地接通与断开，这时步进电动机的转子就连续不停地一步步按逆时针方向转动。如果改变步进电动机的转动方向，只要将定子各绕组通电的顺序改为 A 相→C 相→B 相→A 相，转子转动方向即改为顺时针方向。单三拍分配方式时，步进电动机由 A 相通电转换到 B 相相同点，步进电动机的转子转过一个角度，称为一步。这时转子转过的角度是 30°。步进电动机每一步转过的角度称为步距角。

（2）三相双三拍运行方式。每次都有两个绕组通电，通电方式是 AB→BC→CA→AB……如果通电顺序改为 AB→CA→BC→AB……则步进电机反转。双三拍分配方式时，步进电动机的步距角也是 30°。

（3）三相单、双六拍运行方式。三相六拍分配方式就是每个周期内有 6 个通电状态。这 6 种通电状态的顺序可以是 A→AB→B→BC→C→CA→A……或者 A→CA→C→BC→B→AB→A……在六拍通电方式中，有一个时刻两个绕组同时通电，这时转子齿的位置将位于通电的两相的中间位置。在三相六拍分配方式下，转子每一步转过的角度只是三相三拍方式下的一半，步距角是 15°。

单三拍运行的突出问题是每次只有一相绕组通电,在转换过程中,一相绕组断电,另一相绕组通电,容易发生失步;另外,单靠一相绕组通电吸引转子,稳定性不好,容易在平衡位置附近震荡,故用得较少。

双三拍运行的特点是每次都有两相绕组通电,而且在转换过程中始终有一相绕组保持通电状态,因此工作稳定,且步距角与单三拍相同。

六拍运行方式转换时始终有一相绕组通电,且步距角较小,故工作稳定性好,但电源较复杂,实际应用较多。

3. 原理电路

单片机控制步进电机的原理电路与仿真如图 2-80(b)所示。各按键功能如图中所注,根据设计要求,只有当开关合上时,步进电机才工作。图中显示的是运行开关 K10 合上,选择 9 步反转。

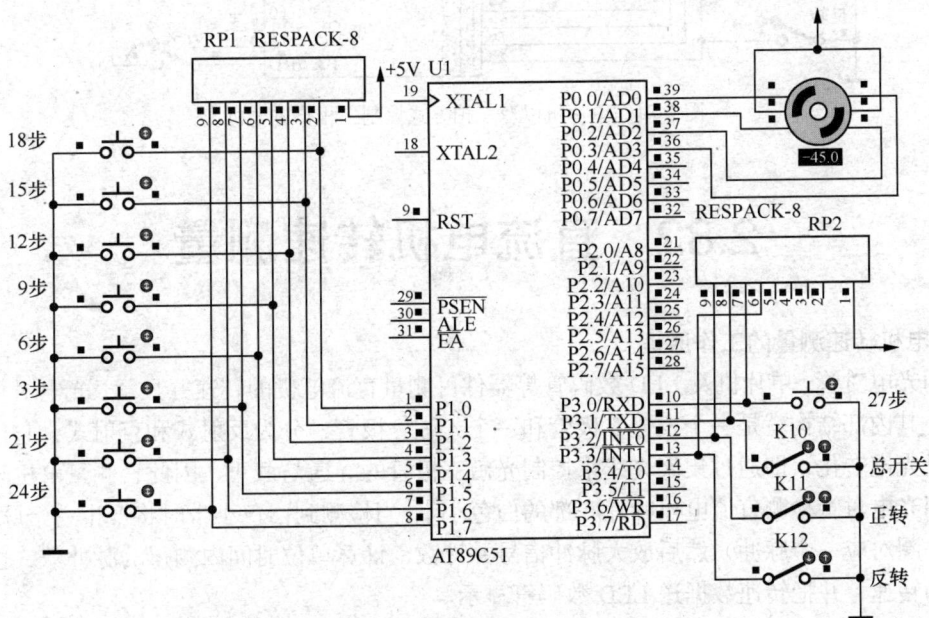

图 2-80(b)　单片机控制三相单三拍步进电机的原理电路

2.81　单片机控制三相双三拍步进电机

1. 设计要求

以单片机为核心,设计一个三相双三拍方式控制步进电动机的装置,并配以按键开关,控制步进电机的启停、正反转(500 转/分)、加减速。

2. 工作原理

本题目采用三相双三拍方式驱动步进电机。该驱动方式见题目 2.80 的原理说明。

3. 电路设计与编程

步进电机单片机控制系统的设计电路原理图与仿真如图 2-81 所示。电机的启动与停止通过右下角的开关控制。通过合上左侧的正转或反转开关，选择不同的转速控制开关可以观察到步进电机以不同的转速正转或反转。

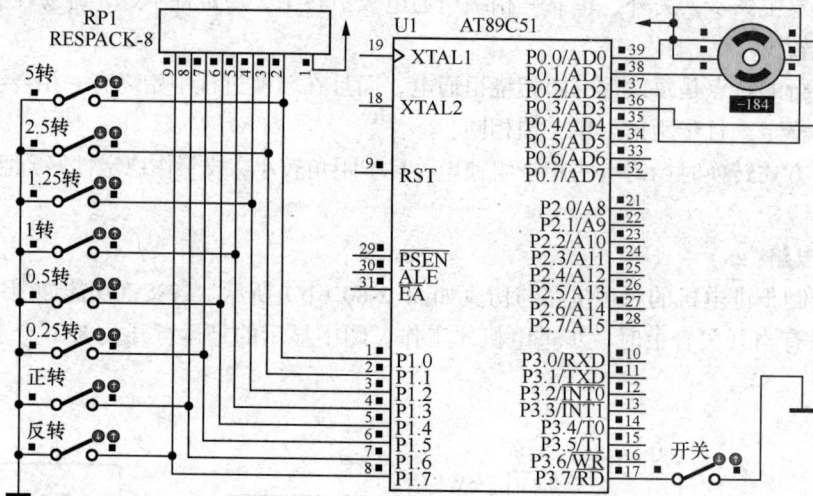

图 2-81　单片机以双三拍方式控制三相步进电机

2.82　直流电机转速测量

1. 电机转速测量的工作原理

利用光电对管、单片机及 LED 数码管等器件可测量直流电机的转速并显示。光电对管也称光电开关，其内部结构就是一个发光二极管和一个光敏三极管，分为反射式和直射式，它们的工作原理都是光电转化，即通过集聚光线来控制光敏三极管的导通与截止。因此，测量电机转速的实质是利用光电对管检测直流电机叶片底部的白色小带，当检测到白色小带时将产生一个脉冲信号。电机转一圈对应一个脉冲，然后放大脉冲信号并计数，计算单位时间内测得的脉冲数，也就测出了电机的转速，并把转速数据送 LED 数码管显示。

2. 电路设计

测量电机转速的原理电路如图 2-82 所示。电路中的 Z-OPTOCOULER-NPN 为光电对管，电机旋转时，使光电对管输出脉冲信号，然后脉冲信号经过放大，并对其计数，经过计算，把转速数据送到 LED 数码管显示。

模拟直流电机转速的脉冲是由数字时钟发生器产生的。用鼠标右键单击"DCLOCK"图标，出现属性设置窗口，选择"数字类型"栏中的"时钟"项，在右边的"时间"栏中，手动修改输出的数字时钟脉冲的频率，这也就相当于改变了电机的转速。

仿真运行后，电机转速（即每秒计得的脉冲数）显示在 LED 数码管上。数字时钟源频率选择"650"，经过单片机测得的转数值（转/秒）在数码管上显示。

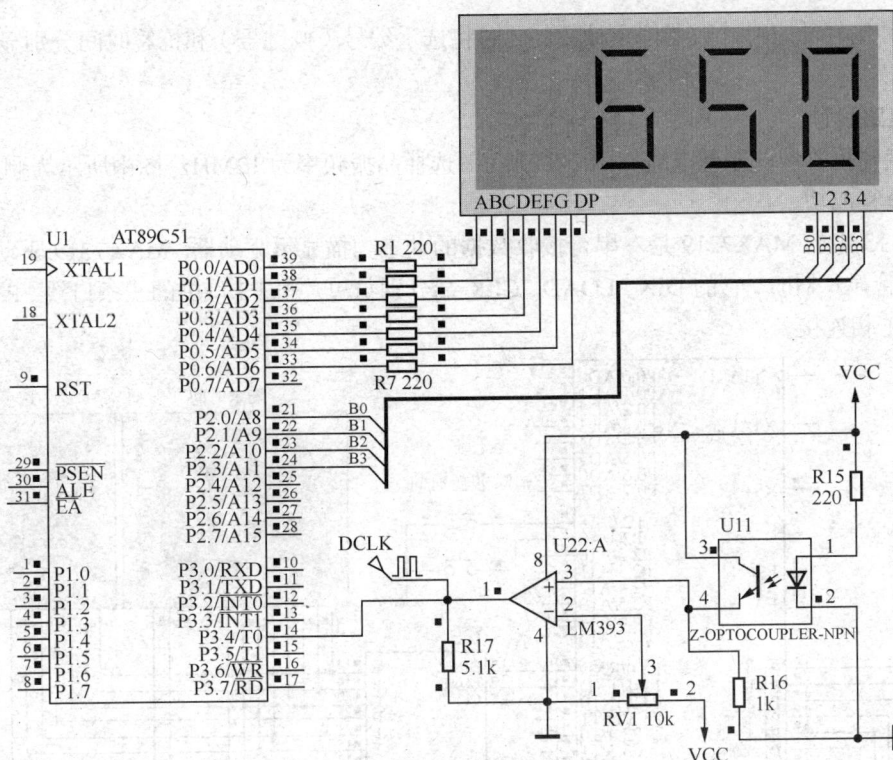

图 2-82　测量电机转速的原理电路与仿真

2.83　8 位竞赛抢答器设计

目前，各类竞赛中大多用到竞赛抢答器，以单片机为核心配上抢答按钮开关以及数码管显示器并结合编写的软件，很容易制作一个竞赛抢答器，且修改方便。

1. 设计要求

设计一个以单片机为核心的 8 位竞赛抢答器，要求如下。

（1）抢答器同时供 8 名选手或 8 个代表队比赛，分别用 8 个按钮 K0～K7 表示。

（2）设置一个系统清除和抢答控制开关 K，该开关由主持人控制。

（3）抢答器具有锁存与显示功能。即选手按动按钮，锁存相应的编号，且优先抢答选手的编号一直保持到主持人将系统清除为止。

（4）抢答器具有定时抢答功能，且一次抢答的时间由主持人设定（如 30s）。主持人启动"开始"键后，定时器进行减计时，同时扬声器发出短暂的声响，声响持续的时间为 0.5s 左右。

（5）参赛选手在设定的时间内抢答，抢答有效，定时器停止工作，显示器上显示选手的编号和抢答剩余的时间，并保持到主持人将系统清除为止。

（6）如果定时时间已到，无人抢答，本次抢答无效，系统报警并禁止抢答，"剩余时间"数码管显示器上显示 00。

通过键盘改变可抢答的时间，可把定时时间变量设为全局变量，通过键盘扫描程序使每按下一次按键，时间加 1（超过 30 时置 0）。同时单片机不断扫描按键，当参赛选手的按键按下时，用于产生时钟信号的定时计数器停止计数，同时将选手编号（按键号）和抢答时间分别显示在LED数码管上。

2. 电路设计

8位竞赛抢答器的原理电路如图2-83所示。选择晶振频率为12MHz。图中所示为剩余18s时，7号选手抢答成功。

图2-113中的MAX7219是一串行接收数据的动态扫描显示驱动器。MAX7219驱动8位以下LED数码管显示器时，它的DIN、LOAD、CLK端分别与单片机P3口中的三条口线（P3.0引脚～P3.2引脚）相连接。

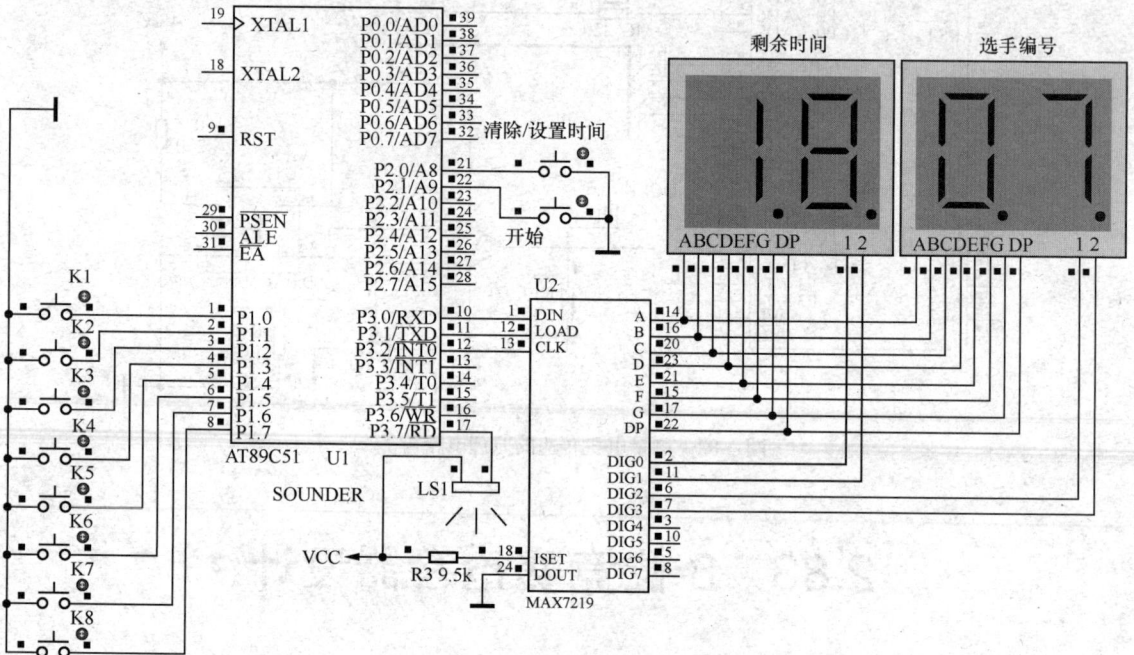

图2-83　8位竞赛抢答器的原理电路与仿真

MAX7219采用16位数据串行移位接收方式，即单片机将16位二进制数逐位发送到DIN端，在CLK的每个上升沿将一位数据移入MAX7219内部的移位寄存器，当16位数据移入完后，在LOAD引脚信号上升沿将16位数据装入MAX7219内的相应位置，能对送入的数据进行BCD译码并显示。本题目对MAX7219进行了相应的初始化设置，有关MAX7219的特性，请参阅相关的技术资料。

2.84　电话拨号的模拟

设计一个模拟电话拨号时的电话键盘及显示装置，把电话键盘拨出的电话号码及其他信息，显示在LCD显示屏上。电话键盘共有12个键，除了0～9的10个数字键外，还有"*"键用于删除最后输入的1位号码；"#"键用于清除显示屏上的所有数字显示；还要求每按下一个键，蜂鸣器发出声响，以表示按下该键。显示的信息共2行，第1行为设计者信息，第2行显示所拨的电话号码。本题目的原理电路及仿真如图 2-84 所示。

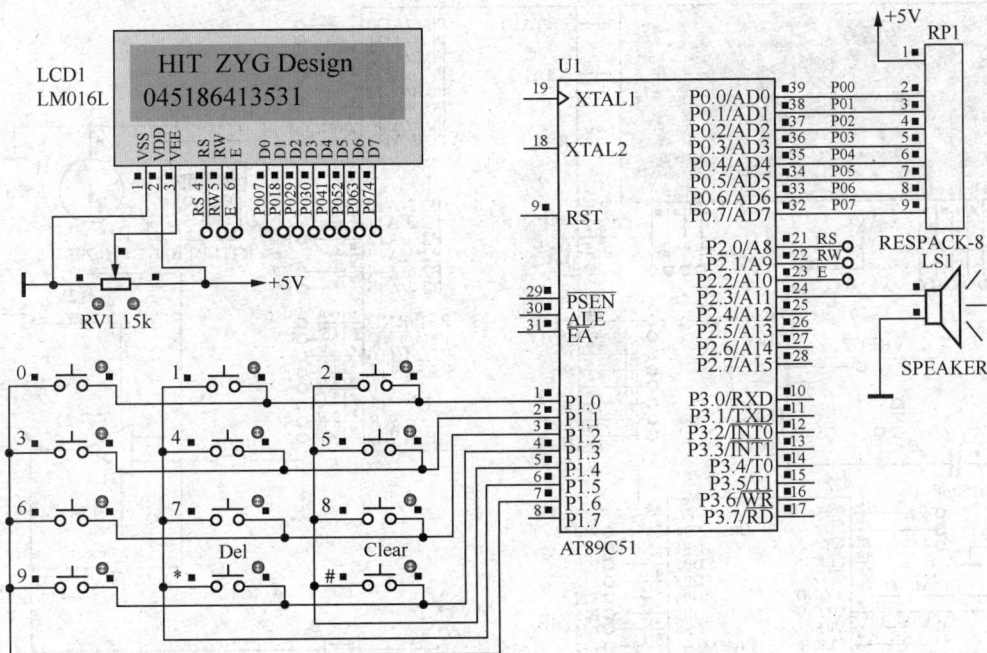

图 2-84　电话拨号模拟的原理电路

电话拨号键盘采用 4×3 矩阵键盘，共 12 个键。拨号号码的显示用 LCD 1602 液晶显示模块，因此涉及单片机、4×3 矩阵式键盘以及 1602 液晶显示模块 LCD1602（即 Proteus 中的 LM016L）的接口设计及驱动程序的编制。

2.85　基于热敏电阻的数字温度计设计

1. 工作原理与技术要求

本题目使用铂热电阻 PT100 作为温度传感器，其阻值会随着温度的变化而改变。PT 后的 100 即表示它在 0℃时的阻值为 100Ω，在 100℃时它的阻值约为 138.5Ω。厂家提供有 PT100 在各温度下电阻阻值的分度表，在此可以近似取电阻变化率为 0.385Ω/℃。向 PT100 输入稳恒电流，再通过转换后测定 PT100 两端的电压，即可得到 PT100 的电阻值，进而推算出当前的温度值。本例采用 2.55mA 的电流源对 PT100 进行供电，然后用运算放大器 LM324 搭建的同相放大电路将其电压信号放大 10 倍后输入 AD0804 中。利用电阻变化率为 0.385Ω/℃的特性，可计算出当前的温度值。具体技术要求如下。

（1）测量温度范围-50℃～110℃。

（2）精度误差小于 0.5℃。

（3）LED 数码直读显示。

2. 电路设计

基于热敏电阻的数字温度计原理电路与仿真如图 2-85 所示。

需注意本题目采用 PT100 的"两线制"接线方式，属于精度稍低的接线法，也可尝试采用工业上广泛使用的"三线制"接线方式和精度很高的"四线制"接线方式。

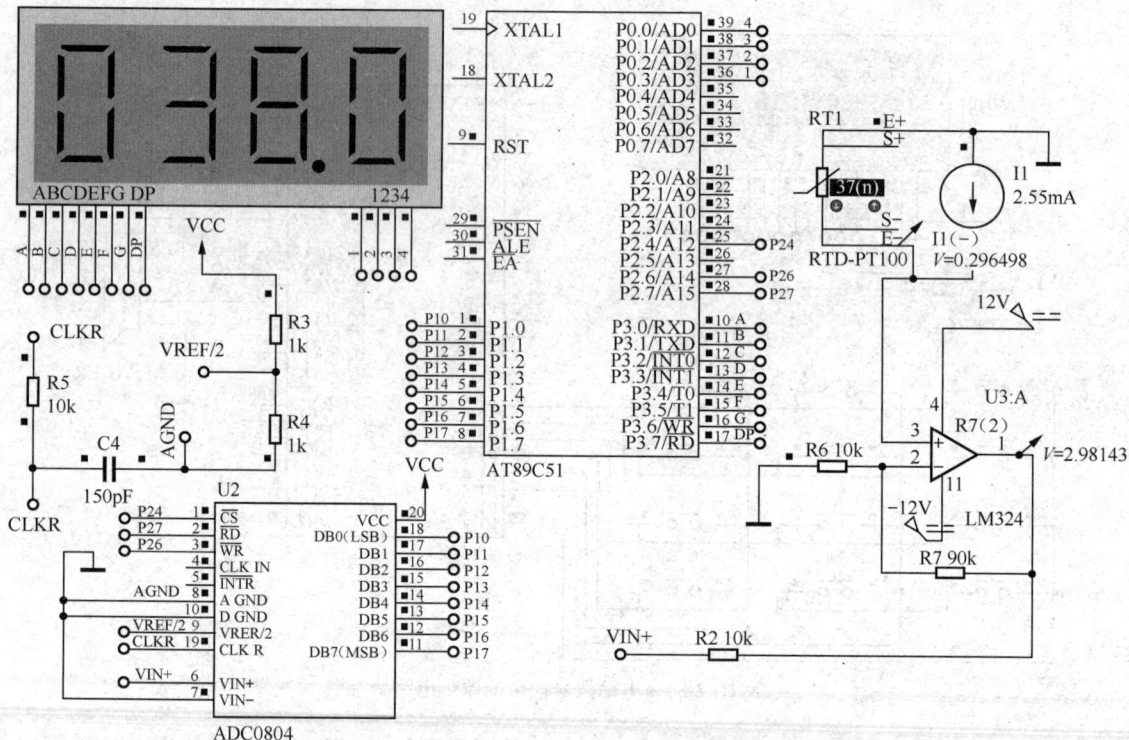

图 2-85　基于热敏电阻的数字温度计原理电路与仿真

电路中的 A/D 转换器采用了 ADC0804。ADC0804 为 8 位逐次逼近型 A/D 转换器，内部由 1 个 A/D 转换器和 1 个三态输出锁存器组成，单通道输入，转换时间约为 100μs，非线性误差为 ±1LSB，电源电压为单一+5V。如果要对多路模拟量进行转换，可采用 ADC0809（在 Proteus 中用 ADC0808 代替）。ADC0809 与 ADC0804 相比，多了 1 个 8 路模拟开关，1 个 3 位地址锁存译码器，ADC0809 可分时输入并转换 8 个模拟通道的模拟量。除这一点外，其他均相同。

启动仿真，PT100 旁边的数字窗口显示的为测定的环境温度，调整 PT100 的"↓"和"↑"，可模拟环境温度的改变，使得显示器上显示的值随着 PT100 的变化而变化。值得注意的是，由于使用热敏电阻 PT100 对温度存在一定的响应时间，故启动程序一段时间后，测定的温度才能稳定下来。

2.86　基于时钟/日历芯片 DS1302 的电子钟设计

在单片机应用系统中，有时往往需要一个实时的时钟/日历作为时间基准之用。实时时钟/日历的集成电路芯片有多种，设计者只需选择合适的芯片即可。本节介绍最为常见的时钟/日历芯片 DS1302 的功能、特性以及与单片机的硬件接口设计及软件编程。

1. DS1302 的基本性能及工作原理

时钟/日历芯片 DS1302 是美国 DALLAS 公司推出的涓流充电时钟芯片，其主要功能特性如下。

（1）能计算 2100 年前的年、月、日、星期、时、分、秒的信息；每月的天数和闰年的天数可自动调整；时钟可设置为 24 或 12 小时格式。

（2）与单片机之间采用单线的同步串行通信。

（3）31 字节的 8 位静态 RAM。

（4）功耗低，保持数据和时钟信息时功率小于 1mW；具有可选的涓流充电能力。

（5）读/写时钟或 RAM 的数据有单字节和多字节（时钟突发）两种传送方式。

DS1302 的引脚如图 2-86（a）所示。

各引脚的功能如下。

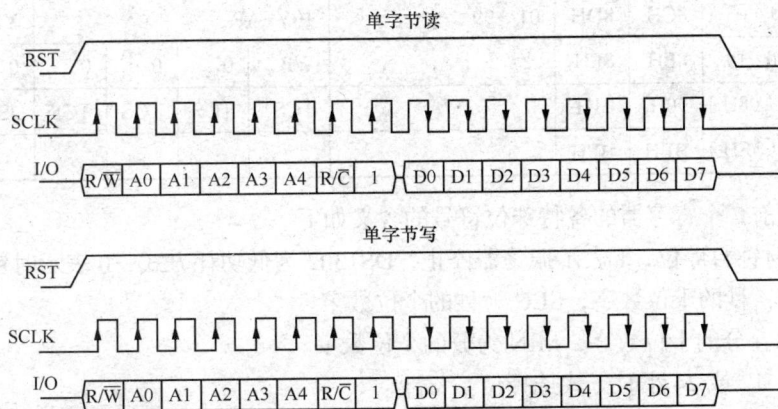

图 2-86（a）　DS1302 的引脚

- I/O：数据输入/输出。

- SCLK：同步串行时钟输入。

- $\overline{\text{RST}}$：芯片复位，1——芯片的读/写使能，0——芯片复位并被禁止读/写。

- VCC2：主电源输入，接系统电源。

- VCC1：备份电源输入引脚，通常接 2.7V～3.5V 电源。当 VCC2>VCC1+0.2V 时，芯片由 VCC2 供电；当 VCC2<VCC1 时，芯片由 VCC1 供电。

- GND：地。

单片机与 DS1302 之间无数据传输时，SCLK 保持低电平，此时如果 $\overline{\text{RST}}$ 从低变为高，则启动数据传输，SCLK 的上升沿将数据写入 DS1302，而在 SCLK 的下降沿，从 DS1302 读出数据。$\overline{\text{RST}}$ 为低时，禁止数据传输。读/写时序如图 2-86（b）所示。数据传输时，低位在前，高位在后。

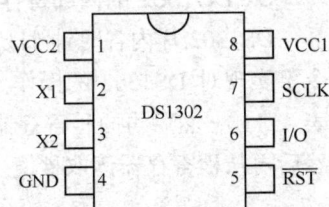

图 2-86（b）　DS1302 读/写时序

2．DS1302 的命令字格式

单片机对 DS1302 的读/写，都必须由单片机先向 DS1302 写入一个命令字（8 位）发起，命令字的格式如表 2-10 所示。

表 2-10　　　　　　　　　　　　DS1302 的命令字格式

D7	D6	D5	D4	D3	D2	D1	D0
1	RAM/$\overline{\text{CK}}$	A4	A3	A2	A1	A0	RD/$\overline{\text{W}}$

命令字中各位的功能如下。

- D7：必须为逻辑 1，如为 0，则禁止写入 DS1302。

- D6：1 表示读/写 RAM 数据，0 表示读/写时钟/日历数据。

- D5～D1：为读/写单元的地址。
- D0：1 表示对 DS1302 读操作，0 表示对 DS1302 写操作。

注意，命令字（8 位）总是低位在先，命令字的每 1 位都是在 SCLK 的上升沿送出。

3. DS1302 的内部寄存器

DS1302 片内各时钟/日历寄存器以及其他的功能寄存器如表 2-11 所示。通过向寄存器写入命令字实现对 DS1302 的操作。例如，如果要设置秒寄存器的初始值，需要先写入命令字 80H（见表 2-11），然后再向秒寄存器写入初始值；如果要读出某时刻秒的值，需要先写入命令字 81H，然后再从秒寄存器读取秒值。表 2-11 中各寄存器"取值范围"列中的数据均为 BCD 码。

表 2-11　　　　　　　　　　主要寄存器、命令字、取值范围及各位内容

寄存器名（地址）	命令字		取值范围	各 位 内 容				
	写	读		D7	D6	D5	D4	D3～D0
秒寄存器（00H）	80H	81H	00～59	CH	10SEC			SEC
分寄存器（01H）	82H	83H	00～59	0	10MIN			MIN
小时寄存器（02H）	84H	85H	01～12 或 00～23	12/24	0	AP	HR	HR
日寄存器（03H）	86H	87H	01～28，29，30，31	0	0	10DATE		DATE
月寄存器（04H）	88H	89H	01～12	0	0	0	10M	MONTH
星期寄存器（05H）	8AH	8BH	01～07	0	0	0	0	DAY
年寄存器（06H）	8CH	8DH	01～99	10YEAR				YEAR
写保护寄存器（07H）	8EH	8FH		WP	0	0	0	0
涓流充电寄存器（08H）	90H	91H		TCS	TCS	TCS	TCS	DS DS RS RS
时钟突发寄存器（3EH）	BEH	BFH						

表 2-11 中前 7 个寄存器的各特殊位符号的含义如下。

- CH：时钟暂停位，1 表示振荡器停止，DS1302 为低功耗方式；0 表示时钟开始工作。
- 10SEC：秒的十位数字，SEC 为秒的个位数字。
- 10MIN：分的十位数字，MIN 为分的个位数字。
- 12/24：12 或 24 小时方式选择位。
- AP：小时格式设置位，0 表示上午模式（AM）；1 表示下午模式（PM）。
- 10DATE：日期的十位数字，DATE 为日期的个位数字。
- 10M：月的十位数字，MONTH 为日期的个位数字。
- DAY：星期的个位数字。
- 10YEAR：年的十位数字，YEAR 为年的十位数字。

表 2-11 中后 3 个寄存器的功能及特殊位符号的含义如下。

- 写保护寄存器：该寄存器的 D7 位 WP 是写保护位，其余 7 位（D0～D6）置 0。在对时钟/日历单元和 RAM 单元进行写操作前，WP 必须为 0，即允许写入。当 WP 为 1 时，用来防止对其他寄存器进行写操作。
- 涓流充电寄存器，即慢充电寄存器，用于管理对备用电源的充电。
  - TCS：当 4 位 TCS=1010 时，才允许使用涓流充电寄存器，其他任何状态都将禁止使用涓流充电器。

- **DS**：两位 DS 位用于选择连接在 VCC2 和 VCC1 之间的二极管数目。1 表示选择 1 个二极管；10 表示选择 2 个二极管；11 或 00 表示涓流充电器被禁止。

- **RS**：两位 RS 位用于选择涓流充电器内部在 VCC2 和 VCC1 之间的连接电阻。RS=01 时，选择 R1（2kΩ）；RS=10 时，选择 R2（4kΩ）；RS=11 时，选择 R3（8kΩ）；RS=00 时，不选择任何电阻。

- 时钟突发寄存器：单片机对 DS1302 除了单字节数据读/写外，还可采用突发方式，即多字节的连续读/写。在多字节连续读/写中，只对地址为 3EH 的时钟突发寄存器进行读/写操作，即把对时钟/日历或 RAM 单元的读/写设定为多字节方式。在多字节方式中，读/写都开始于地址 0 的 D0 位。当用多字节方式写时钟/日历时，必须按照数据传送的次序写入最先的 8 个寄存器；但是以多字节方式写 RAM 时，没有必要写入所有的 31 个字节，每个被写入的字节都被传输到 RAM，无论 31 个字节是否都被写入。

4. 接口电路设计

制作一个使用时钟/日历芯片 DS1302 并采用 LCD1602 显示的时钟/日历，时钟/日历的原理电路如图 2-86（c）所示。

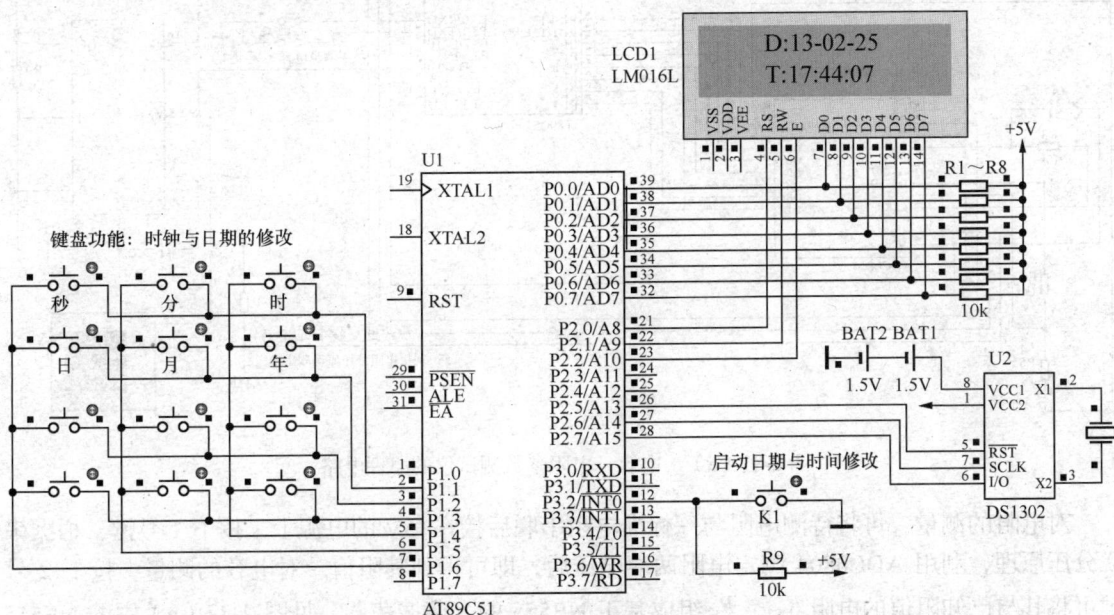

图 2-86（c）　LCD 显示的时钟/日历原理电路及仿真

时钟/日历的基本功能如下。

（1）显示 6 个参量的内容，第一行显示：年、月、日；第二行显示：时、分、秒。

（2）自动判别闰年。

（3）键盘采用动态扫描方式查询，设计的参量应能进行增 1 修改，由"启动日期与时间修改"功能键 K1 与 6 个参量修改键的组合来完成增 1 修改，即先按一下 K1，然后按一下被修改参量键，即可使该参量增 1，修改完毕，再按一下 K1 表示修改结束确认。

LCD1602 分两行显示日历与时钟。

图 2-86（c）中的 4×3 矩阵键盘，只用到了其中的 2 行键，共 6 个，余下的其他按键，本题目没有使用，可用于将来的键盘功能扩展。

2.87　电容、电阻参数测试仪设计

本题目的电容、电阻参数测试仪的原理电路如图 2-87（a）所示。

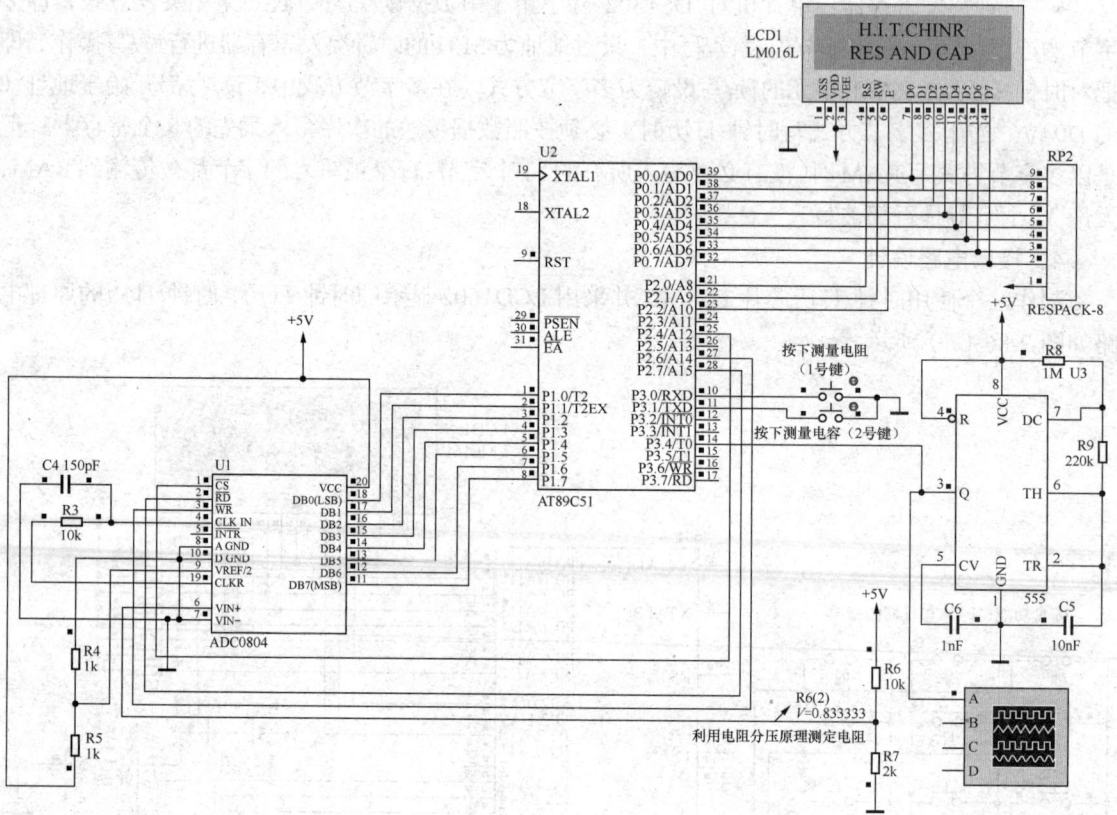

图 2-87（a）　电容、电阻参数测试仪的原理电路

对电阻的测量，可将待测电阻与一标准电阻串联后接在+5V 的电源上，按下 1 号键，根据串联分压原理，利用 ADC0804 测定电阻两端电压后，即可得到其阻值。对电容的测量，按下 2 号键可将其与已知阻值的电阻 R_A、R_B 组成基于 NE555 的多谐振荡器，见图 2-87（a）中的 NE555 电路部分，其产生的方波信号频率为 $f = \dfrac{1.44}{C(R_A + 2R_B)}$，故通过测定方波信号的频率可以比较精确地测定 C 的值。

电阻与电容的测量结果显示如图 2-87（b）和图 2-87（c）所示。

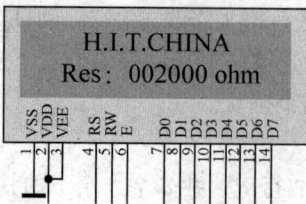

图 2-87（b）　电阻测量结果显示

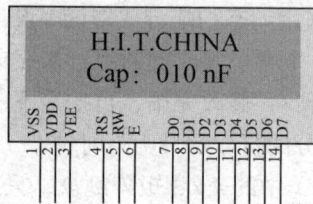

图 2-87（c）　电容测量结果显示

第3章

教材各章习题与参考解答

3.1 单片机基础

一、填空题

1. 除了单片机这一名称之外，单片机还可称为_____或_____。

2. 单片机与普通微型计算机的不同之处在于其将_____、_____和_____三部分，通过内部_____连接在一起，集成于一块芯片上。

3. AT89S51 单片机是_____位单片机。

4. 专用单片机已使系统结构最简化、软硬件资源利用最优化，从而大大降低_____和提高_____。

答案： 1. 微控制器，嵌入式控制器 2. CPU、存储器、I/O 口、总线 3. 8 4. 成本，可靠性

二、单选题

1. 单片机内部数据之所以用二进制形式表示，主要是_____。

    A. 为了编程方便   B. 受器件的物理性能限制

    C. 为了通用性   D. 为了提高运算速度

2. 在家用电器中使用单片机应属于微计算机的_____。

    A. 辅助设计应用   B. 测量、控制应用

    C. 数值计算应用   D. 数据处理应用

3. 下面的_____应用，不属于单片机的应用范围。

    A. 工业控制   B. 家用电器的控制

    C. 数据库管理   D. 汽车电子设备

答案： 1. B 2. B 3. C

三、判断题

1. STC 系列单片机是 8051 内核的单片机。（　　　）

2. AT89S52 与 AT89S51 相比，片内多出了 4KB 的 Flash 程序存储器、128B 的 RAM、1 个

中断源、1 个定时器（且具有捕捉功能）。（　　）

3. 单片机是一种 CPU。（　　）

4. AT89S51 单片机是微处理器。（　　）

5. AT89S51 片内的 Flash 程序存储器可在线写入（ISP），而 AT89C52 则不能。（　　）

6. 为 AT89C51 单片机设计的应用系统板，可将芯片 AT89C51 直接用芯片 AT89S51 替换。（　　）

7. 为 AT89S51 单片机设计的应用系统板，可将芯片 AT89S51 直接用芯片 AT89S52 替换。（　　）

8. 单片机的功能侧重于测量和控制，而复杂的数字信号处理运算及高速的测控功能则是 DSP 的长处。（　　）

答案：1. √　2. √　3. ×　4. ×　5. √　6. √　7. √　8. √

四、简答题

1. 微处理器、微计算机、微处理机、CPU、单片机、微计算机它们之间有何区别？

2. AT89S51 单片机相当于 MCS-51 系列单片机中的哪一型号的产品？ "S" 的含义是什么？

3. 单片机可分为商用、工业用、汽车用以及军用产品，它们的使用温度范围各为多少？

4. 解释什么是单片机的在系统编程（ISP）与在线应用编程（IAP）。

5. 什么是 "嵌入式系统"？系统中嵌入了单片机作为控制器，是否可称其为 "嵌入式系统"？

6. 嵌入式处理器家族中的单片机、DSP、嵌入式微处理器各有何特点？它们的应用领域有何不同？

答案：

1. 微处理器、CPU 都是中央处理器的不同称谓，微处理机则是微处理器+存储器。微处理器芯片本身不是计算机，而微计算机、单片机都是一个完整的计算机系统，单片机是集成在一个芯片上的用于测控目的的单片微计算机。

2. 相当于 MCS-51 系列中的 87C51，只不过是 AT89S51 芯片内的 4KB Flash 存储器取代了 87C51 片内的 4KB 的 EPROM。

3. 商用：温度范围为 0℃～+70℃；工业用：温度范围为–40℃～+85℃；汽车用：温度范围为–40℃～+125℃；军用：温度范围为–55℃～+150℃。

4. 单片机的在系统编程 ISP（In System Program），也称在线编程，只需一条与 PC USB 口或串口相连的 ISP 下载线，就可把仿真调试通过的程序代码从 PC 在线写入单片机的 Flash 存储器内，省去了编程器。在线应用编程（IAP）就是可将单片机的闪存内的应用程序在线修改升级。

5. 从广义上讲，凡是系统中嵌入了 "嵌入式处理器"，如单片机、DSP、嵌入式微处理器，都称其为 "嵌入式系统"。但多数人把 "嵌入" 嵌入式微处理器的系统，称为 "嵌入式系统"。目前 "嵌入式系统" 还没有严格和权威的定义，人们所说的 "嵌入式系统"，多指后者。

6. 单片机体积小、价格低且易于掌握和普及，很容易嵌入各种通用目的的系统中，实现各种方式的检测和控制。单片机在嵌入式处理器市场占有率最高，其最大特点是价格低，体积小，应用广泛。

DSP 是一种非常擅长于高速实现各种数字信号处理运算（如数字滤波、FFT、频谱分析等）的嵌入式处理器，能够高速完成各种复杂的数字信号处理算法。与单片机相比，DSP 具有实现高速运算的硬件结构、指令和多总线，DSP 处理算法的复杂度和大的数据处理流量以及片内集成的多种功能部件更是单片机不可企及的。

　　嵌入式微处理器的基础是通用计算机中的 CPU，地址总线数目较多，能扩展容量较大的存储器，所以可配置实时多任务操作系统（RTOS）。RTOS 能够处理复杂的系统管理任务和处理工作。因此，广泛应用在移动计算平台、媒体手机、工业控制和商业领域（如智能工控设备、ATM 等）、电子商务平台、信息家电（机顶盒、数字电视）以及军事上。

3.2　单片机硬件结构

一、填空题

1. 在 AT89S51 单片机中，如果采用 6MHz 晶振，那么一个机器周期为_____。

2. AT89S51 单片机的机器周期等于_____个时钟振荡周期。

3. 内部 RAM 中，位地址为 40H、88H 的位所在字节的字节地址分别为_____和_____。

4. 片内字节地址为 2AH 单元的最低位的位地址是_____；片内字节地址为 A8H 单元的最低位的位地址为_____。

5. 若 A 中的内容为 63H，那么，P 标志位的值为_____。

6. AT89S51 单片机复位后，R4 对应的存储单元的地址为_____，因上电时 PSW=_____。这时当前的工作寄存器区是_____组工作寄存器区。

7. 在内部 RAM 中，可作为工作寄存器区的单元地址为_____ H～_____ H。

8. 通过堆栈操作实现子程序调用时，首先要把_____的内容入栈，以进行断点保护。调用子程序返回指令时，再进行出栈保护，把保护的断点送回到_____，先弹出的是原来_____中的内容。

9. AT89S51 单片机程序存储器的寻址范围是由程序计数器 PC 的位数决定的，因为 AT89S51 单片机的 PC 是 16 位的，因此其寻址的范围为_____ KB。

10. AT89S51 单片机复位时，P0～P3 口的各引脚为_____电平。

11. AT89S51 单片机使用片外振荡器作为时钟信号时，引脚 XTAL1 接_____，引脚 XTAL2 的接法是_____。

12. AT89S51 单片机复位时，堆栈指针 SP 中的内容为_____，程序指针 PC 中的内容为_____。

　　答案： 1. 2μs　2. 12　3. 28H，88H　4. 50H，A8H　5. 0　6. 04H，00H，0　7. 00H，1FH　8. PC，PC，PCH　9. 64　10. 高　11. 片外振荡器的输出信号，悬空　12. 07H，0000H

二、单选题

1. 程序在运行中，当前 PC 的值是_____。
　　A. 当前正在执行指令的前一条指令的地址　　B. 当前正在执行指令的地址
　　C. 当前正在执行指令的下一条指令的首地址　　D. 控制器中指令寄存器的地址

2. 下列哪一种说法是正确的？_____
　　Λ. PC 是一个可寻址的寄存器　　　　　　B. 单片机的主频越高，其运算速度越快
　　C. AT89S51 单片机中的一个机器周期为 1μs

D. 特殊功能寄存器 SP 内存放的是堆栈栈顶单元的内容

答案：1. C 2. B

三、判断题

1. 使用 AT89S51 单片机且引脚 $\overline{EA}$ =1 时，仍可外扩 64KB 的程序存储器。（   ）

2. 区分片外程序存储器和片外数据存储器的最可靠的方法是看其位于地址范围的低端还是高端。（   ）

3. 在 AT89S51 单片机中，为使准双向的 I/O 口工作在输入方式，必须事先预置为 1。（   ）

4. PC 可以看成是程序存储器的地址指针。（   ）

5. AT89S51 单片机中特殊功能寄存器（SFR）使用片内 RAM 的部分字节地址。（   ）

6. 片内 RAM 的位寻址区，只能供位寻址使用，而不能进行字节寻址。（   ）

7. AT89S51 单片机共有 26 个特殊功能寄存器，它们的位都是可以用软件设置的，因此，都是可以位寻址的。（   ）

8. 堆栈区是单片机内部的一个特殊区域，与 RAM 无关。（   ）

9. AT89S51 单片机进入空闲模式，CPU 停止工作。片内的外围电路（如中断系统、串行口和定时器）仍将继续工作。（   ）

10. AT89S51 单片机不论是进入空闲模式还是掉电运行模式后，片内 RAM 和 SFR 中的内容均保持原来的状态。（   ）

11. AT89S51 单片机进入掉电运行模式，CPU 和片内的外围电路（如中断系统、串行口和定时器）均停止工作。（   ）

12. AT89S51 单片机的掉电运行模式可采用响应中断方式来退出。（   ）

答案：1. × 2. × 3. √ 4. √ 5. √ 6. × 7. × 8. × 9. √ 10. √ 11. √ 12. √

四、简答题

1. AT89S51 单片机片内都集成了哪些功能部件？

2. AT89S51 的 64KB 程序存储器空间有 5 个单元地址对应 AT89S51 单片机 5 个中断源的中断入口地址，请写出这些单元的入口地址及对应的中断源。

3. 说明 AT89S51 单片机的 $\overline{EA}$ 引脚接高电平和低电平的区别。

4. AT89S51 单片机有哪两种低功耗节电模式？说明两种低功耗节电模式的异同。

5. AT89S51 单片机运行时程序出现"跑飞"或陷入"死循环"时，说明利用看门狗来摆脱困境的工作原理。

答案：

1. 集成了如下部件：1 个 CPU；128B 数据存储器（RAM）单元；4KB Flash 程序存储器；4 个 8 位可编程并行 I/O 口（P0 口、P1 口、P2 口、P3 口）；1 个全双工串行口；2 个 16 位定时器/计数器；1 个看门狗定时器；一个中断系统，6 个中断源，2 个优先级；32 个特殊功能寄存器（SFR）。

2. 见下表

表	AT89S51 各中断源的中断入口地址
中　断　源	入　口　地　址
外部中断 0	0003H
定时器/计数器 T0	000BH
外部中断 1	0013H
定时器/计数器 T1	001BH
串行口	0023H

3. 当 $\overline{EA}$ 脚为高电平时，单片机读片内程序存储器（4KB Flash）中的内容，但在 PC 值超过 0FFFH（即超出 4KB 地址范围）时，将自动转向读外部程序存储器内的程序；当 $\overline{EA}$ 脚为低电平时，单片机只对外部程序存储器的地址为 0000H～FFFFH 中的内容进行读操作，单片机不理会片内的 4KB 的 Flash 程序存储器。

4. AT89S51 单片机有两种低功耗节电工作模式：空闲模式（Idle Mode）和掉电模式（Power Down Mode）。

在空闲模式下，虽然振荡器仍然运行，但是 CPU 进入空闲状态。此时，片内所有外围电路（中断系统、串行口和定时器）仍继续工作，SP、PC、PSW、A、P0～P3 端口等所有其他寄存器，以及内部 RAM 和 SFR 中的内容均保持进入空闲模式前的状态。因为 CPU 耗电量通常要占芯片耗电的 80%～90%，因此 CPU 停止工作时会大大降低功耗。

在掉电模式下，振荡器停止工作。由于没有了时钟信号，内部的所有部件均停止工作，但片内 RAM 和 SFR 的原来内容都被保留，有关端口的输出状态值都保存在对应的特殊功能寄存器中。

5. 可采用看门狗定时器，工作原理如下。

"看门狗"技术就是使用一个"看门狗"定时器来对系统时钟不断计数，监视程序的运行。看门狗定时器启动运行后，为防止看门狗定时器的不必要溢出而引起单片机的非正常的复位，应定期把看门狗定时器清零，以保证看门狗定时器不溢出。

当由于干扰，使单片机程序"跑飞"或陷入"死循环"时，单片机也就不能正常运行程序来定时地把看门狗定时器清零。当看门狗定时器计满溢出时，将在 AT89S51 的 RST 引脚上输出一个正脉冲（宽度为 98 个时钟周期），使单片机复位，在系统的复位入口 0000H 处重新开始执行主程序，从而使程序摆脱"跑飞"或"死循环"状态，让单片机归复于正常的工作状态。

3.3　指令系统与编程基础

一、填空题

1. 访问 SFR，只能使用_____寻址方式。

2. 指令格式由_____和_____组成，也可仅由_____组成。

3. 在基址加变址寻址方式中，以_____作为变址寄存器，以_____或_____作为基址寄存器。

4. 假定累加器 A 中的内容为 30H，执行指令

```
1000H:  MOVC A, @A+PC
```

后，把程序存储器_____单元的内容送入累加器 A 中。

5. 在 AT89S51 中，PC 和 DPTR 都用于提供地址，但 PC 是为访问_____存储器提供地址，而 DPTR 是为访问_____存储器提供地址。

6. 在寄存器间接寻址方式中，其"间接"体现在指令中寄存器的内容不是操作数，而是操作数的_____。

7. 下列程序段的功能是_____。

```
PUSH    Acc
PUSH    B
POP     Acc
POP     B
```

8. 已知程序执行前有(A)=02H，(SP)=52H，(51H)=FFH，(52H)=FFH。下述程序执行后，(A)=_____，(SP)=_____，(51H)=_____，(52H)=_____，(PC) =_____。

```
POP     DPH
POP     DPL
MOV     DPTR, #4000H
RL      A
MOV     B, A
MOVC    A, @A+DPTR
PUSH    Acc
MOV     A, B
INC     A
MOVC    A, @A+DPTR
PUSH    Acc
RET
ORG     4000H
DB      10H, 80H, 30H, 50H, 30H, 50H
```

9. 假定(A)=83H，(R0)=17H，(17H)=34H，执行以下指令后，(A)=_____。

```
ANL     A, #17H
ORL     17H, A
XRL     A, @R0
CPL     A
```

10. 假设(A)=55H，(R3)=0AAH，执行指令"ANL   A，R3"后，(A)=_____，(R3)=_____。

11. 如果(DPTR)=507BH，(SP)=32H，(30H)=50H，(31H)=5FH，(32H)=3CH，则执行下列指令后，（DPH）=_____，(DPL)=_____，(SP)=_____。

```
POP     DPH
POP     DPL
POP     SP
```

12. 假定(SP)=60H，(A)=30H，(B)=70H，执行下列指令后，SP 的内容为_____，61H 单元的内容为_____，62H 单元的内容为_____。

```
PUSH    Acc
PUSH    B
```

答案：1. 直接 2. 操作码，操作数，操作码 3. A，PC，DPTR 4. 1031H 5. 程序，数据 6. 地址 7. A 的内容与 B 的内容互换 8.（A）=50H,（SP）=50H,（51H）=30H,（52H）=50H,（PC）= 5030H 9.（A）=0CBH 10.（A）=00H,（R3）=0AAH 11.（DPH）=3CH,

（DPL）=5FH，（SP）=50H　12.（SP）=62H，（61H）=30H，（62H）=70H

二、判断题

1. 判断以下指令的正误。

（1）MOV　28H，@R2；（2）DEC　DPTR；（3）INC　DPTR；（4）CLR　R0；（5）CPL　R5；
（6）MOV　R0，R1；（7）PHSH　DPTR；（8）MOV　F0，C；（9）MOV　F0，Acc.3；
（10）MOVX　A，@R1；（11）MOV　C，30H；（12）RLC　R0

2. 判断下列说法是否正确。

（1）立即数寻址方式是被操作的数据本身就在指令中，而不是它的地址在指令中。（　　　）
（2）指令周期是执行一条指令的时间。（　　　）
（3）指令中直接给出的操作数称为直接寻址。（　　　）
（4）内部寄存器 Rn（n=0～7）可作为间接寻址寄存器。（　　　）

答案：1.（1）×　（2）×　（3）√　（4）×　（5）×　（6）×　（7）×　（8）√
（9）×　（10）√　（11）√　（12）×　2.（1）√　（2）√　（3）×　（4）×

三、单选题

1. 程序在运行中，当前 PC 的值是_____。
　　A. 当前正在执行指令的前一条指令的地址　　B. 当前正在执行指令的地址
　　C. 当前正在执行指令的下一条指令的首地址　　D. 控制器中指令寄存器的地址

2. 下列哪一种说法是正确的？_____
　　A. PC 是一个可寻址的寄存器
　　B. 单片机的主频越高，其运算速度越快
　　C. AT89S52 单片机中的一个机器周期为 1μs
　　D. 特殊功能寄存器 SP 内存放的是堆栈栈顶单元的内容

3. 对程序存储器的读操作，只能使用_____。
　　A. MOV 指令　　　　B. PUSH 指令　　　C. MOVX 指令　　　D. MOVC 指令

4. 以下指令中，属于单纯读引脚的指令是_____。
　　A. MOV　P1,A　　　B. ORL　P1,#0FH　　C. MOV　C,P1.5　　D. ANL　P1,#0FH

答案：1. C　2. B　3. D　4. C

四、程序分析与编程题

1. 下列程序段经汇编后，从 1000H 开始的各有关存储单元的内容是什么？

```
ORG     1000H
TAB1    EQU  1234H
TAB2    EQU  3000H
DB      "MAIN"
DW      TAB1, TAB2, 70H
```

2. 编写程序，将内部 RAM 中 45H 单元的高 4 位清零，低 4 位置 1。

3. 已知程序执行前有 A=02H，SP=42H，（41H）=FFH，（42H）=FFH。下述程序执行后，
A=（　　　）；SP=（　　　）；(41H)=（　　　）；(42H)=（　　　）；PC=（　　　）。

```
POP     DPH
```

```
POP      DPL
MOV      DPTR, #3000H
RL       A
MOV      B, A
MOVC     A, @A+DPTR
PUSH     Acc
MOV      A, B
INC      A
MOVC     A, @A+DPTR
PUSH     Acc
RET
ORG      3000H
DB       10H, 80H, 30H, 80H, 50H, 80H
```

4. 编写程序，查找在内部 RAM 的 30H～50H 单元中是否有 0AAH 这一数据。若有，则将 51H 单元置为"01H"；若未找到，则将 51H 单元置为"00H"。

5. 写出完成如下要求的程序段，但是不能改变未涉及位的内容。

（1）把 ACC.3、ACC.4、ACC.5 和 ACC.6 清零。

（2）把累加器 A 的中间 4 位清零。

（3）把 ACC.2 和 ACC.3 置 1。

6. 若 SP=60H，标号 LABEL 所在的地址为 3456H。LCALL 指令的地址为 2000H，执行如下指令：

```
2000H   LCALL  LABEL
```

后，（1）堆栈指针 SP 和堆栈内容发生了什么变化？（2）PC 的值等于什么？（3）将指令 LCALL 直接换成 ACALL 是否可以？

7. 试编写程序，查找在内部 RAM 的 20H～40H 单元中出现"00H"这一数据的次数，并将查找到的结果存入 41H 单元。

8. 修改下列程序。

```
        ORG      0100H
D50ms:  MOV      R7,#200    ; 执行时间 1μs
D1:     MOV      R6,#125    ; 执行时间 1μs
D2:     DJNZ     R6,D2      ; 指令执行 1 次为 2μs，总计 125×2=250μs
        DJNZ     R7,D1      ; 指令执行时间 2μs，本循环体执行 200 次
        RET                 ; 指令执行时间 2μs
```

使其达到精确的 50ms 延时时间。

9. 借助指令表，对如下指令代码（十六进制）进行手工反汇编。

```
FFH, C0H, E0H, E5H, F0H, F0H
```

答案：

1. 从 1000H 开始的各有关存储单元的内容（十六进制）如下。

```
4DH, 41H, 49H, 4EH, 12H, 34H, 30H, 00H, 00H, 70H
```

2. 参考程序如下。

```
MOV      A, 45H
ANL      A, #0FH
ORL      A, #0FH
```

```
MOV     45H, A
```

3. (A)=80H,（SP）=40H, (41H)=50H, (42H)=80H, (PC)=8050H

4. 参考程序如下。

```
START:      MOV     R0,#30H
            MOV     R2,#20H
LOOP:       MOV     A,@R0
            CJNE    A,#0AAH,NEXT
            MOV     51H,#01H
            LJMP    EXIT
NEXT:       INC     R0
            DJNZ    R2,LOOP
            MOV     51H,#00H
EXIT:       RET
```

5. （1）ANL A,#87H

　（2）ANL A,#0C3H

　（3）ORL A,#0CH

6. （1）SP=SP+1=61H   (61H)=PC 的低字节=03H

　　　 SP=SP+1=62H   (62H)=PC 的高字节=20H

　（2）PC=3456H

　（3）不可以

7. 参考程序如下。

```
START:      MOV     41H,#0
            MOV     R0, #20H
            MOV     R2, #20H
LOOP:       MOV     A,@R0
            JNZ     NEXT
            INC     41H
NEXT:       INC     R0
            DJNZ    R2, LOOP
            RET
```

8. 原来的程序如下。

```
            ORG     0100H
D50ms:      MOV     R7,#200     ; 执行时间 1μs
D1:         MOV     R6,#125     ; 执行时间 1μs
D2:         DJNZ    R6,D2       ; 指令执行 1 次为 2μs，总计 125×2=250μs
            DJNZ    R7,D1       ; 指令执行时间 2μs，本循环体执行 200 次
            RET                 ; 指令执行时间 2μs
```

可对程序做如下修改。

```
            ORG     0100H
D50ms:      MOV     R7, #200
D1:         MOV     R6, #123    ; 将原来的立即数 125 改为 123
D2:         DJNZ    R6, D2
            NOP                 ; 增加的指令
            DJNZ    R7, D1
            RET
```

程序修改后的延时时间为：$1+(1+123 \times 2+1+2) \times 200+2=50003\mu s=50.003ms$

9.
```
MOV    R7, A
PUSH   Acc
MOV    A, B
MOVX   @DPTR, A
```

五、简答题

1. 说明伪指令的作用。"伪"的含义是什么？常用伪指令有哪些？其功能如何？

2. 解释术语：手工汇编、机器汇编、反汇编。

3. 设计子程序时应注意哪些问题？

4. 为什么对基本型的 8051 子系列单片机，其寄存器间接寻址方式（如 MOV A，@R0）中，规定 R0 或 R1 的内容不能超过 7FH？而对增强型的 8052 子系列单片机，R0 或 R1 的内容就不受限制？

答案：

1. 伪指令是程序员发给汇编程序的命令，只有在汇编前的源程序中才有伪指令，即在汇编过程中的用来控制汇编过程的命令。所谓"伪"，是体现在汇编后，伪指令没有相应的机器代码产生。常用伪指令及功能如下。

ORG（ORiGin）汇编起始地址命令；END（END of Assembly）汇编终止命令；EQU（EQUate）标号赋值命令；DB（Define Byte）定义数据字节命令；DW（Define Word）定义数据字命令；DS（Define Storage）定义存储区命令；BIT 位定义命令。

2. 手工汇编：通过查指令的机器代码表，逐个把助记符指令"翻译"成机器代码，再调试和运行。这种人工查表"翻译"指令的方法称为"手工汇编"。

机器汇编：借助于微型计算机上的软件（汇编程序）来代替手工汇编。这是通过在微机上运行汇编程序，把汇编语言源程序翻译成机器代码的一种方式。

反汇编：将二进制的机器码程序翻译成汇编语言源程序的过程称为"反汇编"。

3. 编写子程序时应注意以下问题。

（1）子程序的第一条指令前必须有标号。

（2）主程序调用子程序，有如下两条子程序调用指令。

① 绝对调用指令 ACALL addr11。被调用的子程序的首地址与绝对调用指令的下一条指令的高 5 位地址相同，即只能在同一个 2KB 区内。

② 长调用指令 LCALL addr16。addr16 为直接调用的目的地址，被调用的子程序可放置在 64KB 程序存储器区的任意位置。

（3）子程序结构中必须用到堆栈，用来保护断点和现场。

（4）子程序返回时，必须以 RET 指令结束。

（5）子程序可以嵌套，但要注意堆栈的冲突。

4. 基本型的 8051 子系列单片机，由于其片内 RAM 的地址范围为 00H～7FH，80H～FFH 为特殊功能寄存器区，而对特殊功能寄存器寻址，只能使用直接寻址方式。对片内 RAM 寻址，使用寄存器间接寻址是采用 R0 或 R1 作为间接寻址的，因此 R0 或 R1 的内容不能超过 7FH。

增强型的 8052 子系列单片机，片内 RAM 的地址范围为 00H～FFH，因此作为间接寻址寄存器的 R0 或 R1 的内容就不受限制。

3.4　中断系统

一、填空题

1. 外部中断 1 的中断入口地址为_____。定时器 T1 的中断入口地址为_____。

2. 若（IP）=00010100B，则优先级最高者为_____，最低者为_____。

3. AT89S51 单片机响应中断后，产生长调用指令 LCALL，执行该指令的过程包括：首先把_____的内容压入堆栈，以进行断点保护，然后把长调用指令的 16 位地址送入_____，使程序执行转向_____中的中断地址区。

4. AT89S51 单片机复位后，中断优先级最高的中断源是_____。

5. 当 AT89S51 单片机响应中断后，必须用软件清除的中断请求标志是_____。

答案：1. 0013H，001BH　2. 外部中断 1，定时器 T1　3. PC，PC，程序存储器　4. 外部中断 0　5. 串行中断、定时器/计数器 T2 中断

二、单选题

1. 下列说法错误的是（　　）。
   A. 同一级别的中断请求按时间的先后顺序响应
   B. 同一时间同一级别的多中断请求，将形成阻塞，系统无法响应
   C. 低优先级中断请求不能中断高优先级中断请求，但是高优先级中断请求能中断低优先级中断请求
   D. 同级中断不能嵌套

2. 在 AT89S51 的中断请求源中，需要外加电路实现中断撤销的是（　　）。
   A. 电平方式的外部中断请求
   B. 跳沿方式的外部中断请求
   C. 外部串行中断
   D. 定时中断

3. 中断查询确认后，在下列各种 AT89S51 单片机运行情况下，能立即进行响应的是（　　）。
   A. 当前正在进行高优先级中断处理
   B. 当前正在执行 RETI 指令
   C. 当前指令是 MOV　A，R3
   D. 当前指令是 DIV 指令，且正处于取指令的机器周期

4. 下列说法正确的是（　　）。
   A. 各中断源发出的中断请求信号，都会标记在 AT89S51 的 IE 寄存器中
   B. 各中断源发出的中断请求信号，都会标记在 AT89S51 的 TMOD 寄存器中
   C. 各中断源发出的中断请求信号，都会标记在 AT89S51 的 IP 寄存器中
   D. 各中断源发出的中断请求信号，都会标记在 AT89S51 的 TCON、SCON 以及 T2CON 寄存器中

答案：1. B　2. A　3. C　4. D

三、判断题

1. 定时器 T0 中断可以被外部中断 0 中断。（　　　）

2. 必须有中断源发出中断请求，并且只有 CPU 开中断，CPU 才可能响应中断。（　　　）

3. AT89S51 单片机中的同级中断不能嵌套。（　　　）

4. 同为高中断优先级，外部中断 0 能打断正在执行的外部中断 1 的中断服务程序。（　　　）

5. 中断服务子程序可以直接调用。（　　　）

6. 在开中断的前提下，只要中断源发出中断请求，CPU 就会立刻响应中断。（　　　）

答案：1. ×　2. ×　3. √　4. ×　5. ×　6. ×

四、简答题

1. 中断服务子程序与普通子程序有哪些相同和不同之处？

2. AT89S51 单片机响应外部中断的典型时间是多少？在哪些情况下，CPU 将推迟对外部中断请求的响应？

3. 中断响应需要满足哪些条件？

4. 编写外部中断 1 为跳沿触发的中断初始化程序段。

5. 某系统有 3 个外部中断源 IR1、IR2 和 IR3，当某一中断源发出的中断请求使 $\overline{INT1}$ 引脚变为低电平时，便要求 CPU 进行处理，它们的优先处理次序由高到低为 IR3、IR2、IR1，中断处理程序的入口地址分别为 1000H、1100H、1200H。试编写主程序及中断服务子程序（转至相应的中断处理程序的入口即可）。

答案：

1. RETI 指令在返回的同时自动清除相应的不可寻址的优先级触发器，以允许下次中断，而 RET 指令则没有这个操作。除了这一点两条指令不同外，其他操作都相同。

2. 在一个单一中断的系统中，AT89S51 单片机对外部中断请求的响应时间总是在 3～8 个机器周期之间。

在下述 3 种情况下，AT89S51 将推迟对外部中断请求的响应。

（1）AT89S51 正在处理同级或更高优先级的中断。

（2）所查询的机器周期不是当前正在执行指令的最后一个机器周期。

（3）正在执行的指令是 RETI 或是访问 IE 或 IP 的指令。

如果存在上述三种情况之一，AT89S51 将丢弃中断查询结果，将推迟对外部中断请求的响应。

3. 一个中断源的中断请求被响应，必须满足以下条件。

（1）总中断允许开关接通，即 IE 寄存器中的中断总允许位 EA=1。

（2）该中断源发出中断请求，即该中断源对应的中断请求标志为"1"。

（3）该中断源的中断允许位=1，即该中断被允许。

（4）无同级或更高级中断正在被服务。

4. 参考程序段如下。

……

```
SETB   IT1
SETB   EX1
SETB   EA
```

......

5. 参见如下电路，参考程序如下。

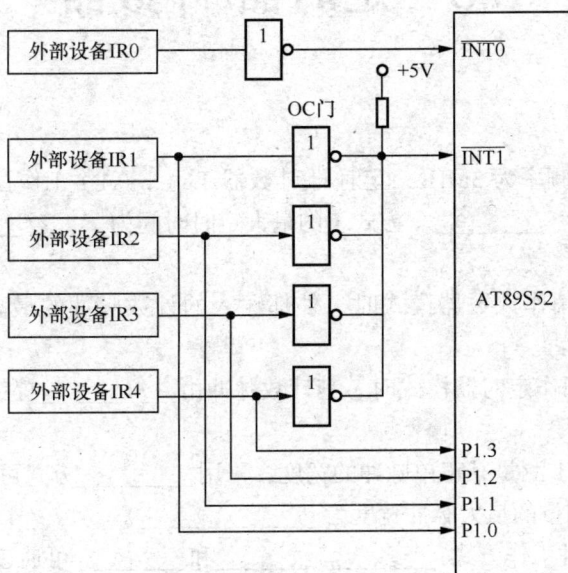

```
            ORG     0000H
            LJMP    MAIN
            ORG     0013H
            LJMP    INT_EX1
            ORG     0030H
MAIN:       CLR     IT0             ; 采用电平触发，低电平有效中断
            SETB    EX1             ; 允许外部中断 1
            SETB    EA
; 插入一段用户程序
WAIT:       AJMP    WAIT            ; 单片机等待中断
; 以下为外部中断 1 服务子程序
INT_EX1:    JB      P1.2, NEXT1     ; 判断是不是 IR3 中断
            LJMP    INT_IR3         ; 跳转到 IR3 中断处理程序
NEXT1:      JB      P1.1, NEXT2     ; 判断是不是 IR2 中断
            LJMP    INT_IR2         ; 跳转到 IR2 中断处理程序
NEXT2:      LJMP    INT_IR1         ; 跳转到 IR1 中断处理程序
            ORG     1000H
INT_IR3: 相应中断处理程序
            RETI                    ; 中断返回
            ORG     1100H
INT_IR2: 相应中断处理程序
            RETI                    ; 中断返回
            ORG     1200H
INT_IR1: 相应中断处理程序
            RETI                    ; 中断返回
```

3.5　定时器/计数器

一、填空题

1. 如果采用晶振的频率为 3MHz，定时器/计数器 Tx（x=0,1）工作在方式 0～方式 2 下，其方式 0 的最大定时时间为_____，方式 1 的最大定时时间为_____，方式 2 的最大定时时间为_____。

2. 定时器/计数器用作计数器模式时，外部输入的计数脉冲的最高频率为系统时钟频率的_____。

3. 定时器/计数器用作定时器模式时，其计数脉冲由_____提供，定时时间与_____有关。

4. 定时器/计数器 T1 测量某正单脉冲的宽度，采用_____方式可得到最大量程。若时钟频率为 6MHz，则允许测量的最大脉冲宽度为_____。

5. 定时器 T2 有 3 种工作方式：_____、_____和_____，可通过对寄存器_____中的相关位进行软件设置来选择。

6. AT89S51 单片机的晶振为 6MHz，若利用定时器 T1 的方式 1 定时 2ms，则（TH1）=_____，（TL1）=_____。

答案： 1. 32.768ms，262.144ms，1024μs　2. 1/24　3. 系统时钟信号 12 分频后，定时器初值　4. 方式 1 定时，131.072ms　5. 捕捉，重新装载（增计数或减计数），波特率发生器，T2CON　6. FCH，18H

二、单选题

1. 定时器 T0 工作在方式 3 时，定时器 T1 有 _____种工作方式。
   A. 1　　　　B. 2　　　　C. 3　　　　D. 4

2. 定时器 T0、T1 工作于方式 1 时，其计数器为 _____位。
   A. 8　　　　B. 16　　　　C. 14　　　　D. 13

3. 定时器 T0、T1 的 GATEx=1 时，其计数器是否计数的条件_____。
   A. 仅取决于 TRx 状态　　　　　　　　B. 仅取决于 GATE 位状态
   C. 是由 TRx 和 $\overline{INT}x$ 两个条件来共同控制的　　D. 仅取决于 $\overline{INT}x$ 的状态

4. 定时器 T2 工作在自动重装载方式时，其计数器为 _____位。
   A. 8　　　　B. 13　　　　C.14　　　　D. 16

5. 要想测量 $\overline{INT0}$ 引脚上的正单脉冲的宽度，特殊功能寄存器 TMOD 的内容应为_____。
   A. 87H　　　B. 09H　　　C. 80H　　　D. 00H

答案： 1. C　2. B　3. C　4. D　5. B

三、判断题

1. 下列关于 T0、T1 的说法哪些是正确的。

（1）特殊功能寄存器 SCON，与定时器/计数器的控制无关。（　　　）

（2）特殊功能寄存器 TCON，与定时器/计数器的控制无关。（　　　）

（3）特殊功能寄存器 IE，与定时器/计数器的控制无关。（　　　）

（4）特殊功能寄存器 TMOD，与定时器/计数器的控制无关。（　　　）

2. 定时器 T0、T1 对外部脉冲进行计数时，要求输入的计数脉冲的高电平或低电平的持续时间不小于 1 个机器周期。特殊功能寄存器 SCON 与定时器/计数器的控制无关。（　　　）

3. 定时器 T0、T1 对外部引脚上的脉冲进行计数时，要求输入的计数脉冲的高电平和低电平的持续时间均不小于 2 个机器周期。（　　　）

答案： 1.（1）√　（2）×　（3）×　（4）×　2. ×　3. √

四、简答题

1. 定时器/计数器 T1、T0 的工作方式 2 有什么特点？适用于哪些应用场合？

2. THx 与 TLx（x=0，1）是普通寄存器还是计数器？其内容可以随时用指令更改吗？更改后的新值是立即刷新还是等当前计数器计满后才能刷新？

3. 如果系统的晶振频率为 24MHz，定时器/计数器工作在方式 0～方式 2 下，其最大定时时间各为多少？

4. 定时器/计数器 Tx（x=0，1）的方式 2 有什么特点？适用于哪些应用场合？

5. 一个定时器的定时时间有限，如何用两个定时器的串行定时来实现较长时间的定时？

6. 当定时器 T0 用于方式 3 时，应该如何控制定时器 T1 的启动和关闭？

答案：

1. 方式 2 为初值自动装入的 8 位定时器/计数器，克服了在循环定时或循环计数应用时就存在用指令反复装入计数初值影响定时精度的问题。

2. THx 与 TLx（x=0，1）是计数器，其内容可以随时用指令更改，但是更改后的新值要等当前计数器计满后才能刷新。

3. 晶振的频率为 24MHz，机器周期为 0.5μs。

方式 0 最大定时时间=0.5μs × 2^{13}=0.5μs × 8192=4096μs

方式 1 最大定时时间=0.5μs × 2^{16}=0.5μs × 65536=327686μs

方式 2 最大定时时间=0.5μs × 2^8=0.5μs × 256=128μs

4. 定时器/计数器的工作方式 2 具有自动恢复初值的特点，适用于精确定时，如波特率的产生。

5. 方法 1，在第一个定时器的中断程序中关闭本定时器的中断程序，设置和打开另一个定时器；在另一个定时器的中断程序中关闭本定时中断，设置和打开另一个定时器。这种方式的定时时间为两个定时器定时时间的和。

方法 2，一个作为定时器，在定时中断后产生一个外部计数脉冲（比如由 P1.0 接 $\overline{INT0}$ 产生），另一个定时器工作在计数方式。这样两个定时器的定时时间为一个定时器的定时时间乘以另一个定时器的计数值。

6. 由 TMOD 寄存器的 D6 位"C/T*"来控制定时器 T1 的启动和关闭。

五、编程题

1. 采用定时器/计数器 T0 对外部脉冲进行计数，每计数 100 个脉冲后，T0 转为定时工作方式。定时 1ms 后，又转为计数工作方式，如此循环不止。假定 AT89S51 单片机的晶体振荡器的频率为 6MHz，请使用方式 1 实现，要求编写程序。

2. 编写程序，要求使用 T0，采用方式 2 定时，在 P1.0 输出周期为 400μs，占空比为 10∶1 的矩形脉冲。

3. 编写程序，要求：当 P1.0 引脚的电平正跳变时，对 P1.1 的输入脉冲进行计数；当 P1.2 引脚的电平负跳变时，停止计数，并将计数值写入 R0、R1（高位存 R1，低位存 R0）。

答案：

1. 定时器/计数器 T0 在计数和定时工作完成后，均采用中断方式工作。除了第一次计数工作方式设置在主程序完成外，后面的定时或计数工作方式分别在中断程序完成，用一个标志位识别下一轮定时器/计数器 T0 的工作方式。参考程序如下。

```
            ORG     0000H
            LJMP    MAIN
            ORG     000BH
            LJMP    IT0P
MAIN:       MOV     TMOD,#06H       ;定时器/计数器 T0 为计数方式 2
            MOV     TL0,#156        ;计数 100 个脉冲的初值赋值
            MOV     TH0,#156
            SETB    GATE            ;打开计数门
            SETB    TR0             ;启动 T0，开始计数
            SETB    ET0             ;允许 T0 中断
            SETB    EA              ;CPU 开中断
            CLR     F0              ;设置下一轮为定时方式的标志位
WAIT:       AJMP    WAIT
IT0P:       CLR     EA              ;CPU 关中断
            JB      F0,COUNT        ;F0=1，转计数方式设置
            MOV     TMOD,#00H       ;定时器/计数器 T0 为定时方式 0
            MOV     TH0,#0FEH       ;定时 1ms 初值赋值
            MOV     TL0,#0CH
            SETB    EA
            RETI
COUNT:      MOV     TMOD,#06H
            MOV     TL0,#156
            SETB    EA
            RETI
```

2. 根据题意，从 P1.0 引脚输出的矩形脉冲的高低电平的时间为 10:1，则高低电平的时间分别为 363.63μs 和 36.37μs。如果系统采用 6MHz 晶振的话，T_{cy}=2μs，因此高低电平输出取整，约为 364μs 和 36μs。参考程序如下。

```
            ORG     0000H
            LJMP    MAIN
            ORG     000BH
            LJMP    IT0P
MAIN:       MOV     TMOD,#02H       ;定时器/计数器 T0 为定时方式 2
            MOV     TL0,#4AH        ;定时 364μs 初值赋值
            SETB    TR0             ;启动 T0，开始计数
            SETB    ET0             ;允许 T0 中断
            SETB    EA              ;CPU 开中断
            SETB    P1.0
```

```
WAIT:   AJMP    WAIT
ITOP:   CLR     EA
        CLR     P1.0            ; 关中断
        MOV     R0,#9
DLY:    DJNZ    R0,DLY          ; 延时 36μs
        MOV     TL0,#4AH        ; 定时 364μs 初值赋值
        SETB    P1.0
        SETB    EA
        RETI
```

3. 将 P1.1 引脚的输入脉冲接入 INT0，即使用 T0 计数器完成对 P1.1 引脚的脉冲计数。参考程序如下。

```
        ORG     0000H
        LJMP    MAIN
        ORG     000BH
        LJMP    ITOP
MAIN:   JNB     P1.0,MAIN
        MOV     TMOD,#05H       ; 定时器/计数器 T0 为计数方式 1
        SETB    TR0             ; 启动 T0, 开始计数
        SETB    ET0             ; 允许 T0 中断
        SETB    EA              ; CPU 开中断
WAIT:   JB      P1.2,WAIT
        CLR     EA
        CLR     TR0
        MOV     R1,TH0
        MOV     R0,TL0
        AJMP    $
ITOP:   INC     R2
        RETI
```

3.6　串行口

一、填空题

1. AT89S51 的串行异步通信口为_____（单工/半双工/全双工）。

2. 串行通信波特率的单位是_____。

3. AT89S51 的串行通信口若传送速率为每秒 120 帧，每帧 10 位，则波特率为_____。

4. 串行口的方式 0 的波特率为_____。

5. AT89S51 单片机的通信接口有_____和_____两种形式。在串行通信中，发送时要把_____数据转换成_____数据，接收时又需把_____数据转换成_____数据。

6. 当用串行口进行串行通信时，为减小波特率误差，使用的时钟频率为_____ MHz。

7. AT89S51 单片机串行口的 4 种工作方式中，_____ 和_____ 的波特率是可调的，与定时器/计数器 T1 的溢出率有关，另外两种方式的波特率是固定的。

8. 帧格式为 1 个起始位、8 个数据位和 1 个停止位的异步串行通信方式是方式_____。

9. 在串行通信中，收发双方对波特率的设定应该是_____的。

10. 串行口工作方式 1 的波特率是_____。

答案：1. 全双工　2. bit/s　3. 1200　4. $f_{osc}/12$　5. 并行，串行，并行，串行，串行，并行　6. 11.0592　7. 方式 1，方式 3　8. 方式 1　9. 相同的　10. 方式 1 波特率=（$2^{SMOD}/32$）×定时器 T1 的溢出率

二、单选题

1. 通过串行口发送或接收数据时，在程序中应使用_____。
   A. MOVC 指令　　　B. MOVX 指令　　　C. MOV 指令　　　D. XCHD 指令
2. AT89S51 的串行口扩展并行 I/O 口时，串行接口工作方式选择_____。
   A. 方式 0　　　　B. 方式 1　　　　C. 方式 2　　　　D. 方式 3
3. 控制串行口工作方式的寄存器是_____。
   A. TCON　　　　B. PCON　　　　C. TMOD　　　　D. SCON

答案：1. C　2. A　3. D

三、判断题

1. 串行口通信的第 9 数据位的功能可由用户定义。（　　）
2. 发送数据的第 9 数据位的内容是在 SCON 寄存器的 TB8 位中预先准备好的。（　　）
3. 串行通信方式 2 或方式 3 发送时，指令把 TB8 位的状态送入发送 SBUF 中。（　　）
4. 串行通信接收到的第 9 位数据送 SCON 寄存器的 RB8 中保存。（　　）
5. 串行口方式 1 的波特率是可变的，通过定时器/计数器 T1 的溢出率设定。（　　）
6. 串行口工作方式 1 的波特率是固定的，为 $f_{osc}/32$。（　　）
7. AT89S51 单片机进行串行通信时，一定要占用一个定时器作为波特率发生器。（　　）
8. AT89S51 单片机进行串行通信时，定时器方式 2 能产生比方式 1 更低的波特率。（　　）
9. 串行口的发送缓冲器和接收缓冲器只有 1 个单元地址，但实际上它们是两个不同的寄存器。（　　）

答案：1. √　2. √　3. ×　4. √　5. √　6. ×　7. ×　8. ×　9. √

四、简答题

1. 在异步串行通信中，接收方是如何知道发送方开始发送数据的？
2. AT89S51 单片机的串行口有几种工作方式？有几种帧格式？各种工作方式的波特率如何确定？
3. 假定串行口串行发送的字符格式为 1 个起始位、8 个数据位、1 个奇校验位、1 个停止位，请画出传送字符"B"的帧格式。
4. 为什么定时器/计数器 T1 用作串行口波特率发生器时，常采用方式 2？若已知时钟频率、串行通信的波特率，如何计算装入 T1 的初值？
5. 某 AT89S51 单片机串行口，传送数据的帧格式由 1 个起始位（0）、7 个数据位、1 个偶校验和 1 个停止位（1）组成。当该串行口每分钟传送 1800 个字符时，试计算出它的波特率。
6. 简述 8051 单片机主从结构多机通信原理，设有一台主机与三台从机通信，其中一台从机通信地址号为 01H，请叙述主机呼叫从机并向其传送一字节数据的过程。（请画出原理图）
7. 为什么 AT89S51 单片机串行口的方式 0 帧格式没有起始位（0）和停止位（1）？

8. 直接以 TTL 电平串行传输数据的方式有什么缺点？为什么在串行传输距离较远时，常采用 RS-232C、RS-422A 和 RS-485 标准串行接口来传输串行数据？比较 RS-232C、RS-422A 和 RS-485 标准串行接口各自的优缺点。

答案：

1. 实质就是如何检测起始位的开始。当接收方检测到 RXD 端从 1 到 0 的负跳变时，启动检测器，接收的值是 3 次连续采样，取其中 2 次相同的值，以确认是否是真正的起始位的开始，这样能较好地消除干扰引起的影响，以保证可靠无误地开始接收数据。

2. 有 4 种工作方式：方式 0、方式 1、方式 2、方式 3。

有 3 种帧格式，方式 2 和 3 具有相同的帧格式。

方式 0 的发送和接收都以 $fosc/12$ 为固定波特率。

方式 1 的波特率=$2^{\text{SMOD}}/32×$定时器 T1 的溢出率。

方式 2 的波特率=$2^{\text{SMOD}}/64×fosc$。

方式 3 的波特率=$2^{\text{SMOD}}/32×$定时器 T1 的溢出率。

3. 字符"B"的 ASCII 为"42H"，帧格式如下。

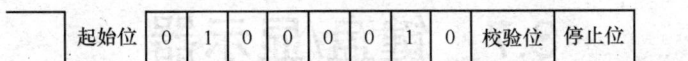

起始位	0	1	0	0	0	0	1	0	校验位	停止位

4. 因为定时器 T1 在方式 2 下，初值可自动重装，这就避免了执行重装参数的指令所带来的时间误差。

设定时器 T1 方式 2 的初值为 X，计算初值 X 可采用如下公式。

$$波特率=(2^{\text{SMOD}}/32)×(fosc/12)/（256–X）$$

5. 因为串口每秒钟传送的字符为：1 800/60=30 个字符/秒，所以波特率为：30 个字符/秒×10 位/个字符=300 位/秒。

6. 原理电路如下图所示。

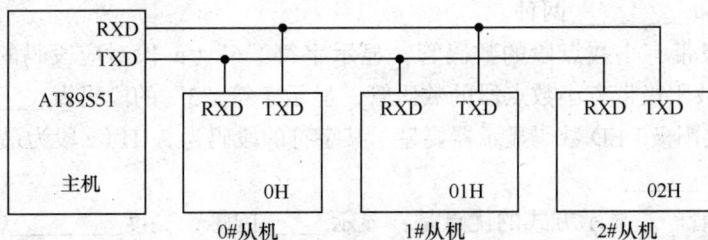

假设主机呼叫 01H 从机，首先呼叫：主机发送地址帧 0000 00011（TB8=1），此时各从机的 SM2 位置 1，且收到的 RB8=1，故激活 RI。各从机将接收到的地址与本机地址比较，结果 1#机被选中，则其 SM2 清零；0#、2#机不变。接着传送串行数据；主机发送数据帧：×××××××××0（TB8=0），此时 1#机的 SM2=0，RB8=0，激活 RI，而 0#、2#机的 SM2=1，RB8=0，不激活 RI，然后数据进入 1#机的接收数据缓冲区。

7. 串行口的方式 0 为同步移位寄存器输入/输出方式，常用于外接移位寄存器，以扩展并行 I/O 口，一般不用于两个 AT89S51 之间的串行通信。该方式以 $fosc/12$ 的固定波特率从低位到高位发送或接收数据。

8. 直接以 TTL 电平串行传输数据的方式的缺点是传输距离短，抗干扰能力差。因此在串行传输距离较远时，常采用 RS-232C、RS-422A 和 RS-485 标准串行接口。主要是对传输的电信号不断改进，如 RS-232C 传输距离只有几十米远，与直接以 TTL 电平串行传输相比，采用了负逻辑，增大 0、1 信号的电平差，而 RS-422A 和 RS-485 都采用了差分信号传输，抗干扰能力强，距离可达 1000 多 m。RS-422A 为全双工，RS-485 为半双工。

五、编程题

若晶体振荡器为 11.0592MHz，串行口工作于方式 1，波特率为 4800bit/s，写出 T1 采用方式 2 作为波特率发生器的方式控制字和初始化程序。

答案：

计数初值为 FAH，参考的初始化程序如下。

```
ANL    TMOD,#0F0H    ;屏蔽高 4 位
ORL    TMOD,#20H     ;控制字
MOV    TH1,#0FAH     ;写入计数初值
MOV    TL1,#0FAH
MOV    SCON,#40H
```

3.7　键盘/显示器

一、填空题

1. AT89S51 单片机任何一个端口要想获得较大的驱动能力，要采用_____电平输出。

2. 检测开关处于闭合状态还是打开状态，只需把开关一端接到 I/O 的引脚上，另一端接地，然后通过检测_____来实现。

3. "8" 字形的 LED 数码管如果不包括小数点段共计_____段，每一段对应一个发光二极管，有_____和_____两种。

4. 对于共阴极带有小数点段的数码管，显示字符 "6"（a 段对应段码的最低位）的段码为_____，对于共阳极带有小数点段的数码管，显示字符 "3" 的段码为_____。

5. 已知 8 段共阳极 LED 数码显示器要显示某字符的段码为 A1H（a 段为最低位），此时显示器显示的字符为_____。

6. LED 数码管静态显示方式的优点是：显示_____闪烁，亮度_____，_____比较容易，但是占用的_____线较多。

7. 当显示的 LED 数码管位数较多时，一般采用_____显示方式，这样可以降低_____，减少_____的数目。

8. LCD 1602 是_____型液晶显示模块，在其显示字符时，只需将待显示字符的_____由单片机写入 LCD 1602 的显示数据 RAM（DDRAM），内部控制电路就可将字符在 LCD 上显示出来。

9. LCD 1602 显示模块内除有_____字节的_____RAM 外，还有_____字节的自定义_____，用户可自行定义_____个 5×7 点阵字符。

10. 当按键少于 8 个时，应采用_____式键盘。当按键为 64 个时，应采用_____式键盘。

11. 使用并行接口方式连接键盘，对独立式键盘而言，8 根 I/O 口线可以接_____个按键，

而对矩阵式键盘而言，8 根 I/O 口线最多可以接_____个按键。

12. LCD 1602 显示一个字符的操作过程为：首先_____，然后_____，随后_____，最后_____。

13. 由于微型打印机 TPμP-40A/16A 是一种_____外设，因此单片机与微型打印机的命令与数据传送，必须采用_____方式。应答信号_____可与_____信号作为一对应答联络信号，也可使用_____和_____作为一对应答联络信号。

答案：1. 低　2. I/O 引脚的电平　3. 7，共阳极，共阴极　4. 7DH，B0H　5. d　6. 无，较高，软件控制，I/O 口　7. 动态，成本，I/O 端口　8. 字符，ASCII 码　9. 80，显示数据，64，字符 RAM，8　10. 独立，矩阵　11. 8，64　12. 读忙标志位 BF，写命令，写显示字符，自动显示字符　13. 慢速，应答联络，$\overline{\text{ACK}}$，$\overline{\text{STB}}$，$\overline{\text{STB}}$，BUSY

二、判断题

1. P0 口作为总线端口使用时，它是一个双向口。（　　　）

2. P0 口作为通用 I/O 端口使用时，外部引脚必须接上拉电阻，因此它是一个准双向口。（　　　）

3. P1～P3 口作为输入端口用时，必须先向端口寄存器写入 1。（　　　）

4. P0～P3 口的驱动能力是相同的。（　　　）

5. 当显示的 LED 数码管位数较多时，动态显示占用的 I/O 口多，为节省 I/O 口与驱动电路的数目，常采用静态扫描显示方式。（　　　）

6. LED 数码管动态扫描显示电路只要控制好每位数码管点亮显示的时间，就可造成"多位同时亮"的假象，达到多位 LED 数码管同时显示的效果。（　　　）

7. 使用专用的键盘/显示器芯片，可由芯片内部硬件扫描电路自动完成显示数据的扫描刷新和键盘扫描。（　　　）

8. 控制 LED 点阵显示器的显示，实质上就是控制加到行线和列线上的电平编码来控制点亮某些发光二极管（点），从而显示出由不同发光的点组成的各种字符。（　　　）

9. 16×16 点阵显示屏由 4 个 4×4 的 LED 点阵显示器组成。（　　　）

10. LCD 1602 液晶显示模块，可显示 2 行，每行 16 个字符。（　　　）

11. HD7279 是可自动获取按下键盘按键的键号以及自动对 LED 数码管进行动态扫描显示的用于键盘/LED 数码管的专用接口芯片。（　　　）

12. LED 数码管的字形码是固定不变的。（　　　）

13. 为给扫描法工作的 8×8 的非编码键盘提供接口电路，在接口电路中需要提供两个 8 位并行的输入口和一个 8 位并行的输出口。（　　　）

14. LED 数码管工作于动态显示方式时，同一时间只有一个数码管被点亮。（　　　）

15. 动态显示的数码管，任一时刻只有一个 LED 数码管处于点亮状态，是 LED 的余辉与人眼的"视觉暂留"造成数码管同时显示的"假象"。（　　　）

16. 微型打印机之所以称为"智能"微型打印机，是因为其内部带有控制打印的单片机（固化有控打程序）。（　　　）

答案：1. √　2. √　3. √　4. ×　5. ×　6. ×　7. √　8. √　9. ×　10. √　11. √　12. ×　13. ×　14. √　15. √　16. √

三、简答题

1. LED 的静态显示方式与动态显示方式有何区别？各有什么优缺点？

2. 对下图所示的键盘，采用线反转法原理编写出识别某一按键被按下并得到其键号的程序。

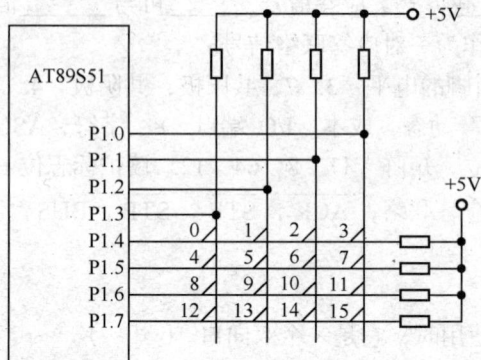

3. 非编码键盘分为独立式键盘和矩阵式键盘，这两种键盘分别适用于什么场合？

4. 使用专用键盘/显示器接口芯片 HD7279 方案实现的键盘/显示器接口的优点是什么？

答案：

1. 静态显示时，欲显示的数据是分开送到每一位 LED 上的。而动态显示则是数据同时送到每一个 LED 上，再根据位选线来确定是哪一位 LED 被显示。静态显示亮度很高，但口线占用较多。动态显示口线占用较少，但是需要编程进行动态扫描，适合用在显示位数较多的场合。

2. 先对 P1 口高 4 位送低电平，读取 P1 口低 4 位的值；再对 P1 口低 4 位送低电平，读取 P1 口高 4 位的值，将两次读到的值组合在一起就得到了按键的特征码，再根据特征码查找键值。

```
KEYIN:      MOV     P1,#0FH                 ; 反转读键
            MOV     A,P1
            ANL     A,#0FH
            MOV     B,A
            MOV     P1,#0F0H
            MOV     A,P1
            ANL     A,#0F0H
            ORL     A,B
            CJNE    A,#0FFH,KEYIN1
            RET                             ; 未按键
KEYIN1:     MOV     B,A                     ; 暂存特征码
            MOV     DPTR,#KEYCOD            ; 指向特征码表
            MOV     R3,#0FFH               ; 顺序码初始化
KEYIN2:     INC     R3
            MOV     A,R3
            MOVC    A,@A+DPTR
            CJNE    A,B,KEYIN3
            MOV     A,R3                    ; 找到，取顺序码
            RET
KEYIN3:     CJNE    A,#0FFH, KEYIN2        ; 未完，再查
            RET                             ; 已查完，未找到，以未按键处理
KEYCOD:     DB      0E7H,0EBH,0EDH,0EEH    ; 特征码表
            DB      0D7H,0DBH,0DDH,0DEH
```

```
DB      0B7H,0BBH,0BDH,0BEH
DB      77H,7BH,7DH,7EH
```

3. 独立式键盘是一键一线，按键数目较少时使用，矩阵式键盘适用于键盘数目较多的场合。

4. 使用专用接口芯片 HD7279 实现的键盘/显示器接口设计的优点是按键按下后，可直接得到键号，另外，可控制处理的键盘按键以及 LED 数码管的数目较多，对键盘/显示器的扫描由 HD7279 的内部电路自动完成。

3.8 扩展存储器

一、填空题

1. 单片机存储器的主要功能是存储_____和_____。

2. 假设外部数据存储器 2000H 单元的内容为 80H，执行下列指令后，累加器 A 中的内容为_____。
```
MOV     P2, #20H
MOV     R0, #00H
MOVX    A, @R0
```

3. 在存储器扩展中，无论是线选法还是译码法，最终都是为扩展芯片的_____端提供控制信号。

4. 起止范围为 0000H～3FFFH 的数据存储器的容量是_____ KB。

5. 在 AT89S51 单片机中，PC 和 DPTR 都用于提供地址，但 PC 是为访问_____存储器提供地址，而 DPTR 是为访问_____存储器提供地址。

6. 11 条地址线可选_____个存储单元，16KB 存储单元需要_____条地址线。

7. 4KB RAM 存储器的首地址若为 0000H，则末地址为_____ H。

8. 若单片机外扩 32KB 数据存储器的首地址为 4000H，则末地址为_____H。

9. 设计一个以 AT89S51 单片机为核心的系统，如果不外扩程序存储器，使其内部 8KB 闪烁程序存储器有效，则其_____引脚应该接_____。

10. 74LS138 是具有 3 个输入的译码器芯片，其输出常作片选信号，可选中_____片芯片中的任一芯片，并且只有 1 路输出为_____电平，其他输出均为_____电平。

答案： 1. 程序，数据 2. 80H 3. 片选 4. 16 5. 程序，数据 6. 2K，14 7. 0FFF 8. BFFF 9. EA*，+5V 10. 8，低，高

二、单选题

1. 区分 AT89S51 单片机片外程序存储器和片外数据存储器最可靠的方法是_____。
   A. 看其是位于地址范围的低端还是高端
   B. 看其离 AT89S51 单片机芯片的远近
   C. 看其芯片的型号是 ROM 还是 RAM
   D. 看其是与 $\overline{RD}$ 信号连接还是与 $\overline{PSEN}$ 信号连接

2. 访问片外数据存储器的寻址方式是_____。
   A. 立即寻址   B. 寄存器寻址   C. 寄存器间接寻址   D. 直接寻址

3. 若要同时扩展 4 片 2KB 的 RAM 和 4 片 4KB 的 ROM，则最少需要_____根地址线。

    A. 12   B. 13   C. 14   D. 15

4. 当 $\overline{EA}=1$ 时，AT89S51 单片机可以扩展的外部程序存储器的最大容量为_____。

    A. 64KB   B. 60KB   C. 58KB   D. 56KB

5. 若某数据存储器芯片地址线为 12 根，那么它的存储容量为_____。

    A. 1KB   B. 4KB   C. 2KB   D. 8KB

答案：1. D 2. C 3. B 4. D 5. B

三、编程题

1. 试编写一个程序（如将 05H 和 06H 拼为 56H），设原始数据放在片外数据区 2001H 单元和 2002H 单元中，按顺序拼装后的单字节数放入 2002H。

2. 编写程序，将外部数据存储器中的 4000H～40FFH 单元全部清零。

答案：

1. 本题主要考查对外部数据块的写操作，编程时只需注意循环次数和 MOVX 指令的使用即可。

```
        ORG     0000H
MAIN:   MOV     A, #0           ; 送预置数给 A
        MOV     R0, #0FFH       ; 设置循环次数
        MOV     DPTR, #4000H    ; 设置数据指针的初值
LOOP:   MOVX    @DPTR, A        ; 当前单元清零
        INC     DPTR            ; 指向下一个单元
        DJNZ    R0, LOOP        ; 是否结束
        END
```

2. 本题主要考查对外部存储器的读、写操作，只要记住正确使用 MOVX 指令即可。编程思路：首先读取 2001H 的值，保存在寄存器 A 中，将寄存器 A 的高 4 位和低 4 位互换，屏蔽掉低 4 位后，将寄存器 A 的值保存到 30H 中，然后读取 2002H 的值，保存在寄存器 A 中，屏蔽掉高 4 位，然后将寄存器 A 的值与 30H 进行或运算，将运算后的结果保存在 2002H 中。

```
        ORG     0000H
MAIN:   MOV     DPTR, #2001H    ; 设置数据指针的初值
        MOVX    A, @DPTR        ; 读取 2001H 的值
        SWAP    A
        ANL     A, #0F0H        ; 屏蔽掉低 4 位
        MOV     30H, A          ; 保存 A
        INC     DPTR            ; 指针指向下一个
        MOVX    A, @DPTR        ; 读取 2002H 的值
        ANL     A, #0FH         ; 屏蔽掉高 4 位
        ORL     A, 30H          ; 进行拼装
        MOVX    @DPTR, A        ; 保存到 2002H
        END
```

四、简答题

1. 在 AT89S51 单片机系统中，外接程序存储器和数据存储器共用 16 位地址线和 8 位数据线，

为何不会发生冲突？

2. 下图（a）所示为 AT89S51 单片机中存储器的地址空间分布图。下图（b）为存储器的地址译码电路，为使地址译码电路按题图（a）所示的要求进行正确寻址，要求画出：

（1）A 组跨接端子的内部正确连线图；

（2）B 组跨接端子的内部正确连线图。

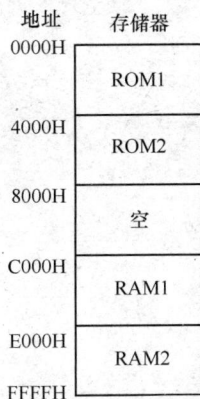 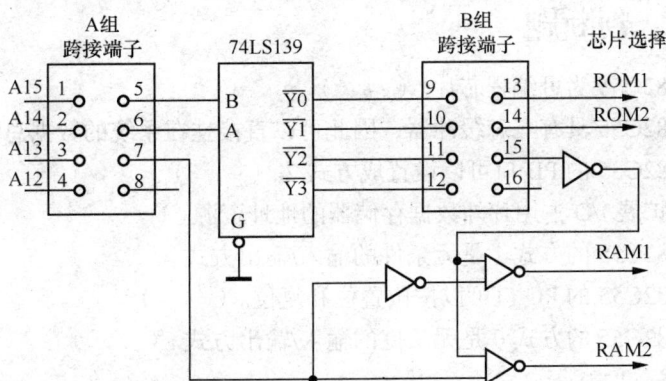

（a）地址空间　　　　　　　　　（b）地址译码电路

答案：

1. 因为控制信号线的不同，外扩的 RAM 芯片既能读出又能写入，所以通常都有读写控制引脚，记为 OE*和 WE*。外扩 RAM 的读、写控制引脚分别与 AT89S51 的 RD*和 WR*引脚相连。

外扩的 EPROM 在正常使用时只能读出，不能写入，故 EPROM 芯片没有写入控制引脚，只有读出引脚，记为 OE*，该引脚与 AT89S51 单片机的 PSEN*引脚相连。

2.（1）A 组跨接端子的内部正确连线图

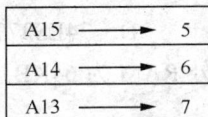

（2）B 组跨接端子的内部正确连线图

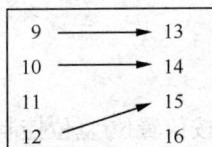

注意：答案不唯一，还有其他连接方法也可满足题目要求。

3.9　扩展 I/O

一、填空题

1. 扩展一片 8255 可以增加_____个并行口，其中_____条口线具有位操作功能。

2. 单片机扩展并行 I/O 口芯片的基本要求是：输出应具有_____功能；输入应具有_____功能。

3. 从同步、异步方式的角度讲，82C55 的基本输入/输出方式属于_____通信，选通输入/输出和双向传送方式属于_____通信。

答案：1. 3，8 2. 数据锁存，三态缓冲 3. 同步，异步

二、判断题

1. 82C55 为可编程芯片。（　　）
2. 82C55 具有三态缓冲器，因此可以直接挂在系统的数据总线上。（　　）
3. 82C55 的 PB 口可以设置成方式 2。（　　）
4. 扩展 I/O 占用片外数据存储器的地址资源。（　　）
5. 82C55 的方式 1 是无条件的输入/输出方式。（　　）
6. 82C55 的 PC 口可以按位置位和复位。（　　）
7. 82C55 的方式 0 是无条件的输入/输出方式。（　　）

答案：1. √ 2. × 3. × 4. √ 5. × 6. √ 7. √

三、单选题

1. AT89S51 的并行 I/O 口信息有两种读取方法：一种是读引脚，还有一种是_____。
   A. 读 CPU　　　B. 读数据库　　　C. 读 A 累加器　　　D. 读锁存器
2. 利用单片机的串行口扩展并行 I/O 接口是使用串行口的_____。
   A. 方式 3　　　B. 方式 2　　　C. 方式 1　　　D. 方式 0
3. 单片机使用74LSTTL电路扩展并行I/O接口，输入/输出用的74LSTTL芯片为_____。
   A. 74LS244/74LS273　　　　B. 74LS273/74LS244
   C. 74LS273/74LS373　　　　D. 74LS373/74LS273
4. AT89S51 单片机最多可扩展的片外 RAM 为 64KB，但是当扩展外部 I/O 口后，其外部 RAM 的寻址空间将_____。
   A. 不变　　　B. 变大　　　C. 变小　　　D. 变为 32KB

答案：1. D 2. D 3. A 4. C

四、编程题

1. 编写程序，采用 82C55 的 PC 口按位置位/复位控制字，将 PC7 置 0，PC4 置 1（已知 82C55 各端口的地址为 7FFCH～7FFFH）。

2. AT89S51 单片机扩展了一片 82C55，若把 82C55 的 PB 口用作输入，PB 口的每一位接一个开关，PA 口用作输出，每一位接一个发光二极管，请画出电路原理图，并编写出 PB 口某一位开关接高电平时，PA 口相应位发光二极管被点亮的程序。

答案：

1. 本题主要考查对 82C55 的 C 口的操作。其方式控制字的最高位为 0 时，低 4 位控制装置对 C 口置复位。由题目可知方式控制寄存器的地址为 7FFFH。

```
        ORG    0H
MAIN:   MOV    PTR,#7FFFH      ;控制字寄存器地址 7FFFH 送 DPTR
```

```
         MOV      A,#0EH          ;将 PC7 置 0
         MOVX     @DPTR,A
         MOV      A,#09H          ;将 PC4 置 1
         MOVX     @DPTR,A
         END
```

2. PA 口每一位接二极管的正极，二极管的负极接地。PB 口每一位接一个开关和一个上拉电阻，开关另一端直接接地。这样只需要将读到的 PB 口的值送给 PA 口，即可满足题目要求。

```
         ORG      0100H
MIAN:    MOV      A,#10000010B    ;设置 PA 口方式 0 输出，PB 口方式 0 输入
         MOV      DPTR,#0FF7FH    ;控制口地址送 DPTR
         MOVX     @DPTR,A         ;送方式控制字
         MOV      DPTR,#0FF7DH    ;PB 口地址送 DPTR
         MOVX     A,@DPTR         ;读入开关信息
         MOV      DPTR,#0FF7CH    ;PA 口地址送 DPTR
         MOVX     @DPTR,A         ;PA 口的内容送 PB 口点亮相应的二极管
         END
```

五、简答题

1. I/O 接口和 I/O 端口有什么区别？I/O 接口的功能是什么？

2. I/O 数据传送有哪几种传送方式？分别在哪些场合下使用？

3. 常用的 I/O 端口编址有哪两种方式？它们各有什么特点？AT89S51 单片机的 I/O 端口编址采用的是哪种方式？

4. 82C55 的"方式控制字"和"PC 口按位置位/复位控制字"都可以写入 82C55 的同一控制寄存器，82C55 是如何区分这两个控制字的？

5. 说明 82C55 的 PA 口在方式 1 的应答联络输入方式下的工作过程。

答案：

1. I/O 端口简称 I/O 口，常指 I/O 接口电路中具有端口地址的寄存器或缓冲器。I/O 接口是指单片机与外设间的 I/O 接口芯片。

I/O 接口功能：（1）实现和不同外设的速度匹配；（2）输出数据缓存；（3）输入数据三态缓冲。

2. 有如下 3 种传送方式。

（1）同步传送方式：当外设速度可与单片机速度相比拟时，常常采用同步传送方式。

（2）查询传送方式：查询传送方式又称为有条件传送，也称异步传送。单片机通过查询得知外设准备好后，再进行数据传送。异步传送的优点是通用性好，硬件连线和查询程序十分简单，但是效率不高。

（3）中断传送方式：中断传送方式利用单片机本身的中断功能和 I/O 接口的中断功能来实现 I/O 数据的传送。单片机只有在外设准备好后，发出数据传送请求，才中断主程序，而进入与外设进行数据传送的中断服务程序，进行数据传送。中断服务完成后又返回主程序继续执行。因此，中断方式可大大提高工作效率。

3. 两种方式。（1）独立编址：就是 I/O 地址空间和存储器地址空间分开编址。优点是 I/O 地址空间和存储器地址空间相互独立，界限分明。但需要设置一套专门的读写 I/O 的指令和控制信号。（2）统一编址：是把 I/O 端口的寄存器与数据存储器单元同等对待，统一进行编址。优点是

不需要专门的 I/O 指令，直接使用访问数据存储器的指令进行 I/O 操作。AT89S51 单片机使用的是 I/O 和外部数据存储器 RAM 统一编址的方式。

4. 82C55 通过写入控制字寄存器的控制字的最高位来判断，最高位为 1 时，为方式控制字，最高位为 0 时，为 C 口按位置位/复位控制字。

5. 当外设输入一个数据并送到 PA7～PA0 上时，输入设备自动在选通输入线 $\overline{STB_A}$ 向 82C55 发送一个低电平选通信号，把 PA7～PA0 上输入的数据存入 PA 口的输入数据缓冲/锁存器；然后使输入缓冲器输出线 IBF$_A$ 变成高电平，以通知输入设备，82C55 的 PA 口已收到它送来的输入数据。82C55 检测到联络线 $\overline{STB_A}$ 由低电平变成了高电平、IBF$_A$ 为 1 状态和中断允许触发器 INTE$_A$ 为 1 时，使输出线 INTR$_A$（PC3）变成高电平，向 AT89S51 发出中断请求。INTE$_A$ 的状态可由用户通过对 PC4 的置位/复位来控制。AT89S51 响应中断后，可以通过中断服务程序从 PA 口的输入数据缓冲/锁存器读取外设发来的输入数据。当输入数据被 CPU 读走后，82C55 撤销 INTR$_A$ 上的中断请求，并使 IBF$_A$ 变为低电平，以通知输入外设可以送下一个输入数据。

第4章
试题与解答

试题 1

一、填空题

1. 8051 系列单片机为＿＿＿＿位单片机。

2. MCS-51 系列单片机的典型芯片分别为＿＿＿＿、＿＿＿＿、＿＿＿＿。

3. 8051 的异步通信口为＿＿＿＿＿＿＿（单工/半双工/全双工）。

4. 8051 有＿＿＿＿＿＿级中断，＿＿＿＿＿＿个中断源。

5. 8051 内部数据存储器的地址范围是＿＿＿＿＿＿，位地址空间的字节地址范围是＿＿＿＿＿＿，对应的位地址范围是＿＿＿＿＿＿＿，外部数据存储器最大可扩展容量是＿＿＿＿＿＿。

6. 8051 系列单片机指令系统的寻址方式有＿＿＿＿＿＿＿、＿＿＿＿＿＿＿、＿＿＿＿＿＿＿、＿＿＿＿＿＿＿、＿＿＿＿＿＿。

7. 如果（A）=34H，（R7）=0ABH，执行 XCH A, R7；结果（A）=＿＿＿＿＿＿，（R7）=＿＿＿＿＿＿。

8. 8255 可以扩展＿＿＿＿＿个并行口，其中＿＿＿＿＿＿＿条口线具有位操作功能。

9. 当单片机复位时，PSW＝＿＿＿＿H，这时当前的工作寄存器区是＿＿＿＿＿＿区，R4 对应的存储单元地址为＿＿＿＿＿＿H。

10. 若 A 中的内容为 67H，那么 P 标志位为＿＿＿＿＿＿。

11. 74LS138 是具有 3 个输入的译码器芯片，其输出作为片选信号时，最多可以选中＿＿＿片芯片。

答案：1. 8　2. 8031，8051，8751　3. 全双工　4. 2，5　5. 00H～7FH，20H～2FH，00H～7FH，64KB　6. 寄存器寻址，直接寻址，寄存器间接寻址，立即寻址，基址寄存器加变址寄存器寻址（填写其中的 5 种即可）　7. 0ABH，34H　8. 3，8　9. 00，0，04　10. 1　11. 8

二、判断题

1. MOV　　28H, @R4;　　　　（　　）
2. INC　　DPTR;　　　　　　（　　）
3. DEC　　DPTR ;　　　　　 （　　）
4. CLR　　R0;　　　　　　　（　　）
5. MOV　　T0, #3CF0H;　　　（　　）

答案：1. × 2. √ 3. × 4. × 5. ×

三、简答题

1. 如果(DPTR)=507BH，(SP)=32H，(30H)=50H，(31H)=5FH，(32H)=3CH，则执行下列指令后

```
POP    DPH;
POP    DPL;
POP    SP;
```

（DPH）=_____；（DPL）=_____；（SP）=_____。

答案：3CH，5FH，50H。

2. 采用 6MHz 的晶振，定时 1ms，用定时器方式 0 时的初值应为多少？（请给出计算过程）

答案：

∵采用 6MHz 晶振

∴机器周期为 2μs

$$（2^{13}-x）\times 2\times 10^{-6}=1\times 10^{-3}$$

∴x=7692（D）=1E0CH=1 1110 0000 1100（B）

化成方式 0 要求格式为 1111 0000 1100 B

即 0F00CH

综上可知：TLX=0CH，THX=0F0H

3. 分析下列程序的功能。

```
PUSH   ACC
PUSH   B
POP    ACC
POP    B
```

答案：该程序的功能是通过累加器 ACC 与寄存器 B 交换数据。

四、下图为 8 段共阴数码管，请写出数值 0~F 的段码。

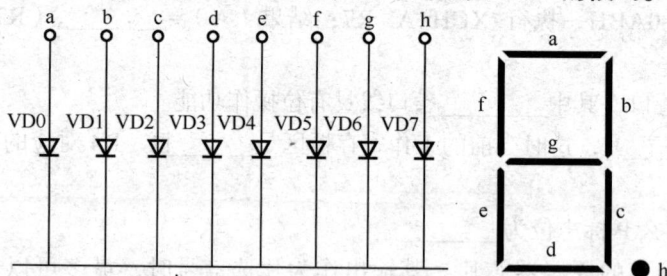

答案：

0—3FH	1—06H	2—5BH	3—4FH	4—66H	5—6DH	6—7DH
7—07H	8—7FH	9—6FH	A—77H	b—7CH	C—39H	d—5EH
E—79H	F—71H					

五、简述 8051 系列单片机主从结构多机通信原理，设有一台主机与三台从机通信，其中一台从机通信地址号为 01H，请叙述主机呼叫从机并向其传送一字节数据的过程。（请给出原理图）

答案：

原理图如图所示，假设主机呼叫 01H 从机，首先呼叫：主机发送地址帧：0000 00011（TB8）此时各从机的 SM2 位置 1，且收到的 RB8=1，故激活 RI。

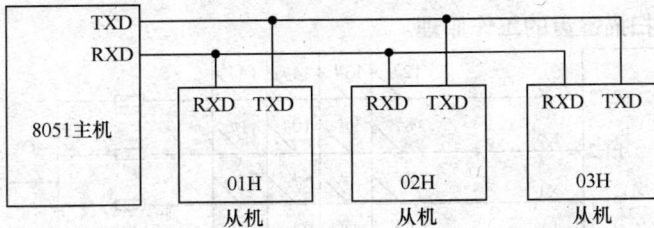

各从机将接收到的地址与本机地址比较，结果 1#机被选中，则其 SM2 清零；0#、2#机不变。接着传数；主机发送数据帧×××××××0（TB8），此时 1#机 SM2=0，RB8=0，激活 RI，而 0#、2#机 SM2=1，RB8=0，不激活 RI，然后数据进入缓冲区。

六、简述一种多外部中断源系统的设计方法。（给出图和程序）

答案：

原理电路如图所示。

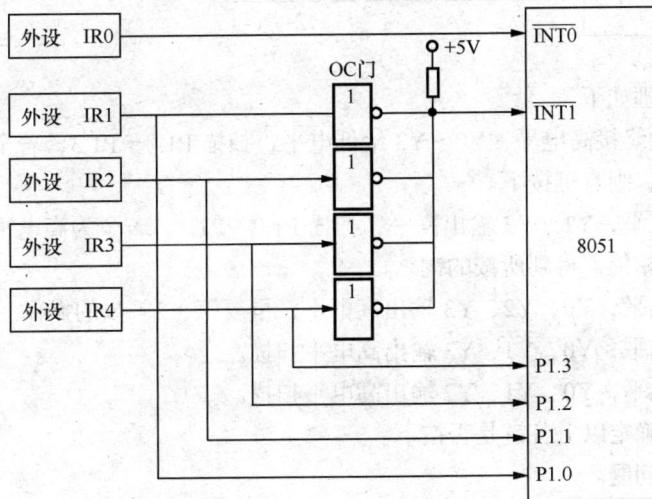

程序如下。

```
INT:     PUSH    PSW
         PUSH    A
         JNB     P1.0, IR0        ;扫描中断请求
         JNB     P1.1, IR1
         JNB     P1.2, IR2
         JNB     P1.3, IR3
INTIR:   POP     A                ;返回
         POP     PSW
IR0:     中断服务子程序            ;中断服务
         AJMP    INTIR
IR1:     中断服务子程序
         AJMP    INTIR
IR2:     中断服务子程序
         AJMP    INTIR
IR3:     中断服务子程序
         AJMP    INTIP
```

七、简述行列式扫描键盘的工作原理。

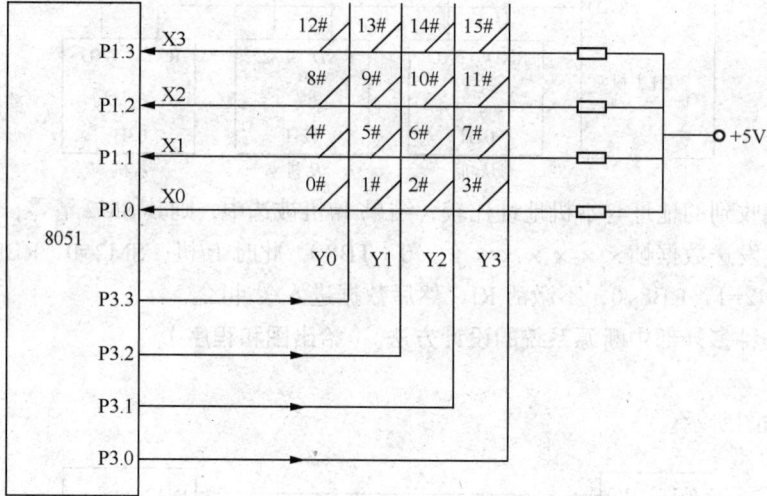

答案：

扫描键盘工作原理如下。

（1）X0～X3，始终接高电平，Y0～Y3给低电平，扫描P1.0～P1.3，若全为高电平，则没有键按下，若有低电平，则有键按下。

（2）Y0输出低电平，Y1～Y3输出高平，扫描P1.0～P1.3，若全为高电平，则没有键按下，若有低电平，则找出相位，得到所按的键。

（3）Y1输出低电平，Y0、Y2、Y3输出高电平，重复第（2）步的操作。

（4）Y2输出低电平，Y0、Y1、Y3输出高电平扫描。

（5）Y3输出低电平，Y0、Y1、Y2输出高电平扫描。

根据以上扫描，确定以上各键是否按下。

八、请回答以下问题。

1. 下图中外部扩展的数据存储器容量是多少？

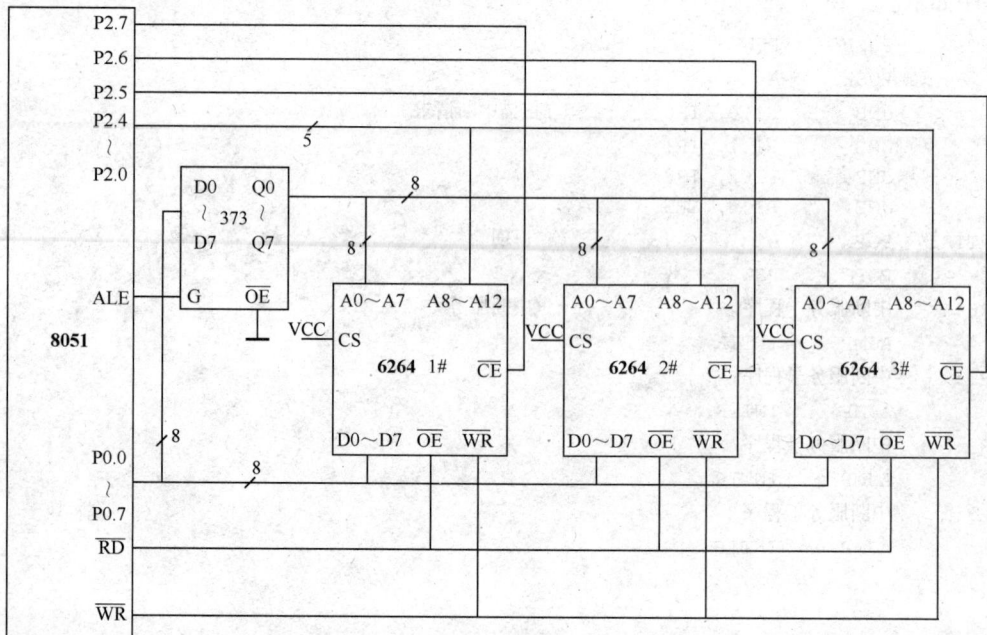

2. 三片 6264 的地址范围分别是多少？（地址线未用到的位填 1）

3. 若外部程序存储器已扩展（未画出），请编写程序，要求如下。

（1）将 30H～3FH 中的内容送入 6264 1# 的前 16 个单元中。

（2）将 6264 2# 的前 32 个单元的内容送入 40H～5FH 中。

答案：

1. 外部扩展的数据存储器为 3 片 8KB 的 RAM，外扩容量为 24KB。

2.   A15   A14   A13   地址范围

       0   1   1   6000H～7FFFH

       1   0   1   A000H～BFFFH

       1   1   0   C000H～DFFFH

3.

（1）程序如下。

```
        ORG     0000H
RESET:  AJMP    MAIN            ; 复位, 转主程序
        ORG     0100H
MAIN:   MOV     DPL,#00H        ; 初始化 DPTR
        MOV     DPH,#60H
        MOV     R0,#30H.        ; 初始化 R0
LOOP:   MOV     A, @R0
        MOVX    @DPTR, A
        INC     R0
        INC     DPTR
        CJNE    R0,#40H,LOOP
        NOP
        RET
```

（2）程序如下。

```
        ORG     0000H
RESET:  AJMP    MAIN            ; 转主程序
        ORG     0100H
MAIN:   MOV     DPL#00H         ; 初始化 DPTR
        MOV     DPH,#0A0H
        MOV     R0,#40H         ; 初始化 R0
LOOP2:  MOVX    A,@DPTR
        MOV     @R0,A
        INC     DPTR
        INC     R0
        CJNE    R0,#60H,LOOP2
        NOP
        RET
```

试题 2

一、填空题

1. 8051 单片机是＿＿＿＿＿＿位的单片机。

2. 8051 单片机有＿＿＿＿＿＿个中断源，＿＿＿＿＿＿级优先级中断。

3. 串行口方式 3 发送的第 9 位数据要事先写入_____寄存器的_____位。

4. 串行口的方式 0 的波特率为_____。

5. 8051 内部数据存储器的地址范围是_____，位地址空间的字节地址范围是_____，对应的位地址范围是_____，外部数据存储器的最大可扩展容量是_____。

6. 在内部 RAM 的可位寻址区中，位地址为 40H 的位，该位所在字节的字节地址为_____。

7. 如果(A)=58H，(R1)= 49H，(49H)=79H，执行指令 XCH A,@R1 后；结果(A)=_____，(49H)=_____。

8. 利用 8155H 可以扩展_____个并行口，_____个 RAM 单元。

9. 当单片机复位时，PSW =_____H，SP=_____，P0 口～P3 口均为_____电平。

10. 若 A 中的内容为 88H，那么 P 标志位为_____。

11. 当 8051 执行 MOVC A,@A+DPTR 指令时，伴随着_____控制信号有效。

12. 8051 访问片外存储器时，利用_____信号锁存来自_____发出的低 8 位地址信号。

13. 已知 f_{osc}=12MHz，T0 作为定时器使用时，其定时时间间隔为_____。

14. 若 8051 外扩 8KB 程序存储器的首地址为 1000H，则末地址为_____H。

答案：1. 8 2. 5，2 3. SCON，TB8 4. f_{osc}/12 5. 00～7FH，20～2FH，00～7FH，64KB 6. 28H 7. 79H，58H 8. 3，256 9. 00，07H，置 1 10. 0 11. PSEN* 12. ALE，P0 口 13. 1μs 14. 2FFF

二、判断题

1. 8051 单片机可执行指令：MOV 35H，@R3。（ ）

2. 8031 与 8751 的区别在于内部是否有程序存储器。（ ）

3. 当向堆栈压入一字节的数据后，SP 中的内容减 1。（ ）

4. 程序计数器 PC 中装的内容是当前正在执行指令的地址。（ ）

5. 某特殊功能寄存器的字节地址为 80H，它既能字节寻址，也能位寻址。（ ）

6. 8051 单片机中的 PC 是不可寻址的。（ ）

7. 当 8051 执行 MOVX @DPTR, A 指令时，伴随着 $\overline{WR}$ 信号有效。（ ）

8. 8051 的定时器/计数器对外部脉冲进行计数时，要求输入的计数脉冲的高电平或低电平的持续时间不小于 1 个机器周期。（ ）

9. 区分外部程序存储器和数据存储器最可靠的方法是看其是被 $\overline{WR}$ 还是被 $\overline{PSEN}$ 信号连接。（ ）

10. 各中断源发出的中断请求信号，都会标记在 8051 的 TCON 寄存器中。（ ）

答案：1. × 2. √ 3. × 4. × 5. √ 6. √ 7. × 8. × 9. √ 10. ×

三、简答题

1. 如果(DPTR)=5678H，(SP)=42H，(3FH)=12H，(40H)=34H，(41H)=50H，(42H)=80H，则执行下列指令后

```
POP     DPH
POP     DPL
RET
```

(PCH) =_____；（PCL）=_____；（DPH）=_____；（DPL）=_____。

答案：34H，12H，80H，50H。

2. 8051 采用 6MHz 的晶振，定时 2ms，用定时器方式 1 时的初值（16 进制数）应为多少？

（写出计算过程）

答案：机器周期为 2μs，又因为方式 1 为十六进制定时器，故

$$(2^{16}-x) \times 2 \times 10^{-6} = 2 \times 10^{-3} \quad => 2^{16}-x=1000$$

$$=> x=65536-1000=64\,536 \quad 即初值=FC18H$$

3. 8051 外扩的程序存储器和数据存储器可以有相同的地址空间，但不会发生数据冲突，为什么？

答案：不发生数据冲突的原因是：8051 中访问程序存储器和数据存储器的指令不一样，选通信号也就不一样，前者为 PSEN*，后者为 WR* 与 RD*。

程序存储器访问指令为：MOVC A,@DPTR； MOVC A,@A+PC。

数据存储器访问指令为：MOVX A,@RI；   MOVX @DPTR,A。

4. 说明 8051 的外部引脚 EA* 的作用。

答案：当 EA* 为高电平时，8051 访问内部程序存储器，但当地址大于 0FFF 时，自动转到外部程序存储器；当 EA* 为低电平时，8051 只读取外部程序存储器。

5. 写出 8051 的所有中断源，并说明哪些中断源在响应中断时，由硬件自动清除，哪些中断源必须用软件清除，为什么？

答案：外部中断 INTO*，定时器/计数器中断 T0，外部中断 INT1*，定时器/计数器中断 T1，串行口中断。其中串行口中断 TI 与 RI 必须用软件清零，因为串口中断的输出中断为 TI，输入中断为 RI，故用软件清零。

四、下图为某 8051 应用系统的 3 位 LED 8 段共阳极静态显示器的接口电路。

1. 该静态显示器电路与动态扫描的显示器电路相比有哪些优缺点？

2. 写出显示字符 3、8、5 的段码，注意：段码的最低位为 a 段，段码的最高位为 dp 段。

3. 已知 8255A 的 PA 口、PB 口和 PC 口的地址分别为 FF7CH、FF7DH、FF7EH，且 8255A 的这 3 个端口均已被编写完毕的初始化程序初始化为方式 0 输出，请编写出使 3 位 LED 共阳极显示器从左至右显示"3.85"的程序段。

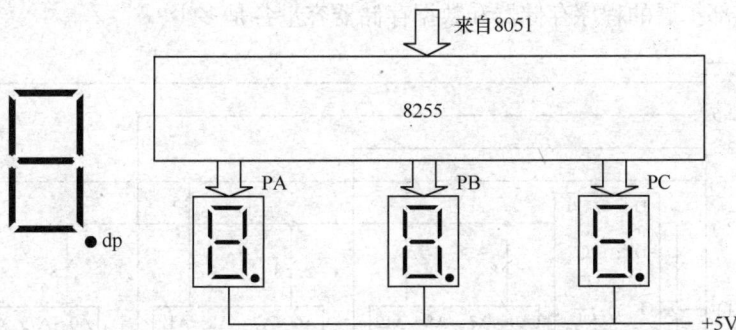

答案：

1. 优点是：亮度高，字符不闪烁，占用 CPU 资源少。

   缺点是：占用的 I/O 口太多，当需要的 LED 数目较多时，需要外扩展的 I/O 口。

2. 3.：→30H

   8：→80H

   5：→92H

3. 程序如下。

```
MOV     DPTR,#0FF7CH
MOV     A,#30H
MOVX    @DPTR,A
MOV     DPTR,#0FF7DH
MOV     A ,#80H
MOVX    @DPTR,A
MVOX    @DPTR,#0FF7EH
MOV     A,#92H
MOVX    @DPTR,A
RET
```

五、画出 8051 系列单片机利用串行口进行 1 台主机与 4 台从机多机串行通信的连线图，其中 1 台从机的通信地址号为 02H，请叙述主机向 02H 从机发送一字节数据的过程。

答案：

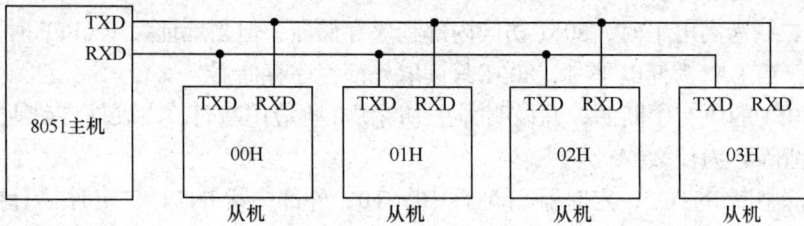

主机发送数据过程如下。

（1）将从机 00～03H 的 REN 置 1，SM2=1，并使它们工作在串行口工作方式 2 或工作方式 3。

（2）由主机向 4 个从机发出一帧地址信息 02H，第 9 位为 1。从机接到信息后均发生中断，执行中断服务程序，将 02H 与自身地址比较。若相同，则清 SM2=0，若不同，则 SM2 仍为 1。

（3）主机发送一帧数据信息，第 9 位为 0，从机接到信息后，只有 SM2=0 的从机发生中断，收取数据信息，其余 SM2=1 的从机不发生中断，信息丢失，从而实现主机向 02H 从机发送一字节数据的功能。

六、请回答以下问题。

1. 下图中外部扩展的程序存储器和数据存储器容量各是多少？

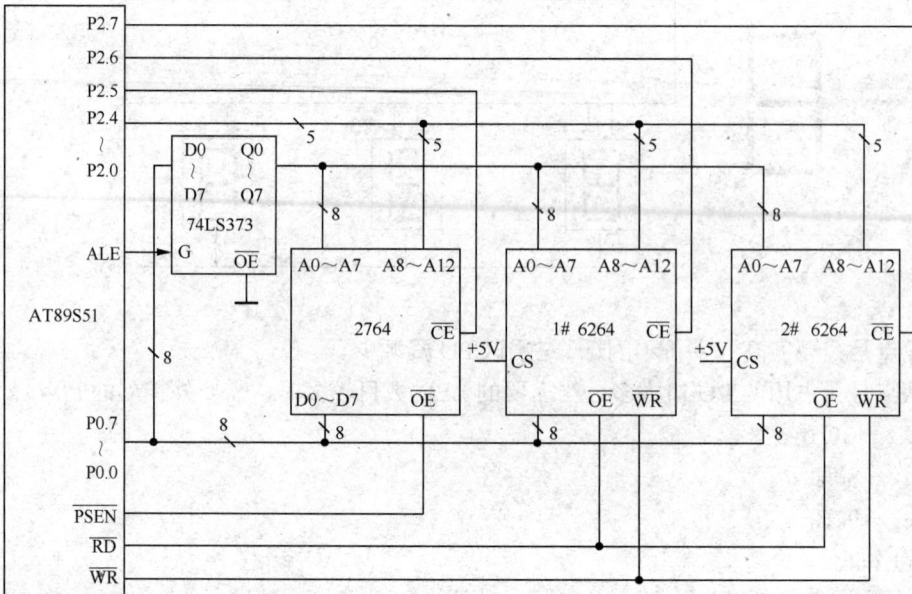

2. 两片存储器芯片的地址范围分别是多少？（地址线未用到的位填 1）

3. 请编写程序，要求如下。

（1）将内部 RAM 30H～3FH 中的内容送入 1#6264 的前 16 个单元中。

（2）将 2#6264 的前 4 个单元的内容送入 40H～43H 中。

答案：

1. 外扩程序存储器的容量是 8KB，外扩数据存储器的容量是 16KB。

2. 2764 范围为 C000H～DFFFH。

　　1#6264 范围为 A000H～BFFFH。

　　2#6264 范围为 6000H～7FFFH。

3. 程序如下。

```
（1）    MOV    R1,#10H
        MOV    DPTR,@0A000H
        MOV    R0,#30H
LOOP:   MOV    A,@R0
        MOVX   @DPTR,A
        INC    DPTR
        INC    R0
        DJNZ   R1,LOOP
        RET
（2）    MOV    R1,#04H
        MOV    DPTR,#6000H
        MOV    R0,#40H
LOOP:   MOVX   A,@DPTR
        MOV    @R0,A
        INC    DPTR
        INC    R0
        DJNZ   R1,LOOP
        RET
```

试题 3

一、填空题

1. 单片机也可称为_____或_____。

2. 串行口方式 2 接收到的第 9 位数据送_____寄存器的_____位中保存。

3. 8031 内部数据存储器的地址范围是 _____，位地址空间的字节地址范围是_____，对应的位地址范围是 _____，外部数据存储器的最大可扩展容量是_____。

4. 内部 RAM 中，位地址为 50H 的位所在字节的字节地址为_____。

5. 如果（A）=65H,（50H）= 50H,（R1）= 50H，执行指令 XCHD　A,@R1，结果为：（A）=_____H,（50H）=_____H。

6. 当 8051 执行 MOVC　A,@A+PC 指令时，伴随着_____控制信号有效。

7. 8051 访问片外存储器时，利用_____信号锁存来自 _____发出的低 8 位地址信号。

8. 定时器/计数器 T0 作为计数器使用时，其计数频率不能超过晶振频率 f_{osc} 的_____。

9. 8051 系列单片机为_____位单片机。

10. 8051 单片机有_____级优先级中断。

11. MCS-51 系列单片机的典型芯片分别为_____、_____、_____。

12. 当单片机复位时，PSW = _____H，这时当前的工作寄存器区是_____区，R6 对应的存储单元地址为_____H。

13. 8051 系列单片机指令系统的寻址方式有_____、_____、_____、_____、_____。

14. 74LS138 是具有 3 个输入的译码器芯片，其输出作为片选信号时，最多可以选中_____片芯片。

15. 利用 8255A 可以扩展_____个并行口，其中_____条口线具有位操作功能。

16. 若 8051 外扩 32KB 数据存储器的首地址为 0000H，则末地址为_____H。

17. 由 8031 组成的单片机系统在工作时，$\overline{EA}$ 引脚应该接_____。

18. 8051 唯一的一条 16 位数据传送指令为_____。

答案：1. 嵌入式控制器，微控制器　2. SCON，RB8　3. 00H～7FH，20H～2FH，00H～7FH，64KB　4. 2AH　5. 60，55　6. PSEN*　7. ALE，P0 口　8. 1/24　9. 8　10. 2　11. 8031，8051，8751　12. 00，0，06　13. 直接寻址，立即寻址，寄存器寻址，寄存器间接寻址，位寻址，基址加变址　14. 8　15. 3，8　16. 7FFF　17. 地　18. MOV　DPTR,#data16

二、判断题

1. 8051 单片机可执行指令：MOV　28H,@R2。（　　　）

2. 判断指令的正误：MOV　T0,#3CF0H。（　　　）

3. 8051 单片机中 PC 的值是当前正在执行指令的下一条指令的地址。（　　　）

4. 当 8051 执行 MOVX　A,@R1 指令时，伴随着 $\overline{WR}$ 信号有效。（　　　）

5. 指令中直接给出的操作数的寻址方式称为直接寻址。（　　　）

6. 8051 单片机程序存储器的寻址范围是由程序计数器 PC 的位数决定的。（　　　）

7. 内部 RAM 的位寻址区，既能位寻址，又可字节寻址。（　　　）

8. 特殊功能寄存器 SP 内装的是栈顶首地址单元的内容。（　　　）

9. 特殊功能寄存器 SCON 与定时器/计数器的控制无关。（　　　）

10. 逐次比较型 A/D 转换器与双积分 A/D 转换器比较，逐次比较型的转换速度比较慢。（　　　）

答案：1.×　2.×　3.√　4.×　5.×　6.√　7.√　8.√　9.√　10.×

三、简答题

1. 如果（DPTR）=447BH，（SP）=42H，（40H）=80H，（41H）=70H，（42H）=60H，则执行下列指令后

```
POP     DPH
POP     DPL
POP     A
```

（DPH）=_____；（DPL）=_____；（A）=_____（SP）=_____；

答案：（DPH）=＿60H＿；（DPL）=＿70H＿；（A）=＿80H＿；（SP）=＿3FH＿；

2. 8051 采用 12MHz 的晶振，定时 1ms，用定时器方式 1 时的初值（十六进制数）应为多少？（写出计算过程）

答案：

（1）Ts=1us，（$2^{16}-x$）×1μs=1ms，从而 x=64536

（2）64536=FC18H

3. 中断服务子程序返回指令 RETI 和普通子程序返回指令 RET 有什么区别？

答案：两条指令的共同点都是把压入堆栈的断点弹出到 PC 中，不同点是 RETI 是把进入中断时置 1 的中断优先级触发器（不可寻址）再次清零，而 RET 指令就没有这个操作。

4. 简述一种多外部中断源系统的设计方法。（给出原理图）

答案：原理电路如图所示。

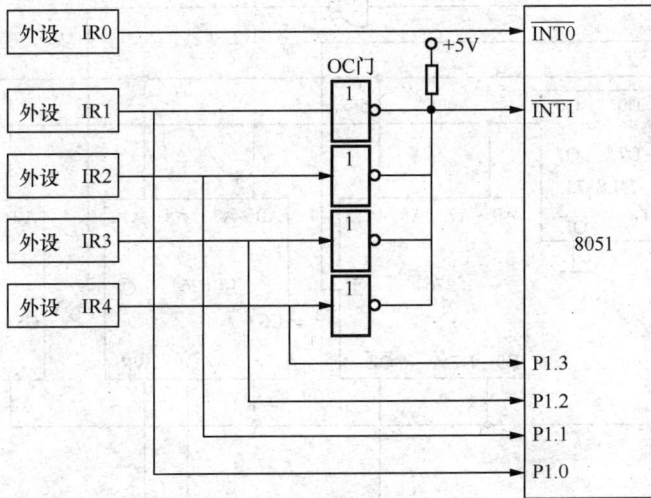

四、图为 8 段共阴数码管，请写出如下数值的段码。

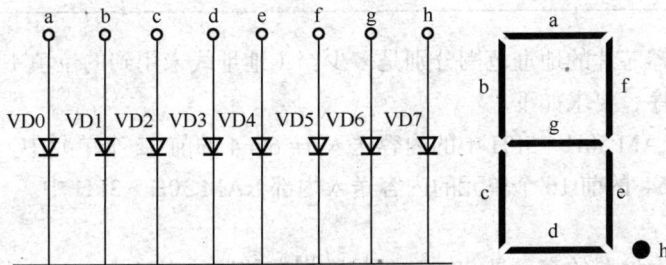

0_____ , 1_____ , 5_____ , E_____

答案：

0__3FH___ , 1__06H___ , 5__6DH___ , E__79H___

五、画出 8051 单片机利用串行口实现 1 台主机与 3 台从机进行多机串行通信的连线图，其中 1 台从机的地址号为 01H，请叙述主机向 01H 从机发送一字节数据的过程。

答案：原理图如图所示，假设主机呼叫 01H 从机，首先呼叫：主机发送地址帧 0000 00011（TB8），此时各从机的 SM2 位置 1，且收到的 RB8=1，故激活 RI。

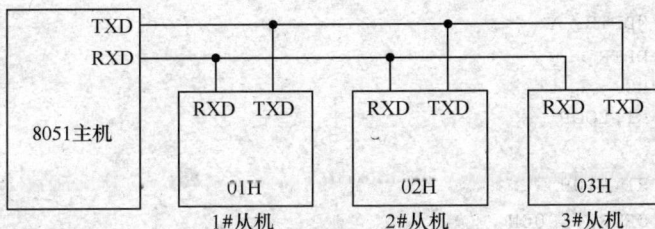

各从机将接收到的地址与本机地址比较，结果 1#机被选中，其 SM2 清零；0#机、2#机不变。接着传数；主机发送数据帧 ×××××××0（TB8），此时 1#机的 SM2=0，RB8=0，激活 RI，而 0#机、2#机的 SM2=1，RB8=0，不激活 RI，然后数据进入缓冲区。

六、请回答以下问题。

1. 下图中外部扩展的程序存储器和数据存储器容量各是多少？

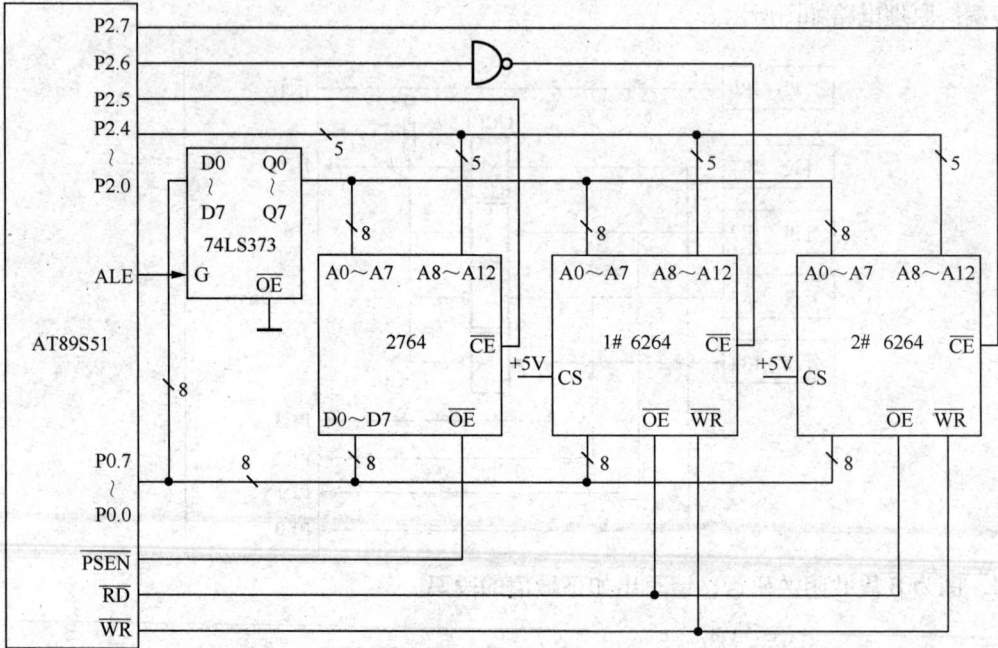

2. 三片存储器芯片的地址范围分别是多少？（地址线未用到的位填 1）

3. 请编写程序，要求如下。

（1）将内部 RAM 50H～5FH 中的内容送入 1# 6264 的前 32 个单元中。

（2）将 2# 6264 的前 16 个单元的内容送入内部 RAM 30H～3FH 中。

答案：

1. 外扩程序存储器的容量是 8KB，外扩数据存储器的容量是 16KB。

2. 2764 范围为 C000H～DFFFH。

    1#6264 范围为 E000H～FFFFH。

    2#6264 范围为 6000H～7FFFH。

3. 程序如下。

（1）
```
        MOV     R1,#20H
        MOV     DPTR,#0E000H
        MOV     R0,#50H
LOOP:   MOV     A,@R0
        MOVX    @DPTR,A
        INC     DPTR
        INC     R0
        DJNZ    R1,LOOP
        RET
```

（2）
```
        MOV     R1,#10H
        MOV     DPTR,#6000H
```

```
        MOV     R0,#40H
LOOP:   MOVX    A,@DPTR
        MOV     @R0,A
        INC     DPTR
        INC     R0
        DJNZ    R1,LOOP
        RET
```

试题 4

一、填空题

1. AT89S51 单片机芯片共有_____个引脚，8051 系列单片机为_____位单片机。

2. AT89S51 的异步通信口为_____（单工/半双工/全双工）。

3. AT89S51 内部数据存储器的地址范围是_____，位地址空间的字节地址范围是_____，对应的位地址范围是_____，外部数据存储器的最大可扩展容量是_____。

4. 单片机也可称为_____或_____。

5. 当 AT89S51 执行 MOVC　A,@A+PC 指令时，伴随着_____控制信号有效。

6. 当单片机复位时 PSW=____H，这时当前的工作寄存器区是_____区，R4 对应的存储单元地址为____H。

7. 8051 系列单片机指令系统的寻址方式有_____ 、_____ 、_____ 、_____、_____、_____。

8. 8051 系列单片机的典型芯片分别为_____、_____、_____。

9. 8051 的 _____口为双功能口。

10. 由 AT89S51 组成的单片机系统在工作时，_____引脚应该接_____。

11. AT89S51 外部程序存储器的最大可扩展容量是_____，其地址范围是_____。ROM 芯片 2764 的容量是_____，若其首地址为 0000H，则其末地址为_____。

12. AT89S51 的中断源有_____、_____、_____、_____、_____，有____个中断优先级。

13. AT89S51 唯一的一条 16 位数据传送指令为_____。

14. LJMP 的跳转范围是_____，AJMP 的跳转范围是_____，SJMP 的跳转范围是_____。

15. 若 A 中的内容为 68H，那么 P 标志位为_____。

答案：1. 40，8　2. 全双工　3. 00H～7FH，20H～2FH，00H～7FH，64KB　4. 微控制器，嵌入式控制器　5. PSEN*　6. 00，0，04　7. 寄存器寻址，直接寻址，寄存器间接寻址，立即寻址，基址加变址，位寻址（相对寻址也可以）　8. 8031，8051，8751　9. P3　10. EA*，地 11. 64KB，0000H～FFFFH，8KB，1FFFH　12. 外中断 0，T0，外中断 1，T1，串行口，2　13. MOV DPTR,#data16　14. 64KB，2KB，±128B（或 256B）　15. 1

二、简答题

1. 采用 6MHz 的晶振，定时 2ms，用定时器方式 1 时的初值应为多少？（请给出计算过程）

答案：

（1）Ts=2μs，$(2^{16}-x) \times 2μs=2ms$，从而 $x=64536$

（2）64536=FC18H

2. AT89S51 外扩的程序存储器和数据存储器可以有相同的地址空间，但不会发生数据冲突，为什么？

答案：因为访问外扩的程序存储器和数据存储器执行的指令不同，所发出的控制信号也就不同。

读外部数据存储器时，RD*信号有效。写外部数据存储器时，WR*信号有效。而读外部程序存储器时，PSEN*信号有效。由于发出的控制信号不同，且只能有一种信号有效，因此，即使AT89S51 外扩的程序存储器和数据存储器有相同的地址空间，也不会发生数据冲突。

3. 说明 AT89S51 的外部引脚 EA*的作用。

答案：

EA*是内外程序存储器选择控制信号。

当 EA* = 0 时，只选择外部程序存储器。

当 EA* = 1，PC 指针≤0FFFH 时，只访问片内程序存储器；当 PC 指针 > 0FFFH 时，访问外部程序存储器。

三、编写程序，将外部数据存储器中的 5000H～50FFH 单元全部清零。

答案：

```
        ORG  ****H
        MOV  DPTR,#5000H
        MOV  R0,#00H
        CLR  A
LOOP :  MOVX @DPTR,A
        INC  DPTR
        DJNZ R0,LOOP
HERE:   SJMP HERE (RET ,SJMP $ 等)
```

四、简述 8051 系列单片机主从结构多机通信原理，设有一台主机与 4 台从机通信，其中一台从机的通信地址号为 01H，请叙述主机呼叫从机并向其传送一字节数据的过程。（请给出原理图）

答案：

（1）原理图如下。

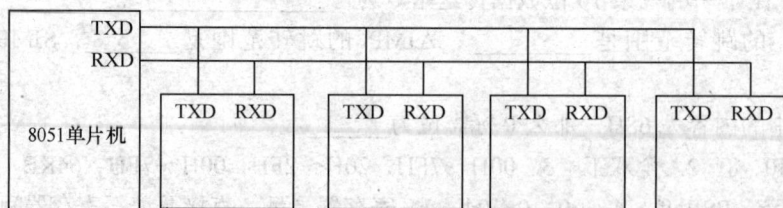

（2）将所有从机的 REN、SM2 置 1，工作在方式 2 或方式 3。

（3）主机发送一个地址帧 01H，第 9 位为 1，即 TB8=1。

（4）各从机接收到后，都发生中断，进入中断服务程序，比较自己的地址与 01H 是否相同，若相同，则将本机 SM2 置 0，否则仍为 1。

（5）主机发送数据帧，TB8=0，各从机接收该数据帧，从机中 SM2=0 的产生中断，而其他 SM2=1 的从机不产生中断，将信息丢弃，从而实现主机与从机传递数据。

五、根据下图，简述行列式扫描键盘的工作原理。

答案：

（1）判断有无键按下：将列线全部置 0，读行线状态，若 P1.0～P1.3 全为 1，则表明无键按下；若出现低电平，即 0，则有键按下，记录下行号 i。

（2）如有键按下，判断具体键号。方法如下：某列为低，其他为高，再读行线状态，如出现哪一行为低，记录此时的列号 j，则证明第 i 行第 j 列的按键被按下，至此完成键盘的行列式扫描。

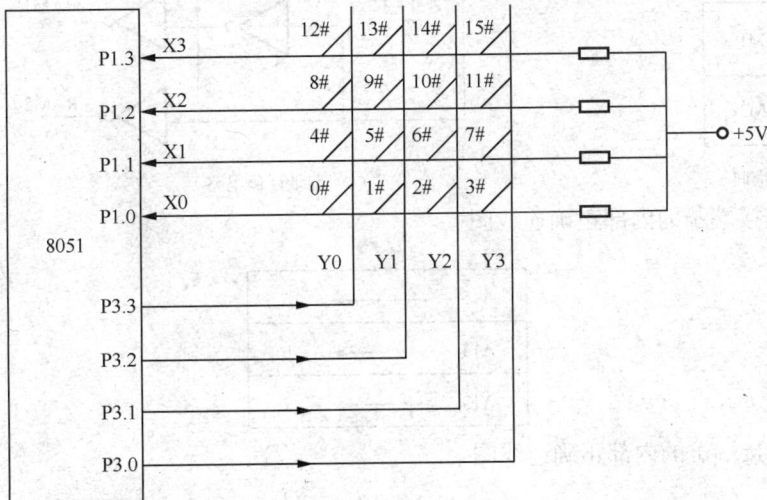

六、下图为 8 段共阴数码管，请写出如下数值的段码。

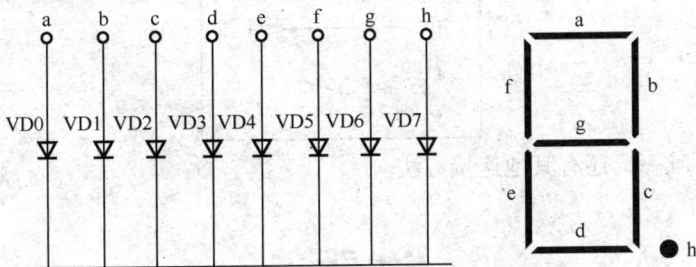

0 _____	1 _____	2 _____
3 _____	4 _____	5 _____
P _____	7 _____	8 _____
C _____		

答案：参见试题 1 第四题。

七、回答下列问题并写出简要分析过程。

图（a）所示为单片机中存储器的地址空间分布图。图（b）为存储器的地址译码电路，为使地址译码电路按图（a）所示的要求正确寻址（设单片机的地址线为 16 条），要求在答题纸上画出：

（1）A 组跨接端子的内部正确连线图，并简要分析。

（2）B 组跨接端子的内部正确连线图，并简要分析。

（注：74LS139 是 2-4 译码器，A 为低输入端，B 为高输入端，使能端 G 接地表示译码器处于正常译码状态。）

答案：

连线部分：A 组跨接端子与 B 组跨接端子的各自连接如图（b）所示。

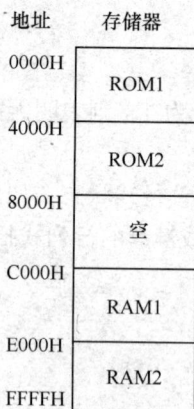

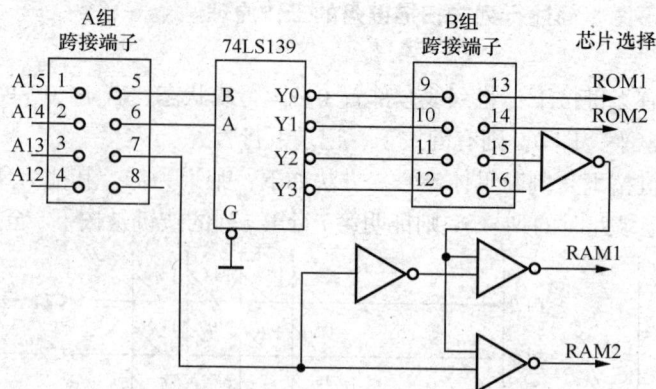

（a）地址空间　　　　　（b）地址译码电路

（1）A组跨接端子的内部正确连线图

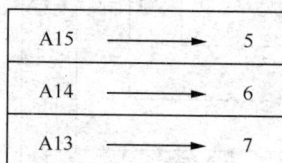

（2）B组跨接端子的内部正确连线图

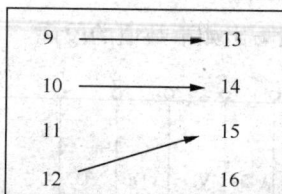

注意：答案不唯一，还有其他连接方法。

试题 5

一、填空题

1. 如果(A)=45H，(R1)=20H，(20H)=12H，执行 XCHD A,@R1，结果(A)=_____，(20H)=_____。

2. 8051 的异步通信口为_____（单工/半双工/全双工），若传送速率为 120 帧/每秒，每帧 10 位，则波特率为_____。

3. 8051 内部数据存储器的位地址空间的字节地址范围是_____，对应的位地址范围是_____。

4. 单片机也可称为_____或_____。

5. 当 8051 执行 MOVX A,@R1 指令时，伴随着_____控制信号有效。

6. 当单片机的 PSW = 01H 时，当前的工作寄存器区是_____区，R4 对应的存储单元地址为_____H。

7. 8051 的_____口为高 8 位地址总线口。

8. 设计一个以 AT89C51 单片机为核心的系统，如果不外扩程序存储器，使其内部 4KB 闪烁程序存储器有效，则其＿＿＿＿＿引脚应该接＿＿＿＿＿。

9. 在 R7 初值为 00H 的情况下，DJNZ　R7,rel 指令将循环执行＿＿＿＿＿次。

10. 欲使 P1 口的低 4 位输出 0，高 4 位不变，应执行一条＿＿＿＿＿命令。

11. 单片机外部三大总线分别为＿＿＿＿＿、＿＿＿＿＿和控制总线。

12. 数据指针 DPTR 有＿＿＿＿＿位，程序计数器 PC 有＿＿＿＿＿位。

13. 74LS138 是具有 3 个输入的译码器芯片，用其输出作片选信号，最多可在＿＿＿＿＿块芯片中选中其中任意一块。

14. 在 8051 指令系统中，ADD 与 ADDC 指令的区别是＿＿＿＿＿＿＿＿＿＿＿。

15. 在特殊功能寄存器中，单元地址低位为＿＿＿＿＿的特殊功能寄存器，可以位寻址。

16. 开机复位后，CPU 使用的是寄存器第 0 组，地址范围是＿＿＿＿＿。

17. 若某存储器芯片地址线为 12 根，那么它的存储容量为＿＿＿＿＿。

18. 关于定时器，若振荡频率为 12MHz，在方式 0 下，最大定时时间为＿＿＿＿＿。

19. 8051 复位后，PC 与 SP 的值分别为＿＿＿＿＿和＿＿＿＿＿。

20. LJMP 跳转空间最大可达到＿＿＿＿＿。

21. 执行如下 3 条指令后，30H 单元的内容是＿＿＿＿＿。
```
MOV   R1,#30H
MOV   40H,#0EH
MOV   @R1,40H
```

答案：1. 42H，15H　2. 全双工，1200 bit/s　3. 20H～2FH，00H～FFH　4. 微控制器，嵌入式控制器　5. RD*　6. 0，04　7. P2　8. EA*，+5V　9. 256　10. ANL　P1,#0F0H　11. 数据总线，地址总线　12. 16，16　13. 8　14. 进位位 Cy 是否参与加法运算　15. 0 或 8　16. 00H～07H　17. 4KB　18. 8.192ms　19. 0000H，07H　20. 64KB　21. #0EH

二、判断题

1. 当 EA 脚接高电平时，对 ROM 的读操作只访问片外程序存储器。（　　　）

2. 必须有中断源发出中断请求，并且 CPU 开中断，CPU 才可能响应中断。（　　　）

3. 8155 是一种 8 位单片机。（　　　）

4. 8051 单片机只能做控制用，不能完成算术运算。（　　　）

5. 单片机内部 RAM 和外部 RAM 是统一编址的，它们的访问指令相同。（　　　）

6. 指令 AJMP 的跳转范围是 2KB。（　　　）

7. 扩展 I/O 口占用片外数据存储器的地址资源。（　　　）

8. 8051 单片机的程序存储器数和数据存储器扩展的最大范围都是一样的。（　　　）

9. 单片机系统扩展时使用的锁存器，是用于锁存低 8 位地址。（　　　）

10. 在 A/D 变换时，转换频率越高越好。（　　　）

答案：1. ×　2. ×　3. ×　4. ×　5. ×　6. √　7. √　8. √　9. √　10. ×

三、简答题

1. 采用 6MHz 的晶振，定时 5ms，用定时器方式 1 时的初值应为多少？（请给出计算过程）

答案：

（1）$(2^{16}-x)\times 2\mu s=5ms$　65536−2500=63036

从而 $x=63036$

（2）63036＝F63CH

2．AT89S51 单片机片内 256B 的数据存储器可分为几个区？分别用作什么？

答案：

（1）通用工作寄存器区，00H～1FH，共 4 组，R0～R7，在程序中直接使用。

（2）可位寻址区，20H～2FH，可进行位操作，也可字节寻址。

（3）用户 RAM 区，30H～7FH，只可字节寻址，用于数据缓冲及堆栈区。

（4）特殊功能寄存器区，80H～FFH，21 个特殊功能寄存器离散地分布在该区内，用于实现各种控制功能。

3．指出以下程序段每一条指令执行后累加器 A 内的值，已知（R0）＝30H。

```
MOV    A, #0AAH    ;
CPL    A          ;
RL     A          ;
CLR    C          ;
ADDC   A, R0      ;
```

答案：

```
MOV    A, #0AAH    ; (A) = 0AAH
CPL    A          ; (A) = 55H
RL     A          ; (A) = 0AAH
CLR    C          ; (A) = 0AAH
ADDC   A, R0      ; (A) = 0DAH
```

四、下图是 4 片 2KB×8 位存储器芯片的连线图。

1．确定 4 片存储器芯片地址范围，要求写出推导过程。

2．编程将片内 RAM 30H～4FH 单元中的 32 字节数据传送到片外 RAM 左数第一块芯片的最低端的 32 字节单元（按地址由低至高存放）。

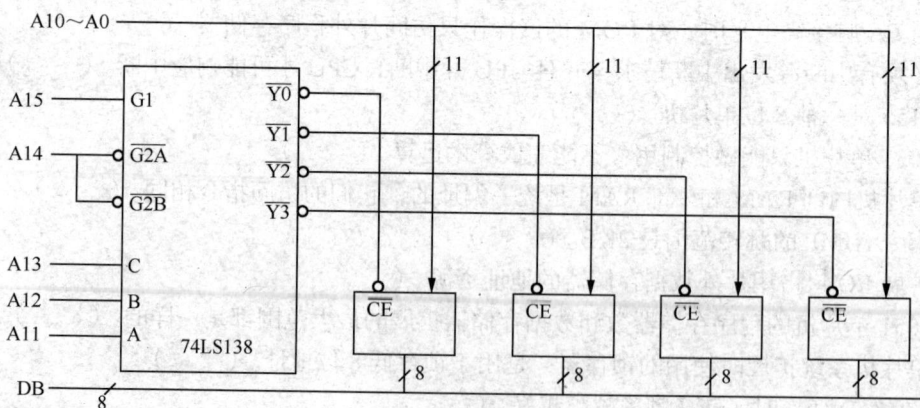

74LS138 真值表

G1	G2A	G2B		C	B	A		Y7	Y6	Y5	Y4	Y3	Y2	Y1	Y0
1	0	0		0	0	0		1	1	1	1	1	1	1	0
1	0	0		0	0	1		1	1	1	1	1	1	0	1
1	0	0		0	1	0		1	1	1	1	1	0	1	1
1	0	0		0	1	1		1	1	1	1	0	1	1	1

续表

G1	G2A	G2B		C	B	A		Y7	Y6	Y5	Y4	Y3	Y2	Y1	Y0
1	0	0		1	0	0		1	1	1	0	1	1	1	1
1	0	0		1	0	1		1	1	0	1	1	1	1	1
1	0	0		1	1	0		1	0	1	1	1	1	1	1
1	0	0		1	1	1		0	1	1	1	1	1	1	1
其他状态				×	×	×		1	1	1	1	1	1	1	1

答案： 1. 设从左至右 RAM 芯片号为#1、#2、#3、#4。

芯片	$A_{15}A_{14}$	$A_{13}A_{12}A_{11}$	$A_{10}A_9A_8A_7A_6A_5A_4A_3A_2A_1A_0$	地址范围
#1	1 0	0 0 0	0 0 0 0 0 0 0 0 0 0 0	低 8000H
	1 0	0 0 0	1 1 1 1 1 1 1 1 1 1 1	高 87FFH
#2	1 0	0 0 1	0 0 0 0 0 0 0 0 0 0 0	低 8800H
	1 0	0 0 1	1 1 1 1 1 1 1 1 1 1 1	高 8FFFH
#3	1 0	0 1 0	0 0 0 0 0 0 0 0 0 0 0	低 9000H
	1 0	0 1 0	1 1 1 1 1 1 1 1 1 1 1	高 97FFH
#4	1 0	0 1 1	0 0 0 0 0 0 0 0 0 0 0	低 9800H
	1 0	0 1 1	1 1 1 1 1 1 1 1 1 1 1	高 9FFFH

2. 程序如下。

```
        ORG    1000H
        MOV    DPTR, #8000H    ;
        MOV    R0, #20H        ;
        MOV    R1, #30H        ;
LOOP:   MOV    A, @R1          ;
        MOVX   @DPTR,A         ;
        INC    DPTR            ;
        INC    R1              ;
        DJNZ   R0,LOOP         ;
HERE:   RET                    ; 或 AJMP HERE
```

五、简述行列式键盘线反转法识别按键的工作原理。

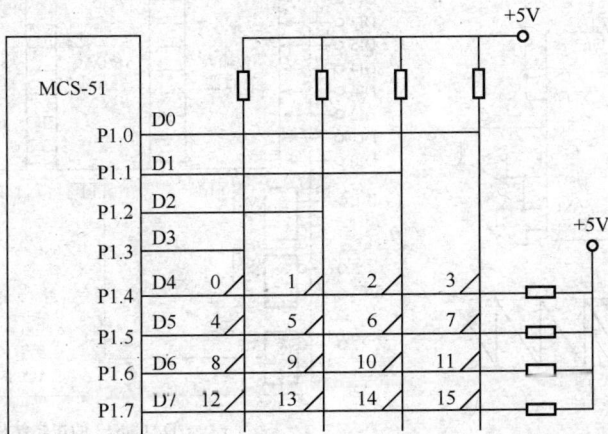

答案：

第 1 步：让行线编程为输入线，列线编程为输出线，使输出线输出为全低电平，则行线中的电平由高变低的所在行为按键所在行。

第 2 步：把行线编程为输出线，列线编程为输入线，使输出线输出为全低电平，则列线中的电平由高变低的所在列为按键所在列。

综合上述两步，可确定按键所在行和列。

六、下图为 8 段共阴数码管，请写出如下数值的段码。

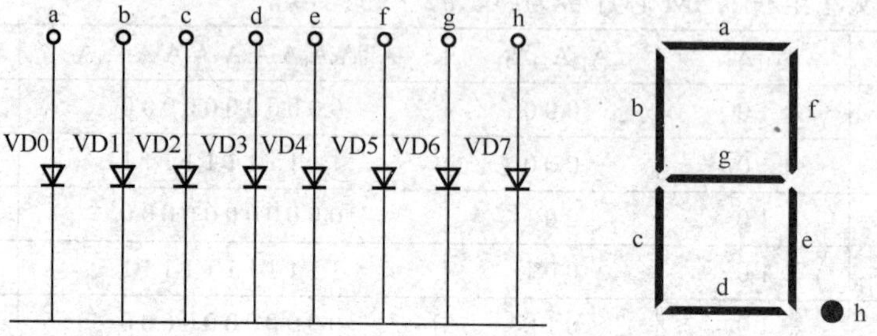

0 _____	1 _____	2 _____	3 _____
4 _____	5 _____	P _____	7 _____
8 _____	C _____		

答案：

0	3FH	1	06H	2	5BH
3	4FH	4	66H	5	6DH
P	73H	7	07H	8	7FH
C	39H				

七、回答下列问题并写出简要分析过程。

左下图是 DAC0832 的应用电路，DA 转换时，数字量 FFH 与 00H 分别对应模拟量+5V 与 0V。右下图为 DAC0832 的逻辑结构。（1）将左下图中空缺的电路补充完整；（2）编写程序，产生左下图中所示的锯齿波。设有一个延时 3.905ms 的子程序 DELAY 可以直接调用。

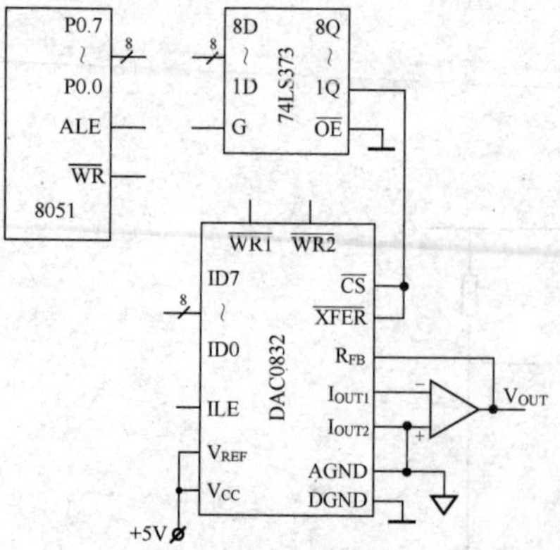

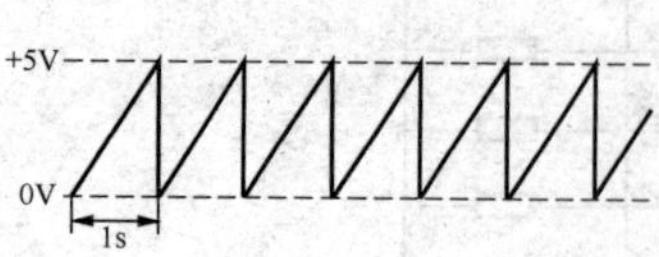

锯齿波

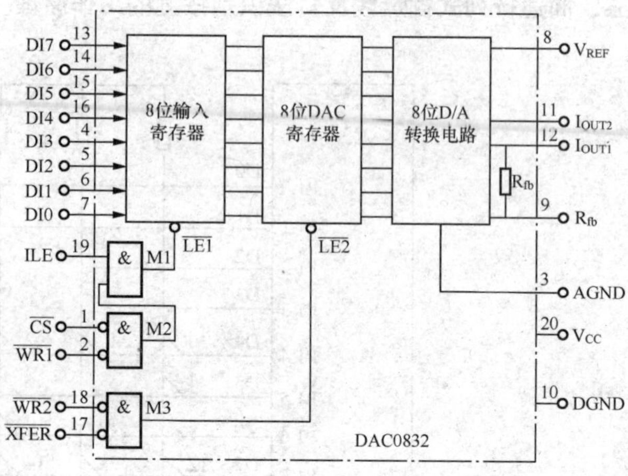

DAC0832 的逻辑结构

答案：

（1）共 6 根线，每画 1 根线得 1 分。连线如下图所示，如果 WR2 与 WR 或 XFER 相连也给分。ILE 直接接 +5V 也正确。

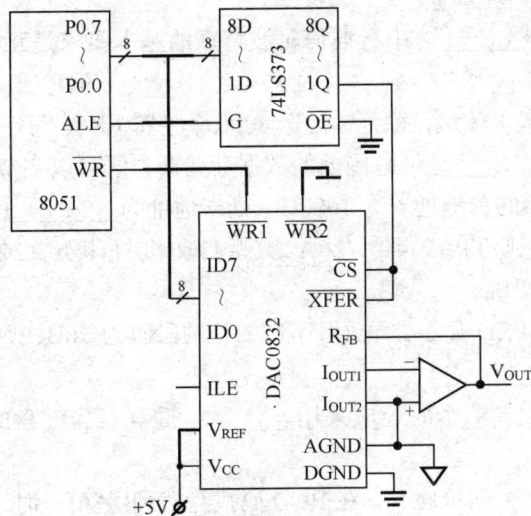

DAC0832的应用电路

（2）
```
      ORG  1000H
      MOV  R0, #0FEH   ; 或 MOV DPTR, #FFFEH
      MOV  A, #00H     ;
LOOP: MOVX @R0,A       ; 或 MOVX @DPTR, A
      INC  A           ;
      LCALL DELAY      ;
      SIMP  LOOP       ;
```

试题 6

一、填空题

1. PSW 中的 RS0、RS1=01B，此时 R2 的字节地址为_____。

2. 假定 DPTR 的内容为 1000H，A 中的内容为 40H，执行指令：

2000H：MOVC　A,@A+DPTR

后，送入 A 的是程序存储器_____单元的内容。

3. 假定 A 中的内容为 79H，R5 中的内容为 78H，执行指令：

```
ADD  A, R5
DA   A
```

后，累加器 A 的内容为_____H，Cy 的内容为_____。

4. 当 8051 单片机响应中断后，必须用软件清除的中断请求标志是_____。

5. TMOD 中的 GATEx=1 时，表示由两个信号 TRx 和_____控制定时器的启停。

6. 在 8051 单片机的 RESET 端出现_____的高电平后，便可以可靠复位，复位后 PC 中的内容为_____H。

7. 当 8051 单片机与慢速外设进行数据传输时，最佳的传输方式是_____。

8. DA 转换器的两个最重要的技术指标为_____和_____。

9. 在存储器扩展中，无论是线选法还是译码法，最终都是为扩展芯片的_____端提供信号。

10. 波特率定义为_____。串行通信对波特率的基本要求是互相通信的甲乙双方必须具有_____的波特率。

11. 若串行通信按方式 1 传送，每分钟传送 3000 个字符（8 位/每字符），其波特率是_____。

12. 8051 片内_____地址范围内的数据存储器，既可以字节寻址，又可以位寻址。

13. 8KB RAM 存储器的首地址若为 1000H，则末地址为_____H。

14. 8051 单片机控制 TPμP-40A/16A 微型打印机打印英文或数字时，要把打印字符的_____送给微型打印机。

15. 已知 8 段共阴极 LED 显示器显示字符 "H" 的段码为 76H，则 8 段共阳极 LED 显示器显示字符 "H" 的段码为_____。

16. 当键盘的按键少于 8 个时，应采用_____键盘。当键盘的按键为 64 个时，应采用_____键盘。

17. 当 BCD 码拨盘的 A 端接地时，在 BCD 码拨盘拨到 "6" 时，拨盘的 8、4、2、1 接点的输出为_____。

18. 使用双缓冲方式的 D/A 转换器，可实现多路模拟信号的_____输出。

19. 8051 单片机扩展并行 I/O 口时，对扩展的 I/O 口芯片的基本要求是：输出应具有_____功能；输入应具有_____功能。

答案：1. 12H 2. 1040H 3.（A）=57H, Cy=1 4. RI 和 TI 5. INTx* 6. 两个机器周期，0000H 7. 中断方式 8. 分辨率，建立时间 9. 片选 10. 单位时间每秒传送的二进制位数，同样 11. 24000 12. 20～2FH 13. 2FFFH 14. ASCII 15. 89H 16. 独立式，矩阵式 17. 0110 18. 同步 19. 锁存，三态缓冲

二、单选题

1. 当 8051 单片机复位时，下面说法正确的是（　　）。
   A. SP=00H　　　　B. P1=00H　　　　C. SBUF=FFH　　　　D. P0=FFH

2. 使用 AT89S51 单片机，当 $\overline{EA}$ =1 时，可以扩展的外部程序存储器的大小为（　　）。
   A. 64KB　　　　B. 60KB　　　　C. 58KB　　　　D. 56KB

3. 在 CPU 内部，反映程序运行状态或反映运算结果的特征寄存器是（　　）。
   A. PC　　　　B. PSW　　　　C. A　　　　D. SP

4. 外中断初始化的内容不包括（　　）。
   A. 设置中断响应方式　　　　B. 设置外中断允许
   C. 设置中断总允许　　　　D. 设置中断触发方式

5. 以下指令中，属于单纯读引脚的指令是（　　）。
   A. MOV P1, A　　　　B. ORL P1, #0FH
   C. MOV C, P1.3　　　　D. DJNZ P1, LOOP

6. 定时器 T0 工作在方式 3 时，定时器 T1 有（　　）种工作方式。
   A. 1　　　　B. 2　　　　C. 3　　　　D. 4

7. 用 AT89S51 的串行口扩展并行 I/O 口时，串行接口工作方式选择（　　）。

A. 方式 0　　　　　　B. 方式 1　　　　　　C. 方式 2　　　　　　D. 方式 3

8. AT89S51 的并行 I/O 口信息有两种读取方法：一种是读引脚，还有一种是（　　）。

　　A. 读锁存器　　　　B. 读数据库　　　　C. 读 A 累加器　　　　D. 读 CPU

9. 以下不是构成控制器部件的是（　　）。

　　A. 程序计数器　　　B. 指令寄存器　　　C. 指令译码器　　　　D. 存储器

10. P1 口作输入用途之前必须（　　）。

　　A. 外接上拉电阻　　B. 相应端口先置 1　　C. 相应端口先置 0　　D. 外接高电平

11. AT89S51 单片机中，用户不能直接使用的唯一一个寄存器是（　　）。

　　A. PSW　　　　　　B. DPTR　　　　　　C. PC　　　　　　D. B

12. 在家用电器中使用单片机应属于微计算机的（　　）。

　　A. 辅助设计应用　　　　　　　　　　　B. 测量、控制应用

　　C. 数值计算应用　　　　　　　　　　　D. 数据处理应用

13. 中断查询确认后，在下列各种单片机运行情况下，执行完当前机器周期内容后，能立即进行中断响应的是（　　）。

　　A. 当前正在进行高优先级中断处理　　　B. 当前正在执行 RETI 指令

　　C. 当前执行的指令是 DIV 指令，且正处于取指令机器周期

　　D. 当前指令是 MOV A, R7 指令

14. AT89S51 单片机读取片外的数据存储器数据时，采用的指令为（　　）。

　　A. MOV　A, @R1　　　　　　　　　　B. MOVC　A, @A + DPTR

　　C. MOV　A, R4　　　　　　　　　　　D. MOVX　A, @ DPTR

15. 执行子程序返回或中断子程序返回指令时，返回的断点是（　　）。

　　A. 调用指令的首地址　　　　　　　　　B. 调用指令的末地址

　　C. 调用指令下一条指令的首地址　　　　D. 返回指令的末地址

答案：1. D　2. B　3. B　4. A　5. C　6. C　7. A　8. A　9. D　10. B　11. C　12. B　13. D　14. D　15. C

三、判断题

1. AT89S51 单片机的某一高优先级中断请求正在被响应时，不会再发生中断嵌套。（　　）

2. 当 $\overline{EA}$ =1 时，AT89S51 单片机片外可扩展的程序存储器空间和数据存储器空间相同。（　　）

3. 指令字节数越多，执行时间越长。（　　）

4. 访问单片机内部 RAM 或外部扩展的 RAM 的低 128 字节，指令是不同的。（　　）

5. 并行接口芯片 8255A 的方式 0 是无条件的输入/输出方式。（　　）

6. 逐次比较型 ADC 的转换速度要比双积分型 ADC 的转换速度快。（　　）

7. 串行口方式 0 的波特率仅与单片机的晶体振荡器有关，与定时器无关。（　　）

8. 扩展的 I/O 接口芯片中的寄存器，要占用片外程序存储器的地址单元。（　　）

9. AT89S51 单片机进行串行通信时，要占用一个定时器作为波特率发生器。（　　）

10. AT89S51 单片机访问片外 I/O 设备中的寄存器，要使用 MOVX 类指令。（　　）

11. "转换速度"仅适用于 A/D 转换器，D/A 转换器不用考虑"转换速度"这一问题。（　　）

12. 对于周期性的干扰电压，可使用双积分的 A/D 转换器，并选择合适的积分元件，可以将该周期性的干扰电压带来的转换误差消除。（　　）

13. 串行口的发送缓冲器和接收缓冲器只有 1 个单元地址 。（　　　）

14. AT89S51 的定时器/计数器对外部脉冲进行计数时，要求输入的计数脉冲的高电平和低电平的持续时间均不小于 1 个机器周期。（　　　）

答案：1. √　2. ×　3. ×　4. √　5. √　6. √　7. √　8. ×　9. ×　10. √　11. ×　12. √　13. √　14. √

四、简答题

1. 采用 12MHz 的晶振，定时 1ms，用定时器方式 1 时的十六进制的初值应为多少？（请给出计算过程）

答案：（1）$T_s=1\mu s$，$(2^{16}-x)\times 1\mu s=1ms$，从而 $x=64536$

（2）64536=FC18H

2. 假定，SP=60H，A=30H，B=70H，执行下列指令：

```
PUSH    A
PUSH    B
```

后，SP 的内容为（　　　），61H 单元的内容为（　　　），62H 单元的内容为（　　　）。

答案：62H，30H，70H

3. 位地址 00H～7FH 和片内字节地址 00H～7FH 编址相同，读写时会不会弄错？为什么？

答案：主要看访问指令中，除地址外的源（目的）操作数的类型。

4. 当 CPU 响应外部中断 0 后，执行了外部中断 0 中断服务子程序的第一条单字节指令后，PC 的内容为多少？

```
ORG     0003H
LJMP    2000H
ORG     000BH
LJMP    3000H
```

答案：PC 的内容：(PCH)=20H，(PCL)=00H

五、回答下列问题并写出简要分析过程。

图（a）所示为 MCS-51 单片机存储器地址空间分布图。图（b）为存储器的地址译码电路，为使地址译码电路按图（a）所示的要求正确寻址，要求直接在答题纸上画出：

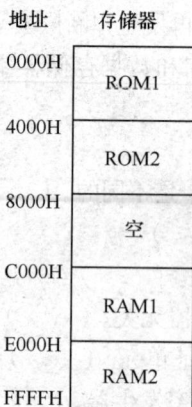

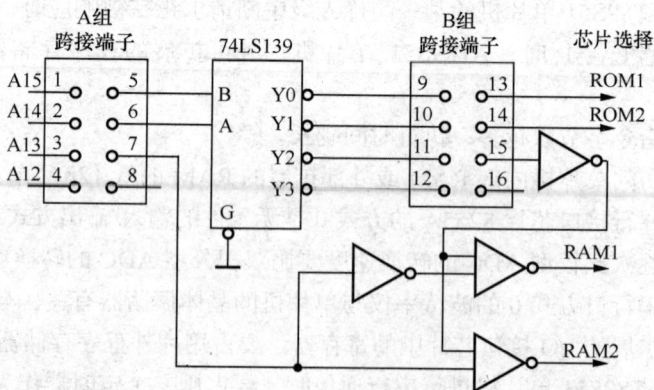

图（a）地址空间　　　　　　　图（b）地址译码电路

（1）A 组跨接端子的内部正确连线图。

（2）B 组跨接端子的内部正确连线图。

（注：74LS139 是 2-4 译码器，A 为高端，B 为低端，使能端 G 接地表示译码器处于正常译码状态）。

（3）编写程序段，把单片机外部 RAM C000H～C00FH 16 个单元的数读入片内 RAM 单元 30H～3FH 中。

答案：参见试题 4 的第七题。

六、ADC0809 与 8051 单片机采用中断方式 1 读取 A/D 转换结果的接口电路如下图所示，系统时钟为 3MHz，模拟量输入仅选择 IN0 通道，编制单片机从上电复位开始的 A/D 转换程序，将转换结果送片内 RAM 的 30H 单元。(没有用到的地址线为 1)

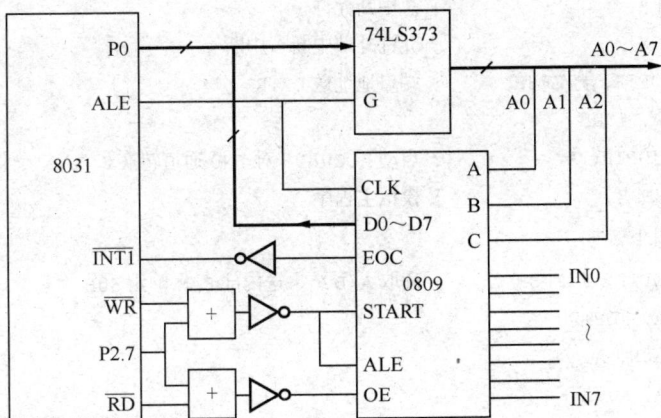

提示：ADC0809 的片内结构如下。

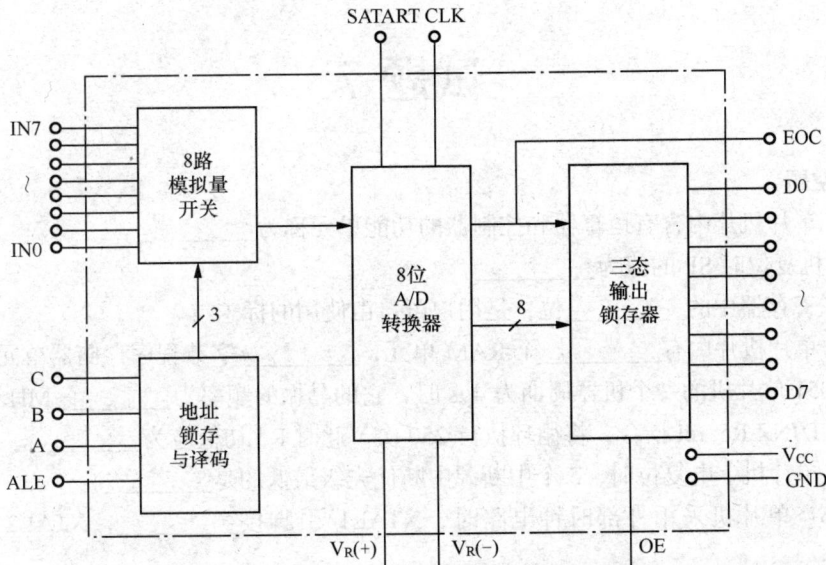

图中的通道选择控制端 "C" 为高位，"A" 为低位。

与中断有关的寄存器 TCON 和 IE 的格式如下。

	D7	D6	D5	D4	D3	D2	D1	D0	
TCON	TF1	TR1	TF0	TR0	IE1	IT1	IE0	IT0	88H
位地址	8FH	—	8DH	—	8BH	8AH	89H	88H	

	D7	D6	D5	D4	D3	D2	D1	D0	
IE	EA	—	—	ES	ET1	EX1	ET0	EX0	A8H
位地址	AFH	—	—	ACH	ABH	AAH	A9H	A8H	

另外，系统主程序用 HERE：AJMP HERE 来表示。

答案：

参考程序如下。

```
        ORG   0000H
        LJMP  INIT1
INIT1:  SETB  IT1          ; 选择外部中断 1 为跳沿触发方式
        SETB  EA           ; 总中断允许
        SETB  EX1          ; 允许外部中断 1 中断
        MOV   DPTR, #7FF8H  ; 端口地址送 DPTR
        MOV   A, #00H
        MOVX  @DPTR, A      ; 启动 ADC0809 对 IN0 通道转换
HERE:   AJMP  HERE         ; 模拟主程序
```

中断服务程序如下。

```
PINT1:  MOV   DPTR, #7FF8H  ; 读取 A/D 结果送内部 RAM 单元 30H
        MOVX  A, @DPTR
        MOV   30H, A
        MOV   A, #00H
        MOVX  @DPTR, A      ; 启动 ADC0809 对 IN0 的转换
        RETI
```

试题 7

一、填空题

1. 8051 单片机片内含有运算器和控制器的功能单元称为_____。

2. 单片机复位时 SP 的值为_____。

3. PSW 寄存器中的_____位，是用户可自由使用的标志位。

4. 8052 单片机片内有_____个 RAM 单元，_____字节程序存储器单元。

5. 当 8051 单片机的一个机器周期为 4μs 时，它的晶振的频率为_____MHz。

6. 执行 DJNZ R5,rel 指令，将循环执行 250 次。此时 R5 初值应为_____。

7. 8051 单片机上电复位时，5 个中断源中断优先级最低的是_____。

8. 89C51 单片机采用外部时钟电路时，XTAL1 引脚接_____，XTAL2 引脚的接法为_____。

9. 当 TMOD 中的 GATEx=_____（x=0,1）时，定时器的启停由两个信号_____和_____来控制。

10. 以 8051 为核心的单片机最小系统，除了要有 8051 单片机外，还要有____电路和____电路。

11. 定时器 T0 工作在方式 3 时，定时器 T1 主要用作_____。

12. 已知 8 段共阴极 LED 数码显示器要显示某字符的段码为 7DH，_____，此时显示器显示的字符为_____。

13. 若某存储器芯片地址线为 15 根，那么它的存储容量为_____KB。

14. 使用 8751 单片机，当引脚 $\overline{EA}$=1 时，其外扩的程序存储器的最大容量为_____KB，其地址范围为_____H～_____H。

15. 单片机执行子程序返回指令时，应把子程序调用指令的_____装入 PC 中。

16. 欲使 P1 口的高 2 位输出 1，低 6 位不变，应执行一条_____指令。

17. 单片机系统常用的 A/D 转换器有两种，它们是_____型和_____型。

18. 当 8051 执行 MOVC A,@A+PC 指令时，伴随着_____控制信号有效。

19. 某 8 位 A/D 转换器的转换电压的范围为 0～5V，其分辨率为_____。

20. 若 P 标志位为 1，且 A 中的低 6 位均为 0，那么 A 的内容为_____H 或_____H。

21. 串行口方式 2 接收到的第 9 位数据送_____寄存器的_____位中保存。

22. 双积分 A/D 转换器的积分周期为 20ms 的整数倍时，能够抑制_____。

23. A/D 转换器的两个重要的技术指标是_____和_____。

24. 8051 单片机的 P2 口是_____口。

答案：1. CPU　2. 07H　3. F0　4. 256，8K　5. 3　6. FAH　7. 串行口　8. 外部振荡器时钟，悬空　9. 1，TRx，$\overline{INTx}$　10. 时钟，复位　11. 串行口的波特率发生器　12. a 段为最低位，6　13. 32　14. 60，1000，FFFF　15. 下一条指令的首地址　16. ORL　P1，#0C0H　17. 逐次比较，双积分　18. $\overline{PSEN}$　19. 0.19mV　20. 80，40　21. SCON，RB8　22. 工频干扰　23. 转换时间，分辨率　24. 准双向

二、判断题

1. 单片机是一种 CPU。（　　　）

2. A/D 转换器的位数越多，其量化误差越小。（　　　）

3. 8051 单片机中的寄存器 PC 是用户不能用指令直接访问的寄存器。（　　　）

4. 访问单片机外部扩展 RAM 的低 128 字节与访问片内 RAM 单元，指令是不同的。（　　　）

5. 并行接口芯片 8255A 的方式 1 是无条件的输入/输出方式。（　　　）

6. 8051 单片机对片外的 RAM 单元和片外的 I/O 端口使用相同的访问指令。（　　　）

7. 指令 LJMP 的跳转空间最大为 64KB。（　　　）

8. 8751 单片机对片内的 EPROM 和外部扩展的 EPROM 的访问指令是相同的。（　　　）

9. 8051 单片机的 P1 口如果作为输入端口使用，必须先向 P1 口写入 FFH。（　　　）

10. 指令"MOV A,@R2"是错误的。（　　　）

11. 串行口方式 0 的波特率仅与单片机的晶体振荡器有关，与定时器无关。（　　　）

12. MCS-51 单片机的堆栈区设在片外的 RAM 区。（　　　）

13. 8051 单片机中的同级中断不能嵌套。（　　　）

14. 具有相同分辨率的两片 A/D 转换器的转换精度也是一样的。（　　　）

15. 当 8051 执行 MOVX A,@R1 指令时，伴随着 $\overline{WR}$ 信号有效。（　　　）

答案：1. ×　2. √　3. √　4. √　5. ×　6. √　7. √　8. √　9. √　10. √　11. √　12. ×　13. √　14. ×　15. ×

三、简答题

1. 写出 8051 的所有中断源，并说明哪些中断源在响应中断时，其中断请求是由硬件自动清除的，哪些中断源必须用软件清除，为什么？

答案：5 个中断源：外部中断 0（中断入口 0003H）、定时器/计数器中断 T0（中断入口 000BH）、

外部中断1（中断入口0013H）、定时器/计数器中断T1（中断入口001BH）、定时器/计数器中断T1、串行口接收/发送中断TI与RI（中断入口0023H）。

外部中断0和外部中断1的跳沿触发中断请求是自动撤销的，但是其电平触发要外加电路来撤销。

两个定时器的中断请求是自动撤销的。

串行口的接收/发送中断请求TI/RI必须用软件清除，因为串行口的中断请求分为接收中断和发送中断，无法直接断定是哪一个中断请求，所以必须根据程序的实际运行，用软件清除。

2. 下面是某8051系统的程序段，当8051响应定时器T0中断后，跳向T0中断的中断服务子程序入口，且执行了第一条单字节指令后，此时PC的内容为多少？

```
ORG    0000H
LJMP   4000H
ORG    0003H
LJMP   1000H
ORG    000BH
LJMP   2000H
ORG    0013H
LJMP   3000H
```

答案：因为定时器T0中断的中断入口为000BH，跳向2000H后，再执行一条单字节指令，此时PC指向2000H单元的下一个单元，所以此时PC的内容为2001H。

3. 已知程序执行前有A=02H，SP=42H，(41H)=FFH，(42H)=FFH。下述程序执行后，A=(　　　　)；SP=(　　　　)；(41H)=(　　　　)；(42H)=(　　　　)；PC=(　　　　)。

```
POP    DPH           ; DPH=FFH
POP    DPL           ; DPL=FFH, SP=40H
MOV    DPTR, #3000H  ; DPTR=3000H,
RL     A             ; A=04H
MOV    B, A          ; B=04H
MOVC   A, @A+DPTR    ; A=50H
PUSH   Acc           ; 41h=50H
MOV    A, B          ; A=04H
INC    A             ; A=05H
MOVC   A, @A+DPTR    ; A=80H
PUSH   Acc           ; 42h=80H
RET                  ; PC=8050H  SP=40H
ORG    3000H
DB     10H, 80H, 30H, 80H, 50H, 80H
```

答案：A=80H，SP=40H，(41H)=50H，(42H)=80H，PC=8050H

四、下图为某8051应用系统的3位LED 8段共阳极静态显示器的接口电路，回答下列问题。

1. 该静态显示器电路与动态扫描的显示器电路相比有哪些优缺点？

2. 写出显示字符"3."、"8"、"5"的段码，注意：段码的最低位为"a"段，段码的最高位为"dp"段。

3. 已知82C55的PA口、PB口和PC口的地址分别为FF7CH、FF7DH、FF7EH，且82C55的这3个端口均已被初始化为方式0输出，用汇编语言编写出使3位LED共阳极显示器从左至右显示"3.85"的程序段。

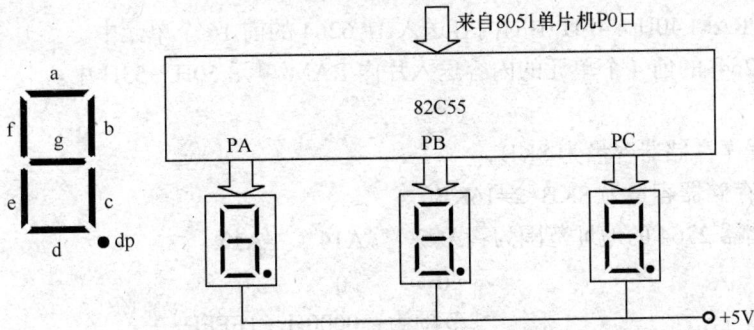

来自8051单片机P0口

答案：

1. 优点：亮度高，字符不闪烁，占用 CPU 资源少。

缺点：占用的 I/O 口太多，当 LED 数码显示器数目较多时，需要外扩展 I/O 口。

2. 3. : →30H；8：→80H；5：→92H

3.

```
MOV  DPTR, #0FF7CH      ; PA 口地址送 DPTR
MOV  A, #30H
MOVX @DPTR, A           ; 左边数码管显示"3. "
MOV  DPTR, #0FF7DH      ; PB 口地址送 DPTR
MOV  A, #80H
MOVX @DPTR, A           ; 中间数码管显示"8"
MOV  @DPTR, #0FF7EH     ; PC 口地址送 DPTR
MOV  A, #92H
MOVX @DPTR, A
RET
```

五、请回答以下问题。

1. 下图中外部扩展的程序存储器和数据存储器容量各是多少？

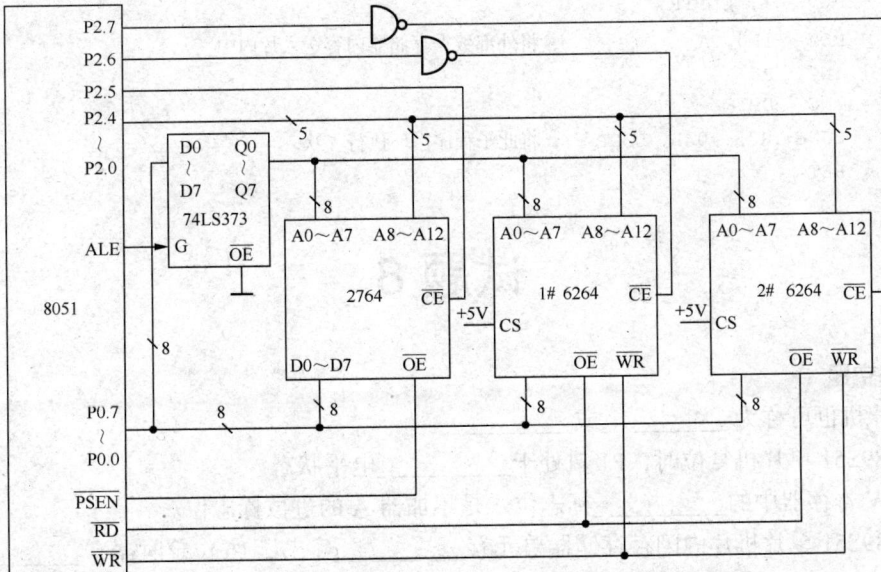

2. 三片存储器芯片的地址范围分别是多少？（单片机发地址时，每次只能选中一片芯片）

3. 请编写程序（用汇编语言），指令后要有注释，要求如下。

（1）将内部 RAM 40H～4FH 中的内容送入 1# 6264 的前 16 个单元中。

（2）将 2# 6264 的前 4 个单元的内容送入片内 RAM 单元 50H～53H 中。

答案：

1. 外扩的程序存储器容量为 8KB。

外扩的数据存储器容量为 8KB×2=16KB。

2. 程序存储器 2764 的地址范围为：　　A15　　　A14　　　A13

　　　　　　　　　　　　　　　　　　 0　　　　 0　　　　 0

　　　　　　　　　　　　　　　范围为：0000H～1FFFH

数据存储器 1#6264 的地址范围为：　A15　　　A14　　　A13

　　　　　　　　　　　　　　　　　　 0　　　　 1　　　　 1

　　　　　　　　　　　　　　　范围为：6000H～7FFFH

数据存储器 2#6264 的地址范围为：　A15　　　A14　　　A13

　　　　　　　　　　　　　　　　　　 1　　　　 0　　　　 1

　　　　　　　　　　　　　　　范围为：A000H～BFFFH

3. 编写程序。

（1）
```
        MOV   R0, #40H
        MOV   DPTR, #6000H    ;设置数据指针为 6000H
LOOP:   MOV   A, @R0          ;将片内 RAM（40～4FH）中的内容送入 A 中
        MOVX  @DPTR, A        ;将 A→@DPTR 中
        INC   R0
        INC   DPTR
        CJNE  R0, #10H, LOOP  ;将此子程序，循环执行 16 次
        RET
```

（2）
```
        MOV   R0, #50H
        MOV   DPTR, #0A000H   ;设置数据指针为 A000H
LOOP:   MOVX  A, @DPTR
        MOV   @R0, A          ;将外部数据存储器内容送入片内中
        INC   R0
        INC   DPTR
        CJNE  R0, #04H, LOOP  ;将此子程序循环执行 4 次
        RET
```

试题 8

一、填空题

1. 单片机也可称为_____或_____。

2. AT89S51 单片机复位时，P1 口处于_____电平状态。

3. PSW 寄存器中的_____标志位，是累加器 A 的进位标志位。

4. AT89S51 单片机片内闪存存储器单元有_____字节，16 位定时器有_____个。

5. AT89S51 单片机的一个机器周期为 2μs 时，它的晶振频率为_____MHz。

6. PSW 中的 RS0、RS1=10B 时，R0 的字节地址为_____。

7. 当 AT89S51 单片机复位后，中断优先级最高的中断源是_____。

8. AT89S51 单片机采用外部振荡器作为时钟时，XTAL2 引脚应该接_____，XTAL1 引脚应该接_____。

9. 如果定时器的启动和停止仅由一个信号 TRx（x=0,1）来控制，此时寄存器 TMOD 中的 GATEx 位必须为_____。

10. 当 AT89S51 单片机执行 MOVX　@R0,A 指令时，伴随着_____控制信号有效，而当执行 MOVC　A, @A+DPTR 指令时，伴随着_____控制信号有效。

11. 设计一个以 AT89S51 单片机为核心的最小系统，如果不外扩程序存储器，使其内部 4KB 闪存存储的程序有效，则其_____引脚应该接_____。

12. 已知 8 段共阳极 LED 数码显示器要显示字符"6"(a 段为最低位)，此时的段码为_____。

13. 数据存储器芯片 6264 的地址线为_____根，那么它的存储容量为_____KB。

14. 当 AT89S51 单片机与慢速外设进行数据传输时，最佳的数传方式是采用_____。

15. 单片机从调用的子程序返回时，必须执行的返回指令是_____。

16. 欲使 P1 口的高 4 位输出 0，低 4 位不变，应执行一条_____指令。

17. 使用双缓冲方式的 D/A 转换器，可实现_____信号的_____输出。

18. 当键盘的按键少于 8 个时，应采用_____式键盘。当键盘的按键为 64 个时，应采用_____式键盘。

19. 某 10 位 A/D 转换器的转换电压的范围为 0～5V，其分辨率为_____mV。

20. 若 A 中的低 6 位均为 1,且 P 标志位为 0,则 A 的内容可能为_____H 或_____H。

21. 串行口方式 2 发送数据时,发送的第 9 位数据应写入_____寄存器的_____位中。

22. 双积分 A/D 转换器的积分周期为_____的整数倍时，能够抑制 50Hz 的工频干扰。

23. D/A 转换器的两个重要的技术指标是_____和_____。

24. 串行口方式 0 的波特率为 1Mbit/s 时，单片机的晶振时钟频率为_____。

25. 若 AT89S51 单片机外扩程序存储器 27256，其首地址为 4000H，则末地址为_____H。

26. AT89S51 单片机的 CPU 主要由_____器和_____器组成。

答案：1. 嵌入式控制器，微控制器　2. 高　3. Cy　4. 8K，3　5. 6　6. 10H　7. 外中断 0　8. 悬空，外部振荡器的输出信号　9. 1　10. WR* , PSEN*　11. EA* ，高电平　12. 82H　13. 13，8　14. 中断方式　15. RET　16. ANL P1,0FH　17. 多路模拟，同步　18. 独立，矩阵　19. 4.88　20. 3F，FF　21. SCON，TB8　22. 20ms　23. 分辨率，转换时间　24. 12MHz　25. BFFF　26. 运算，控制

二、判断题

1. AT89S51 单片机片外 RAM 和外部 I/O 是统一编址的，对它们的访问指令是相同的。(　　)

2. 如果两个 A/D 转换器的位数及转换电压的范围相同，那么它们的分辨率相同。(　　)

3. 双积分型的 ADC 要比逐次比较型的 ADC 转换速度快。(　　)

4. 访问单片机外部扩展 RAM 的低 128 字节与访问片内 RAM 单元的指令是相同的。(　　)

5. 并行接口芯片 82C55 的 PC 口可以按位置位和复位。(　　)

6. AT89S51 单片机对片外的 RAM 单元和片外的 I/O 端口使用不相同的访问指令。(　　)

7. 指令 LJMP 的跳转空间最大为 64KB。(　　)

8. AT89S51 单片机对片内的 FLASH 存储器和外部扩展的 EPROM 的访问指令相同。(　　)

9. AT89S51 单片机的 P0 口作为总线端口使用时，是一个准双向口。（   ）

10. 指令"MOVX   A,@R1"是错误的。（   ）

11. AT89S51 单片机进行串行通信时，一定要占用一个定时器作为波特率发生器。（   ）

12. AT89S51 单片机的堆栈区可设在片外扩展的 RAM 区中。（   ）

13. D/A 转换器的位数越多，其转换精度越高。（   ）

14. 两片具有相同分辨率的 A/D 转换器，它们的转换精度可能是不相同的。（   ）

15. 单片机执行 MOVX   @DPTR ,A 指令时，伴随着 $\overline{RD}$ 信号有效。（   ）

16. AT89S51 单片机的定时器对外部引脚上的脉冲进行计数时，要求输入的计数脉冲的高电平和低电平的持续时间均不小于 2 个机器周期。（   ）

答案：1. √   2. √   3. ×   4. ×   5. √   6. ×   7. √   8. √   9. ×   10. ×   11. √

12. ×   13. √   14. √   15. ×   16. ×

三、简答题

1. AT89S51 外扩的程序存储器和数据存储器可以有相同的地址空间，但不会发生数据冲突，为什么？

答案：不发生数据冲突的原因是：AT89S51 中访问程序存储器和数据存储器的指令不一样。因此发出的控制选通信号不一样，前者为 PSEN*（MOVC 类指令），后者为 WR*或 RD*（MOVX 类指令）。

2. AT89S51 采用 6MHz 的晶振，定时 2ms，如用定时器方式 1，计算初值（十六进制数），并写出计算过程）

答案：机器周期 $6 \times 10^6 = 2 \times 10^{-6}s= 2\mu$s

又方式 1 为十六进制定时器，故

$(2^{16} - x) \times 2 \times 10^{-6} = 2 \times 10^{-3} => 2^{16} - x = 1000$

因此，$x = 65536 - 1000 = 64536$ 即初值=FC18H

四、下图是 AT89S51 单片机主从式多机通信的部分电路，主机仅呼叫 1#从机(地址为 01H)，并向其发送一字节的数据，请完成下面的题目要求。

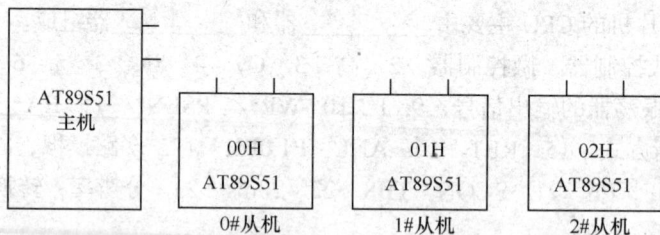

主从式多机通信的部分电路

1. 将图中单片机之间的信号线连好，再把连线处的信号名称填上。

2. 填空：主机首先发送（   ）帧，其 9 位二进制数为（   ），各从机接收该帧数据，各从机的（   ）位设为（   ），且收到的（   ）=1，故激活（   ）标志。各从机将接收到的前 8 位数据与本从机的（   ）进行比较，相符合的，本从机的（   ）位清零，不符合的，（   ）位不变。接着主机发送（   ）帧，各从机接收，该帧的第 9 位数据为（   ），此时由于（   ）号从机的（   ）位为（   ），激活（   ）标志位，进入中断服务程序，将接收的数据存入 RAM 中，而（   ）号机和（   ）号机由于其（   ）位为 1，且（   ）=0，故不能激活（   ）位，将接收到的数据丢弃，这样就完成了主机与 1

号从机的一字节数据的传送任务。

答案：1.

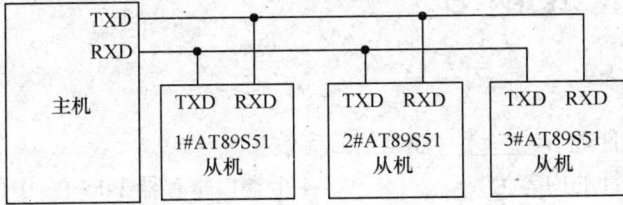

2. 地址，0000 00011，SM2，1，RB8，RI，地址，SM2，SM2，数据，0，1，SM2，0，RI，0，2，SM2，RB8，RI

五、下图为一个利用 74LS244 和 74LS273 芯片，将 P0 口扩展成简单的输入/输出口的电路。74LS244 为扩展输入口，8 个输入端分别接 8 个按钮开关。74LS273 是扩展输出口，输出端接 8 个 LED 发光二极管，以显示 8 个按钮开关状态。当某个开关合上时，对应位的发光二极管点亮。要求完成如下任务。

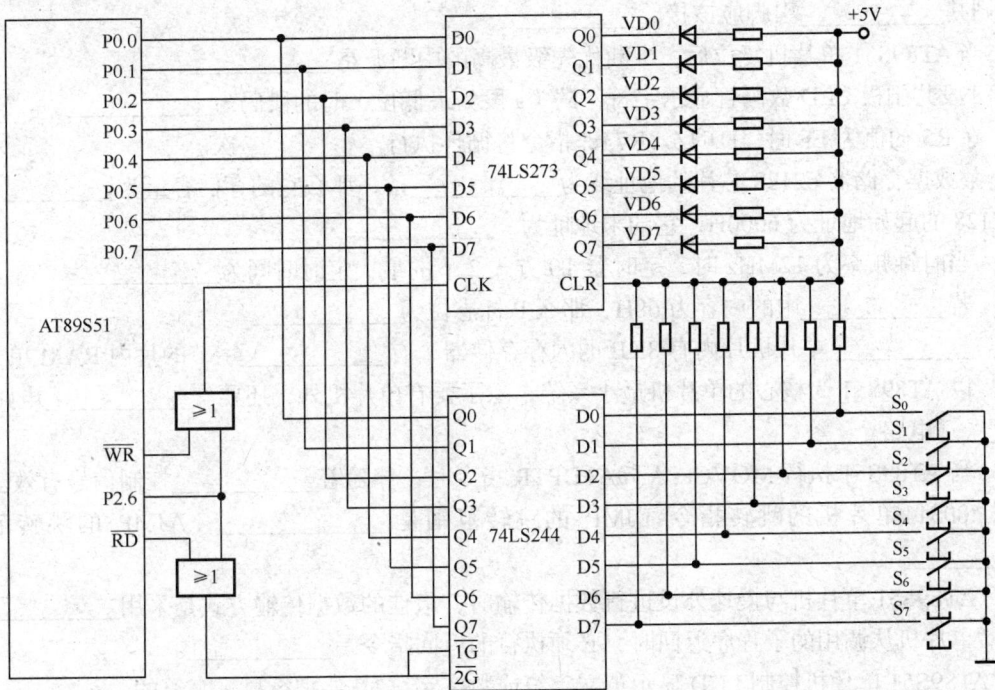

（1）输入端口 74LS244 的端口地址为（　　　）H，输出端口 74LS273 的端口地址为（　　　）H。提示：没有用到的地址位必须为 1。

（2）编写程序把按钮开关状态通过图中的发光二极管显示出来。

答案：

（1）BFFF，BFFF

（2）程序如下。

```
DDIS:   MOV     DPTR, #0BFFFH    ; 输入口地址→DPTR
LP:     MOVX    A, @DPTR         ; 按钮开关状态读入 A 中
        MOVX    @DPTR, A         ; A 中数据送显示输出口
        SJMP    LP               ; （输入、输出共用一个地址）反复连续执行
```

试题 9

一、填空题

1. 执行 MOVX @R1,A 指令时，伴随着_____控制信号有效。

2. AT89S51 单片机复位时，PC 指针的内容为_____，4 个端口寄存器 P0～P3 中的内容为_____。

3. PSW 寄存器中的 AC 标志位，称为_____标志位，是在_____运算时，用作_____。

4. AT89S51 单片机采用外部时钟电路时，_____引脚应悬空。外部振荡器输出的时钟信号接_____引脚。

5. 设计一个以 AT89S51 单片机为核心的应用系统，如果仅使用其内部 4KB 闪存作为程序存储器，则其_____引脚应该接_____。

6. 当 AT89S51 单片机复位后，中断优先级最高的中断源是_____。

7. 8 段共阳极 LED 数码管显示字符 "5"（a 段为最低位）时的段码为_____。

8. 在 R5 初值为 FF 时，DJNZ R7,rel 指令将循环执行_____次。

9. 某数据存储器 62128 芯片的地址线为_____条，那么它的存储容量为_____。假设 62128 的起始地址为 6000H，它的末地址为_____。

10. 当时钟频率为 12MHz 时，定时器 T0 方式 2 下的最大定时时间为_____。

11. 若_____中的内容为 68H，那么 P 标志位为_____。

12. _____单片机片内有 8KB 的闪存存储器，有_____字节的片内 RAM 单元。

13. 以 AT89S51 为核心的单片机最小系统，除了要有单片机外，还要有_____电路和_____电路。

14. 当 AT89S51 执行 MOVC A,@A+DPTR 指令时，伴随着_____控制信号有效。

15. 8051 单片机的跳转指令 LJMP 的跳转范围是_____，AJMP 的跳转范围是_____。

16. AT89S51 单片机与慢速外设进行数据传输时，最佳的数据传输方式是采用_____。

17. 单片机从调用的子程序返回时，必须执行的返回指令是_____。

18. AT89S51 单片机控制 LCD 显示英文字符或数字字符时，要把欲显示字符的_____码送给 LCD 控制模块。

19. 如果定时器的启动和停止要由两个信号 TRx（x=0,1）和 $\overline{\text{INT}x}$（x=0,1）来共同控制，则寄存器 TMOD 中的 GATEx（x=0,1）位必须为_____。

20. 串行口方式 3 接收数据时，_____寄存器的_____位必须为 1，接收到的第 9 位数据进入寄存器的_____位中。

21. D/A 转换器的两个最重要的技术指标为_____和_____。

22. 某 10 位 A/D 转换器的转换电压的范围为 0～10V，其分辨率为_____mV。

23. AT89S51 单片机访问片外数据存储器的寻址方式是_____。

24. 当用串行口进行串行通信时，为减小波特率误差，使用的时钟频率为_____MHz。

答案： 1. WR* 2. 0000H，FFH 3. 辅助进位，BCD 码，十进位调整 4. XTAL2，XTAL1

5．EA*，+5V　6．外中断 0　7．6DH　8．255　9．14，16KB，7FFFH　10．256μs　11．A，1
12．AT89S51，256　13．时钟，复位　14．PSEN*　15．64KB，2KB　16．中断方式　17．RET
18．ASCII　19．1　20．SCON，REN，RB8　21．分辨率，转换时间　22．9.77　23．寄存器间
接寻址　24．11.0592

二、判断题

1．单片机扩展 I/O 接口芯片，要占用片外数据存储器的地址资源。（　　）

2．单片机的功能侧重于测量和控制，DSP 侧重于高速、复杂运算。（　　）

3．AT89S51 单片机进行串行通信时，定时器方式 2 能产生比方式 1 更低的波特率。（　　）

4．同为高中断优先级，外部中断 0 能打断正在执行的外部中断 1 的中断服务程序。（　　）

5．在 AT89S51 单片机的汇编语言中，操作码是唯一不能空缺的部分。（　　）

6．软件延时程序比定时器的定时更精确。（　　）

7．中断服务子程序可以直接调用。（　　）

8．特殊功能寄存器 TCON，仅与定时器/计数器的控制相关。（　　）

9．LED 数码管工作于动态显示方式时，同一时间只有一个数码管被点亮。（　　）

10．数据指针 DPTR 只用于访问数据存储器。（　　）

11．如果只有一路模拟量输出，DAC0832 可以采用单缓冲方式，如果有多路模拟量输出，则
DAC0832 必须采用双缓冲方式。（　　）

12．AT89S51 单片机的 P1 口作为输入端口使用时，必须先向 P1 口写入 FFH。（　　）

13．并行接口芯片 82C55 的方式 0 是无条件的输入/输出方式。（　　）

14．指令中直接给出的操作数称为直接寻址。（　　）

15．AT89S51 片内 RAM 的位寻址区，只能进行位寻址，不能进行字节寻址。（　　）

16．"INC A" 和 "DEC A" 指令不影响程序状态字 PSW 中的任何标志。（　　）

答案：1．√　2．√　3．×　4．×　5．√　6．×　7．×　8．×　9．√　10．×　11．×
12．√　13．√　14．×　15．×　16．×

三、简答题

1．在中断服务程序中为什么需要保护现场和恢复现场？

答案：现场是指中断时单片机中某些寄存器和存储器单元中的数据或状态，为了使中断服务
的执行不破坏这些数据和状态，以免在中断返回后影响主程序的运行，要把这些数据和状态送入
堆栈，进行保护。在返回主程序时，则需要把保存的现场数据和状态从堆栈中弹出，以恢复那些
寄存器和存储器单元中的原有内容。

2．AT89S51 单片机定时器 T0 的方式 2 是多少位的定时/计数器？简述其工作过程。

答案：定时器工作方式 2 是一种自动重装初值的 8 位定时计数器，TL0 用于计数，TH0 保存
计数初值。当 TL0 计满溢出时，溢出脉冲打开了 TL0 和 TH0 之间的三态门，使 TH0 的内容自动
装入 TL0，重复计数。

四、AT89S51 单片机与 3 位 8 段共阳极 LED 相接，静态显示。

1．分别写出显示字符 "1." "2" "3" 的段码，注：段码的最低位为 "a" 段，段码的最高位
为 "dp" 段。

2．已知 82C55 的 PA 口、PB 口和 PC 口的地址分别为 FF7CH、FF7DH、FF7EH，且 82C55
的这 3 个端口均已被编写完毕的初始化程序初始化为方式 0 输出，请编写出使 3 位 LED 共阳极显
示器从左至右显示 "1.23" 的程序段。

答案： 1. "1." 的段码为 79H，"2" 的段码为 A4H，"3" 的段码为 B0H。

2.
```
MOV    A, #79H
MOV    DPTR, #0FF7CH
MOVX   @DPTR, A
MOV    A, #0A4H
MOV    DPTR, #0FF7DH
MOVX   @DPTR, A
MOV    A, #0B0H
MOV    DPTR, #0FF7EH
MOVX   @DPTR, A
```

五、AT89S51 单片机通过 ADC0809 进行模数转换，采用中断控制方式，请回答以下问题。

1. 标出图中①、②、③对应的引脚符号。

2. 填写程序或注释中的空白部分 a～f。

3. 程序中的 "#addr" 为模拟输入的端口地址，当单片机分别对 "IN0" "IN3" 和 "IN7" 进行模数转换时，写出对应的 "#addr" 的取值（注意：地址线未用到的位为 1）。

```
ORG    0000H
AJMP   MAIN
ORG    0013H           ;    a    的中断入口地址
       b               ;读 A/D 转换结果
RETI
ORG    0100H
MAIN: SETB  IT1         ;    c   触发方式选择
```

SETB	d	；总中断允许
SETB	e	；允许中断
MOV	DPTR, #addr	；指向某一模拟输入通道
	f	；启动 A/D 转换
SJMP	$	；等待中断

答案：

1. ①为"INT1"，②为"WR*"，③为"RD*"。

2. a. 填"外部中断 1"，b. 填"MOVX　A,@DPTR"，c. 填"下降沿"，d. 填"EA"，e.填"EX1"，f. 填"MOVX　@DPTR，A"。

3. "IN0"的端口地址为：7FF8H。

　　"IN3"的端口地址为：7FFBH。

　　"IN7"的端口地址为：7FFFH。

六、请回答以下问题。

1. 下图中单片机外部扩展的程序存储器和数据存储器容量各是多少？

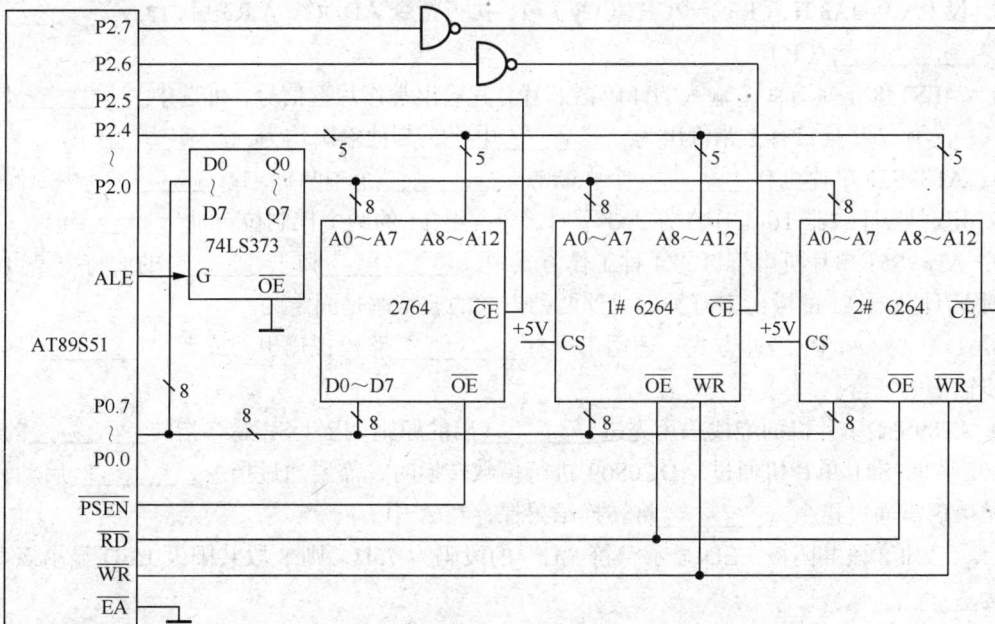

2. 三片存储器芯片的地址范围分别是多少？（地址线未用到的位为 1）

3. 请编写程序，将内部 RAM 40H～4FH 中的内容送入 1# 6264 的前 16 个单元中。

答案：

1. 外部扩展的程序存储器容量为 8KB。

　　外部扩展的数据存储器容量为 8KB×2=16KB。

2. 程序存储器 2764 的地址范围为 0000H～1FFFH。

　　数据存储器 1#6264 的地址范围为 6000H～7FFFH。

　　数据存储器 2#6264 的地址范围为 A000H～BFFFH。

3. 编写程序

```
MOV   R0, #40H
MOV   DPTR, #6000H        ；设置数据指针为 6000H
```

```
LOOP: MOV   A, @R0              ; 将片内 RAM（40～4FH）中的内容送入 A 中
      MOVX  @DPTR, A            ; 将 A 送入@DPTR 中
      INC   R0
      INC   DPTR
      CJNE  R0, #50H, LOOP      ; 将此子程序循环执行 16 次
      RET
```

试题 10

一、填空题

1. AT89S51 单片机的 CPU 由_____和_____组成。

2. AT89S51 单片机中，程序计数器 PC、DPTR 和定时器/计数器都是 16 位的功能部件，其中，对_____不能直接访问，对_____的访问只能分别读写其高 8 位和低 8 位，对_____则可以进行 16 位的读写。

3. 设（A）=0A3 H，（R3）=2CH，（Cy）=1，执行指令 ADDC A,R3 后，（Cy）=_____，（Ac）=_____，（P）=_____。

4. 74LS138 是具有 3 个输入的译码器芯片，其输出常作片选信号，可选中_____片芯片中的任一芯片，并且只有 1 路输出为_____电平，其他输出均为_____电平。

5. AT89S51 单片机有_____个中断源，_____个中断标志，_____中断优先级。

6. 定时器/计数器 T0 工作在方式 3 下时，会占用 T1 的两个控制位：即_____和_____。

7. AT89S51 单片机串行口的 4 种工作方式中，_____和_____的波特率是可调的，与定时器/计数器 T1 的溢出率有关，另外两种方式的波特率是固定的。

8. DAC0832 的单缓冲方式，适用于只有_____路模拟输出，或者_____路但不要求同步输出的场合。

9. AT89S51 单片机的堆栈采用先进_____出的原则，指针 SP 始终指向_____的地址。

10. AT89S51 单片机通过 ADC0809 进行模数转换时，需要通过指令_____启动转换，转换结束后需通过指令_____将转换结果保存在 A 中。

11. 已知 8 段共阴极 LED 显示字符"H"的段码为 76H，则 8 段共阳极 LED 显示该字符的段码为_____。

12. 常用的单片机编程语言有汇编和 C51，其中_____编程效率高，_____执行效率高。

13. 若单片机的时钟频率为 f_{osc}，则定时器/计数器 T1 工作在方式 2 时，最小的波特率为_____，最大的波特率为_____。

14. 单片机的晶振为 6MHz，若利用定时器/计数器 T1 的方式 1 定时 2ms，则 TH1 的内容为_____，TL1 的内容为_____。

15. 从同步方式的角度讲，82C55 的基本输入/输出方式属于_____通信，选通输入/输出和双向传送方式属于_____通信。

16. 使用并行接口方式连接键盘，对独立式键盘而言，8 根 I/O 口线可以接_____个按键，而对矩阵式键盘而言，8 根 I/O 口线最多可以接_____个按键。

答案：1. 运算器，控制器 2. PC，定时器/计数器，DPTR 3. 0, 1, 1 4. 8, 低，高 5. 5，

6，2　6. 计数运行控制位或 TR1，中断标志位或计数溢出标志位或 TF1　7. 方式 1，方式 3　8. 1，多　9. 后，栈顶　10. MOVX　@DPTR,A 或 MOVX　@Ri,A;MOVX　A,@DPTR 或 MOVX A,@Ri　11. 89H　12. C51，汇编语言　13. $f_{osc}/98304$，$f_{osc}/12$ 或 $f_{osc}/192$　14. FCH，18H　15. 同步，异步　16. 8，16

二、判断题

1. AT89S51 单片机的 I/O 口与外数据存储器统一编址，因此扩展 I/O 口占用片外数据存储器的地址。（　　　）

2. 在开中断的前提下，只要中断源发出中断请求，CPU 就会立刻响应中断。（　　　）

3. AT89S51 单片机的 EA*引脚接低电平时，只使用片外 ROM，接高电平时，只使用片内 ROM。（　　　）

4. 当定时器/计数器 T0 工作在方式 3 时，TL0 具有定时和计数功能，而 TH0 只有定时功能，没有计数功能。（　　　）

5. 自然优先级高的中断可以打断自然优先级低的中断。（　　　）

6. 单片机系统扩展时使用的锁存器，是用于锁存低 8 位地址的。（　　　）

7. 占字节数多的指令，执行时间不一定长，但是书写越长的指令，占用的字节数越多。（　　　）

8. 单片机的时钟频率越高，在 A/D 或 D/A 变换时的速度越快。（　　　）

9. 汇编指令在汇编过程中都会产生与之相对应的机器码。（　　　）

10. AT89S51 单片机的 SBUF 虽然只有一个地址，但是对应两个物理单元。（　　　）

11. AT89S51 的定时器/计数器对外部脉冲进行计数时，要求输入计数脉冲的高电平和低电平的持续时间均要大于 1 个机器周期。（　　　）

12. 动态显示的数码管，任一时刻只有一个 LED 处于点亮状态，是 LED 的余辉与人眼的"视觉暂留"造成数码管同时显示的"假象"。（　　　）

13. 在 ROM 或者 RAM 的多片扩展中，若要保证各片地址连续，应该采用线选法。（　　　）

14. 若定时器/计数器 T1 不作波特率发生器，则串行口无法进行串行通信。（　　　）

15. 汇编指令主要是由操作码和操作数组成的，但是有些指令只有操作码。（　　　）

答案：1. √　2. ×　3. ×　4. √　5. ×　6. √　7. ×　8. ×　9. √　10. √　11. √　12. √　13. ×　14. ×　15. √

三、单选题

1. 访问片外数据存储器的寻址方式是（　　　）。

　　A. 立即寻址　　　　B. 寄存器寻址　　C. 寄存器间接寻址　D. 直接寻址

2. 在 CPU 内部，反映程序运行状态或反映运算结果的特征寄存器是（　　　）。

　　A. PC　　　　　　B. PSW　　　　　C. A　　　　　　D. SP

3. 用 AT89S51 的串行口扩展并行 I/O 口时，串口需工作在（　　　）下。

　　A. 方式 0　　　　　B. 方式 1　　　　C. 方式 2　　　　D. 方式 3

4. 如果(SP)=42H，(3FH)=12H，(40H)=34H，(41H)=50H，(42H)=80H，则执行下列指令后

```
POP  DPH
POP  DPL
RET
```

(PCH) = （　　　）。

　　A. 80H　　　　　　B. 50H　　　　　C. 34H　　　　　D. 12H

5. 以下指令中，错误的是（　　　）。

    A. PUSH　Acc   B. CJNE　　A,R0,rel

    C. MUL　AB   D. JMP　　　@A+DPTR

6. 执行子程序返回或中断子程序返回指令时，返回的断点是（　　　）。

    A. 调用指令的首地址   B. 调用指令的末地址

    C. 调用指令下一条指令的首地址   D. 返回指令的末地址

7. 以下指令中，不属于对引脚"读-修改-写"指令的是（　　　）。

    A. INC　　P1   B. ORL　　P1,#0FH

    C. DJNZ　　P1,LOOP   D. MOV　　C,P1.3

8. AT89S51 和 AT89S52 单片机的主要区别是（　　　）。

    A. 内部数据存储器和程序存储器的数目   B. I/O 口的数目

    C. 内部数据存储器和程序存储器的类别   D. 芯片引脚的数目

9. 若要同时扩展 4 片 2KB 的 RAM 和 4 片 4KB 的 ROM，最少需要（　　　）根地址线。

    A. 12   B. 13   C. 14   D. 15

10. 以下中断，只能通过软件清除中断请求的是（　　　）。

    A. 外部中断   B. 定时器/计数器中断

    C. 串行中断   D. 所有中断

答案：1. C　2. B　3. A　4. C　5. B　6. C　7. D　8. A　9. C　10. C

四、简答题

1. 简述 AT89S51 单片机的寄存器间接寻址方式，针对片内和片外 RAM，分别介绍寻址范围。

答案：

（1）该寻址方式在寄存器中存放的不是操作数，而是操作数的地址，操作数是通过寄存器中的地址间接得到的。

（2）寻址范围

内部 RAM：128B，00H～7FH，形式为@Ri(i=0,1)。

外部 RAM：64KB，0000H～FFFFH，形式为@DPTR。

2. AT89S51 单片机的外部程序存储器和数据存储器共用地址线，为何不会发生冲突？

答案：

因为控制信号线不同，外扩的 RAM 芯片的控制信号线为 AT89S51 单片机的 RD*和 WR*引脚。外扩的 ROM 芯片的控制信号线为 AT89S51 单片机的 PSEN*引脚。选择不同控制信号线，通过不同指令，访问外部 RAM 需执行 MOVX 指令，访问外部 ROM 则需执行 MOVC 指令，故虽然外部 RAM 和外部 ROM 共用地址线，但不会产生冲突。

3. AT89S51 各中断源的入口地址能否任意设定？如果想将中断服务程序放置在程序存储器中的任意区域，在程序中应该做何种设置？请举例说明。

答案：

（1）各中断源的入口地址已经被定义了，不能任意设定。

（2）如果要将中断服务程序放置在程序存储器中的任意区域，要在该中断的入口地址处设置跳转指令，才可执行中断服务程序。

例如，外部中断 0 的中断服务程序 INTP0 放置在程序存储区的任意区域，此时，需通过以下方式访问中断服务程序。

```
ORG     0003H
LJMP    INTP0
```

4．I/O 接口和 I/O 端口有什么区别？I/O 接口的功能是什么？

答案：

（1）I/O 端口简称 I/O 口，是指 I/O 接口电路中具有端口地址的寄存器或缓冲器。

I/O 接口是指单片机与外设间的 I/O 接口电路或芯片。

（2）I/O 接口功能：①实现单片机与不同外设的速度匹配；②输出数据锁存；③输入数据三态缓冲。

五、利用 AT89S51 单片机和 DAC0832 制作波形发生器，数模转换时数字量 FFH 和 00H 分别对应模拟量+5V 和 0V。设有一个延时 3.900ms 的子程序 DELAY 可供直接调用。

1．将图（a）中空缺的电路补充完整。

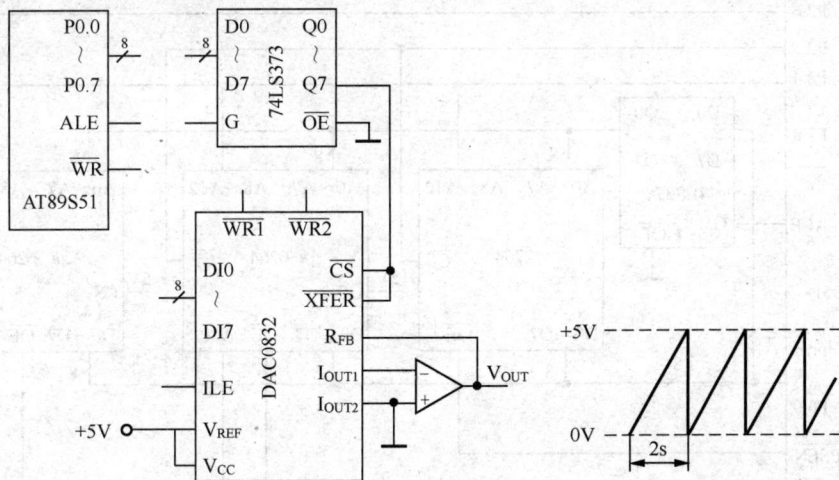

图（a）　　　　　　　　　　图（b）

2．编写汇编程序，产生图（b）所示的锯齿波。

答案：

1．连线如下图，WR2*接地也正确。ILE 直接接+5V 也可以。

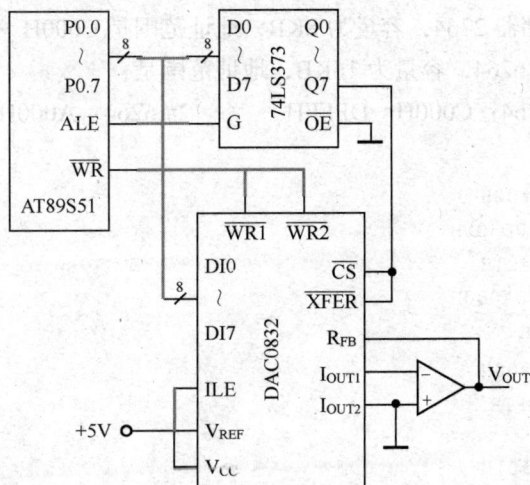

2.

```
        ORG     0100H
        MOV     R0, #0FEH
        MOV     A, #00H
LOOP:   MOVX    @R0, A
        INC     A
        LCALL   DELAY
        LCALL   DELAY
        SJMP    LOOP
```

六、请回答以下问题

1. 下图中外部扩展的程序存储器和数据存储器容量各是多少？地址范围分别是什么？没用到的地址线设为1。

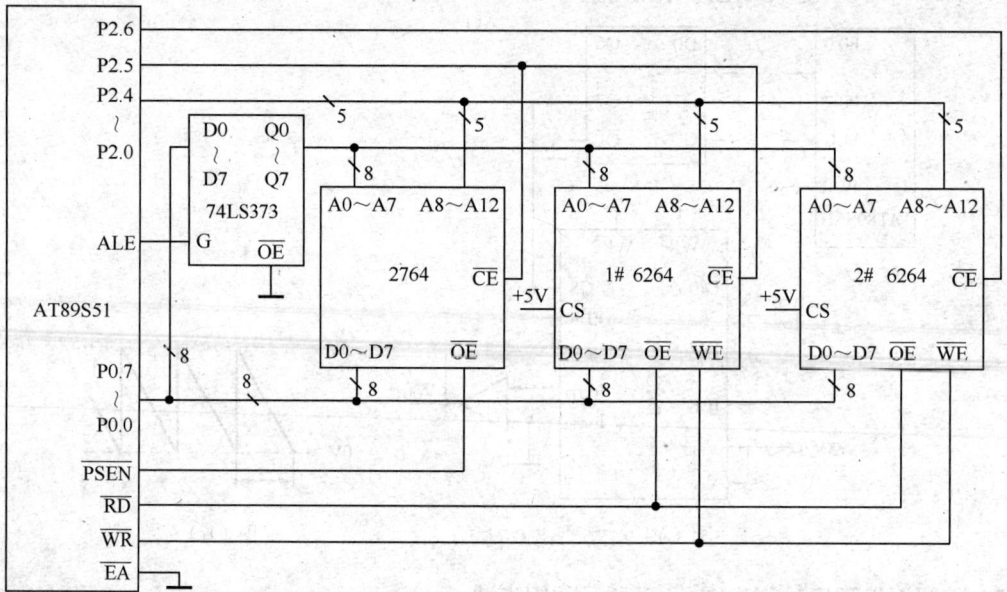

2. 编写汇编程序，将 ROM 中以 D300H 为首的 16 个表格数据送入 2# 6264 的前 16 个单元中。已知特殊功能寄存器 AUXR1 的最低有效位可用于选择 DPTR0 和 DPTR1。

答案：

1. 外扩 1 片程序存储器 2764，容量为 8KB，地址范围是 C000H～DFFFH。

外扩 2 片数据存储器 6264，容量为 16KB，地址范围是：

               1# 6264：C000H～DFFFH   2# 6264：A000H～BFFFH

2.

```
        MOV     AUXR1, #00H
        MOV     DPTR, #0D300H
        MOV     AUXR1, #01H
        MOV     DPTR, #0A000H
        MOV     R3, #10H
LOOP:   MOV     AUXR1, #00H
        MOVC    A, @A+DPTR
        INC     DPTR
        MOV     AUXR1, #01H
        MOVX    @DPTR, A
```

```
        INC    DPTR
        DJNZ   R3, LOOP
```
或
```
        MOV    R3, #10H
        MOV    R0, #30H
        MOV    DPTR, #0D300H
LOOP:   MOVC   A, @A+DPTR
        INC    DPTR
        MOV    @R0, A
        INC    R0
        DJNZ   R3, LOOP
        MOV    R3, #10H
        MOV    R0, #30H
        MOV    DPTR, #0A000H
LOOP1:  MOV    A, @R0
        MOVX   @DPTR, A
        INC    DPTR
        INC    R0
        DJNZ   R3, LOOP1
```

试题 11

一、填空题

1. 单片机 EMCU、数字信号处理器 DSP 和嵌入式微处理器 EMPU 的侧重点不同，_____的专长是测量和控制，_____可用于配置实时多任务操作系统，_____擅长复杂、高速的运算。

2. 串行口工作在方式 3 时，要传送的 8 位数据由串口的_____发送出去，第 9 位数据要事先写到特殊功能寄存器_____的_____位中。

3. 已知（A）=03H，（SP）=60H，（59H）=01H，（60H）=02H，（61H）=2CH，执行指令
```
PUSH Acc
RET
```
后，（SP）=_____，（PC）=_____，（61H）=_____。

4. 单片机与计算机的不同之处在于其将_____、_____和_____等部分集成于一块芯片之上。

5. 计算机的数据传送有两种方式，即_____方式和_____方式，其中具有成本低特点的是_____数据传送。

6. 为扩展存储器而构建单片机片外总线，应将 P0 口和 P2 口作为_____总线，并将 P0 口作为_____总线。

7. AT89S51 单片机控制 LED 显示时，可采用 2 种显示方式：_____显示和_____显示。

8. D/A 转换器分辨率的含义是：_____的输入变化所引起的_____的输出变化。

9. 汇编语言的基本指令中，_____规定执行的操作，_____给操作提供数据和地址。

10. AT89S51 单片机最多可外扩_____KB 的数据存储器，此时单片机需提供_____根地址线。

11. 扩展 AT89S51 单片机的存储器时，涉及的控制总线有_____、_____、_____、$\overline{WR}$ 和 $\overline{RD}$ 。

12. AT89S51 单片机有_____个中断源，分成 3 类：外部中断、_____中断和_____中断。

13. 在基址加变址的寄存器间接寻址方式中，_____作为变址寄存器，_____或 PC 作为基址寄存器。

14. 定时器/计数器的"定时"是对内部的_____进行计数，其"计数"是对 P3.4 和 P3.5 引脚上的_____进行计数。

答案：1. 单片机，EMPU，DSP 2. SBUF/发送缓冲器，SCON，TB8 3. 5FH，0302H，03H 4. CPU，存储器，I/O 接口 5. 并行，串行，串行 6. 地址，数据 7. 静态，动态 8. 单位数字量，模拟量 9. 操作码，操作数 10. 64，16 11. ALE，EA*，PSEN* 12. 5，定时器/计数器，串行 13. A，DPTR 14. 机器周期，外部脉冲

二、判断题

1. 在一个完整的程序中，伪指令是可有可无的。（　　　）

2. AT89S51 单片机的位寻址区，只能供位寻址使用，而不能供字节寻址使用。（　　　）

3. AT89S51 单片机内部时钟方式的"内部"，是指单片机应用系统，而不是单片机本身。（　　　）

4. AT89S51 单片机中的 PC 是不可寻址的。（　　　）

5. 当单片机的存储器或 I/O 接口资源不足时，只能通过系统扩展来解决。（　　　）

6. 中断返回指令 RETI 可以由指令 RET 代替。（　　　）

7. 当模拟量的满刻度值固定时，ADC 和 DAC 的分辨率只与其位数有关。（　　　）

8. AT89S51 单片机外扩 EEPROM 的方法等同于外扩 ROM。（　　　）

9. 低优先级中断请求不能打断高优先级的中断服务，但高优先级的中断请求能打断低优先级的中断服务。（　　　）

10. AT89S51 单片机，程序存储器和数据存储器扩展的最大范围一样。（　　　）

11. 扩展 I/O 口占用片外数据存储器的地址资源。（　　　）

12. AT89S51 单片机的 P0 口工作在总线模式下时，是一个准双向口。（　　　）

13. 按键的去抖操作，只能通过软件编程来实现。（　　　）

14. 外部计数脉冲的最高频率为系统振荡器频率的 1/24，是定时器/计数器对外准确计数的充要条件。（　　　）

15. 在同等条件下，AT89S51 单片机串行口同步通信的速率高于异步通信。（　　　）

答案：1. ×　2. ×　3. √　4. √　5. ×　6. ×　7. √　8. ×　9. √　10. √　11. √　12. ×　13. ×　14. ×　15. √

三、单选题

1. 单片机能直接识别的语言是（　　　）。

    A. 汇编语言　　　　B. 机器语言　　　　C. 低级语言　　　　D. 高级语言

2. 外部中断 1 的中断入口地址为（　　　）。

    A. 0003H　　　　B. 000BH　　　　C. 0013H　　　　D. 001BH

3. 单片机寻址外部 I/O 端口地址的方法有两种，一种是统一编址，另一种是（　　　）。

    A. 混合编址　　　　B. 动态编址　　　　C. 独立编址　　　　D. 变址编址

4. 关于 AT89S51 单片机的堆栈操作，下列描述正确的是（　　　）。

    A. 遵循先进先出，后进后出的原则　　　　B. 压栈时栈顶地址自动减 1

    C. 调用子程序及子程序返回与堆栈无关　　D. 中断响应及中断返回与堆栈有关

5. 各中断源发出的中断请求，都会标记在特殊功能寄存器（　　　）中。

    A. TMOD　　　　　　　B. TCON/SCON　　　　C. IE　　　　　　　　D. IP

6. 用 AT89S51 单片机的串行口扩展并行 I/O 口时，串行口应该选择（　　　）。

    A. 方式 0　　　　　　　B. 方式 1　　　　　　　C. 方式 2　　　　　　　D. 方式 3

7. 执行子程序返回指令时，返回的位置是（　　　）。

    A. 调用指令的首地址　　　　　　　　　　B. 调用指令的末地址

    C. 返回指令的末地址　　　　　　　　　　D. 调用指令下一条指令的首地址

8. 执行如下三条指令后，50H 单元的内容是（　　　）。

```
MOV   R1, #50H
MOV   60H, #0FEH
MOV   @R1, 60H
```

    A. 50H　　　　　　　　B. 0FEH　　　　　　　C. 60H　　　　　　　　D. 00H

9. 要设计一个 32 键的行列式键盘，至少需要占用（　　　）根引脚线。

    A. 12　　　　　　　　　B. 32　　　　　　　　　C. 18　　　　　　　　　D. 无法确定

10. 定时 1ms（系统时钟频率为 6MHz），使用定时器/计数器的（　　　）更合适。

    A. 方式 0　　　　　　　B. 方式 1　　　　　　　C. 方式 2　　　　　　　D. 方式 3

答案：1. B　2. C　3. C　4. D　5. B　6. A　7. D　8. B　9. A　10. B

四、简答题

1. 简述"单片机的并行口以通用 I/O 方式输入时，需先向该口写 1"的原因，说明该操作是否影响要输入的信息，并加以解释。

答案：

（1）向并行口写 1 的操作，是为了截止内部的场效应管，避免由于之前输出 0 而导致读入数据始终为 0 的情况。

（2）不影响。

（3）单片机的并行口以通用 I/O 方式输入时，需要连接输入接口电路的高、低电平。如接高电平，则写 1 操作自然不会影响输入结果；若接低电平，则 I/O 管脚也会被拉成低电平，因此读入状态为 0，也不会受写 1 操作的影响。

2. AT89S51 单片机的串行口有几种工作方式？其通信速率分别与哪些因素有关？

答案：

（1）AT89S51 单片机的串行口有 4 种工作方式。

（2）方式 0 的波特率只与系统的时钟频率有关；方式 2 与系统的时钟频率和波特率倍增位 SMOD 有关；方式 1 和方式 3 则与系统的时钟频率、波特率倍增位 SMOD 和 T1 的溢出率有关。

3. 阐述 LED 动态显示和静态显示的硬件连接方法，并从占用 CPU 资源和 I/O 资源的角度，对比两者的优缺点。

答案：

（1）LED 静态显示方式：各数码管的位选线统一接地或者电源，段码线接不同的 I/O 口线。动态显示方式：所有数码管的段码线接在一起，统一由一个 I/O 口控制，而位选线由单独的 I/O

口控制。

（2）LED 静态显示方式：优点是节省 CPU 资源，缺点是浪费 I/O 资源。

LED 动态显示方式：优点是节省 I/O 资源，缺点是浪费 CPU 资源。

4. AT89S51 单片机利用 ADC0809 进行模数转换时，需要使用 MOVX @DPTR, A 和 MOVX A, @DPTR 两条指令完成一个 8 位二进制数的转换（DPTR 所存数据为输入模拟通道的端口地址），解释其原因，并分别指出这两条指令的作用。

答案：

（1）这样设计的根本原因在于 ADC0809 相对于 AT89S51 单片机而言，是慢速输入外设，因此需要分别控制 ADC0809 启动转换和读取数据。

（2）指令 MOVX @DPTR, A 用于启动 A/D 转换，指令 MOVX A, @DPTR 用于接收转换完毕的数据。

五、设两个外中断源已被占用，为电平触发方式，定时器/计数器 T1 用作波特率发生器，工作在方式 2。现要求使用定时器/计数器 T0 扩展一个外部中断，并控制 P1.0 引脚输出一个 5kHz 的方波。系统时钟为 12MHz。

1. 划分 TL0 和 TH0 的功能，并计算其初值。

2. 填写程序中的空白部分。

TMOD	GATE	C/T̄	M1	M0	GATE	C/T̄	M1	M0

TCON	TF1	TR1	TF0	TR0	IE1	IT1	IE0	IT0

IE	EA	—	—	ES	ET1	EX1	ET0	EX0

```
        ORG   0000H
        LJMP  MAIN
        ORG   000BH
        LJMP  _____
        ORG   001BH
        LJMP  _____
        ORG   0100H
MAIN:   MOV   TMOD, _____
        MOV   TL0, _____      ; 置 TL0 初值
        MOV   TH0, #data         ; 置 TH0 初值
        MOV   TL1, #dataL        ; dataL 和 dataH 为波特率初值的低 8 位和高 8 位
        MOV   TH1, #dataH
        MOV   TCON, _____     ; 启动 TL0，设置外部中断触发方式
        MOV   IE, #9FH           ; 启动中断
HERE:   SJMP  HERE
TL0I:   _____        ; 启动 TH0
        RETI
TH0I:   _____
        CPL   P1.0
        RETI
```

答案：

1. TL0 用于扩展外部中断，工作在计数模式，初值应为 0FFH。

TH0 用于定时方波的半周期，工作在定时模式，设初值为 x，则有

$$(2^8-x) \times 机器周期=定时时长$$

若要产生 5kHz 的方波，则需定时 100μs，即

$$(2^8-x) \times 1 \times 10^{-6}=100 \times 10^{-6}$$

则，$x=156$，十六进制数为 9CH。

2.

```
        ORG    0000H
        LJMP   MAIN
        ORG    000BH
        LJMP   TL0I
        ORG    001BH
        LJMP   TH0I
        ORG    0100H
MAIN:   MOV    TMOD,  #27H
        MOV    TL0,   #0FFH      ; 置 TL0 初值
        MOV    TH0, #data        ; 置 TH0 初值
        MOV    TL1, #dataL       ; dataL 和 dataH 为波特率初值的低 8 位和高 8 位
        MOV    TH1, #dataH
        MOV    TCON,  #10H       ; 启动 TL0，设置外部中断触发方式
        MOV    IE, #9FH          ; 启动中断
HERE:   SJMP   HERE
TL0I:   SETB   TR1               ; 启动 TH0
        RETI
TH0I:   MOV    TH0,  #9CH
        CPL    P1.0
        RETI
```

六、AT89S51 单片机通过 82C55 扩展 I/O 口，实现按键识别与显示。

1. 将图 a 中空缺的电路补充完整。

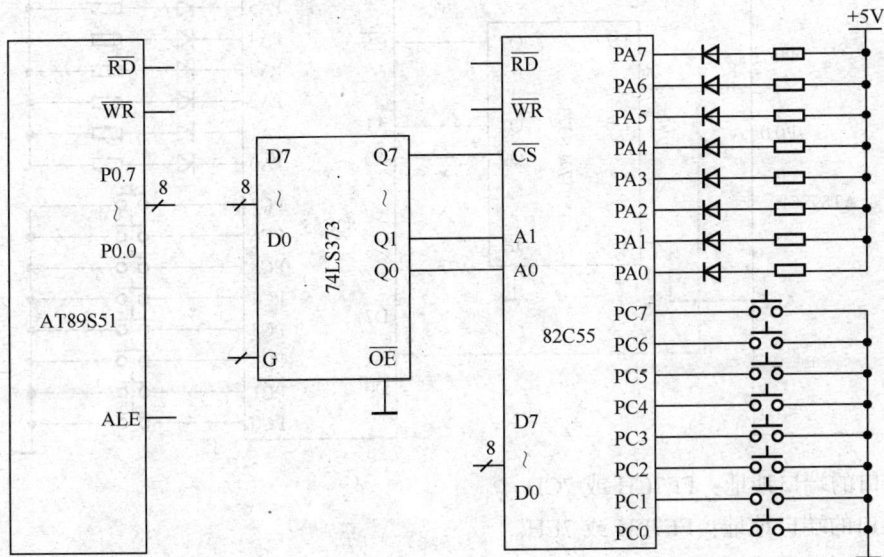

图 a　电路图

2. 计算 PA 口、PC 口和控制口的端口地址（没用到的地址设为 1）。

3. 根据图 b 编写程序段，将 PA 口设为基本输出，PC 口设为基本输入，并实现按键实时检测与指示（即当 PC0 按键闭合时，点亮 PA0 的发光二极管；当 PC1 按键闭合时，点亮 PA1 的发光二极管，以此类推）。

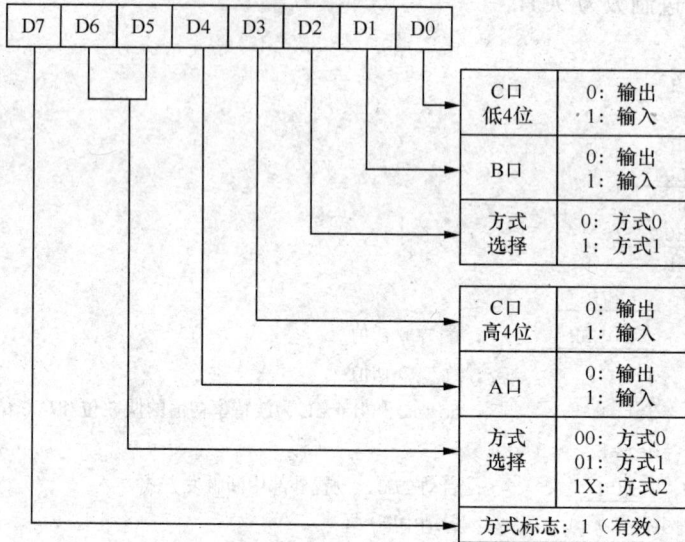

图 b　82C55 工作方式控制字

答案：

1.

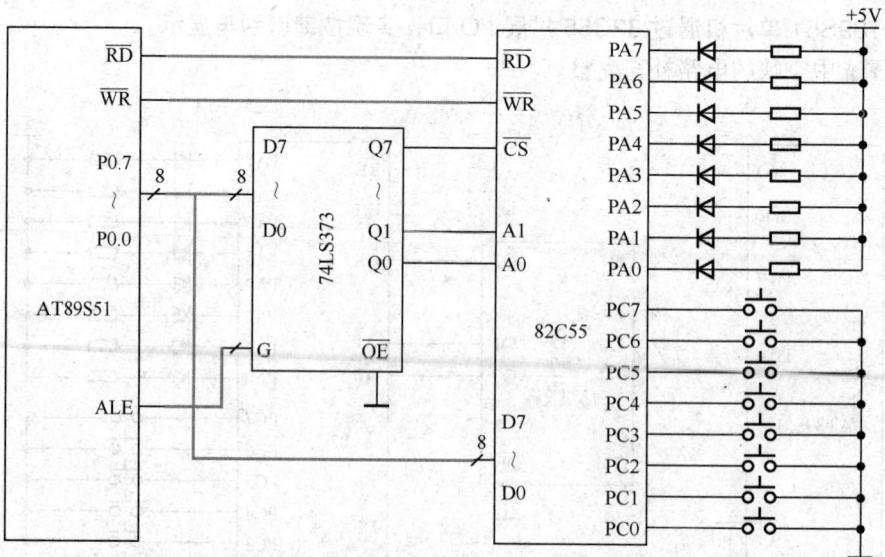

2. PA 口的端口地址：FF7CH 或 7CH。

　　PC 口的端口地址：FF7EH 或 7EH。

　　控制口的端口地址：FF7FH 或 7FH。

```
3.      MOV   DPTR, #0FF7FH
        MOV   A, #89H(或者 MOV A, #8BH)
        MOVX  @DPTR, A
LOOP:   MOV   DPTR, #0FF7EH
        MOVX  A, @DPTR
        MOV   DPTR, #0FF7CH
        MOVX  @DPTR, A
        SJMP  LOOP
```

试题 12

一、填空题

1. AT89S51 单片机的内部硬件结构包括：_____ 、 _____ 、 _____ 、特殊功能寄存器、并行 I/O 口、串行口、中断系统、定时器/计数器、位处理器等部件，这些部件通过 _____ 相连。

2. 执行下列程序段后，（R_0）=_____，（7EH）=_____，（7FH）=_____。

```
MOV  R0, #7EH
MOV  7EH, #0FFH
MOV  7FH, #40H
INC  @R0
INC  R0
INC  @R0
```

3. 已知（SP）=60H，子程序 SUBTRN 的首地址为 0345H，现执行位于 0123H 的 ACALL SUBTRN 双字节指令后，（PC）=_____，（61H）=_____，（62H）=_____。

4. 定时器/计数器_____的工作方式 3 是将其拆成两个独立部件，其中低 8 位兼具对内定时和对外计数功能，而高 8 位只具有_____功能。

5. AT89S51 单片机外部中断请求方式有电平触发方式和_____，在电平触发方式下，当采集到 P3.2、P3.3 的有效信号为_____时，触发外部中断。

6. 已知单片机系统的外接晶体振荡器的振荡频率为 11.059MHz，则该单片机系统的状态周期为_____，机器周期为_____。

7. 在接口电路中，把已经编址并能进行读写操作的寄存器称为_____。

8. AT89S51 指令共有 7 种寻址方式，分别是立即数寻址、_____、_____、寄存器间接寻址、基址寄存器加变址寄存器的间接寻址、相对寻址、_____。

9. 82C55 属于可编程的_____接口芯片，其中 A 口有_____种工作方式。

10. 使用 AT89S51 单片机对 500kHz 的方波信号进行脉冲计数时，为了保证测量准确性，需选用振荡频率不低于_____MHz 的晶振。

11. LED 数码管的动态显示方式利用了发光二极管的_____特点和人眼的_____生理特性。

12. 已知 f_{osc}=6MHz，要求串行口以 2400bit/s 的波特率进行通信，为了产生尽可能准确的波特率，T1 在方式 2 下的初值应为_____，SMOD 应为_____。

13. 在单片机中，为实现数据的 I/O 传送，可使用 3 种控制方式，即_____方式、_____方式和_____方式。

答案：1. CPU（或微处理器），数据存储器，程序存储器，总线　2. 7FH，00H，41H　3. 0345H，25H，01H　4. T0，对内定时（或定时）　5. 跳沿触发方式，低电平　6. 180ns，1.08μs　7. 端口　8. 直接寻址，寄存器寻址，位寻址　9. I/O，3　10. 12　11. 余辉，视觉暂留　12. 243，1　13. 无条件传送，查询，中断

二、判断题

1. 单片机是面向数据处理的。（　　）

2. 定时器与计数器的工作原理均是对输入脉冲进行计数。（　　）

3. 由于 MCS-51 的串行口的数据发送缓冲器和接收缓冲器都是 SBUF，所以其串行口不能同时发送和接收数据，即不是全双工的串行口。（　　）

4. END 表示指令执行到此结束。（　　）

5. ADC0809 是 8 位逐次逼近式模/数转换器。（　　）

6. TMOD 中的 GATE 为 0 时，定时器的启动仅取决于 TR0 或 TR1，GATE 为 1 时，定时器的启动则仅取决于引脚 INT0 或 INT1 的状态。（　　）

7. 相对寻址方式中，"相对"两字是相对于当前指令的首地址。（　　）

8. 显示相同的字符时，在不考虑显示小数点的情况下，共阳极和共阴极 LED 数码管的段码值互为反码。（　　）

9. 执行子程序返回指令时，返回的断点是调用指令的首地址。（　　）

10. LED 数码管的动态显示方式更节省 I/O 口资源，静态显示更节省 CPU 资源。（　　）

答案：1. ×　2. √　3. ×　4. ×　5. √　6. ×　7. ×　8. √　9. ×　10. √

三、单选题

1. 单片机的振荡频率为 6MHz，定时器/计数器工作在方式 1，若要定时 1ms，则其初值应为（　　）。

  A. 500　 B. 1000　 C. $2^{16}-500$　 D. $2^{16}-1000$

2. AT89S51 单片机在同一优先级的中断源同时申请中断时，CPU 首先响应（　　）。

  A. 外部中断 0　 B. 外部中断 1　 C. 定时器 0 中断　 D. 定时器 1 中断

3. 要想把数字送入 DAC0832 的输入寄存器，其控制信号应满足（　　）。

  A. ILE=1，$\overline{CS}$=1，$\overline{WR1}$=0　 B. ILE=1，$\overline{CS}$=0，$\overline{WR1}$=0

  C. ILE=0，$\overline{CS}$=1，$\overline{WR1}$=0　 D. ILE=0，$\overline{CS}$=0，$\overline{WR1}$=0

4. 执行中断返回指令时，将堆栈弹出的地址送给（　　）。

  A. A　 B. Cy　 C. PC　 D. DPTR

5. 下面哪种外设是输入外设？（　　）

  A. 打印机　 B. LED　 C. LCD　 D. BCD 码拨盘

6. 波特率的单位是（　　）。

  A. 字符/秒　 B. 位/秒　 C. 帧/秒　 D. 字节/秒

7. 在中断服务程序中至少应有一条（　　）。

  A. 传送指令　 B. 转移指令　 C. 加法指令　 D. 中断返回指令

8. 要使单片机能响应定时器 T1 中断，串行接口中断，其 IE 的内容应是（　　）。

A. 98H   B. 94H   C. 88H   D. 84H

IE	EA	—	—	ES	ET1	EX1	ET0	EX0

9. 若某存储器芯片地址线为 12 根，那么它的存储容量为（　　　）。

A. 1KB   B. 2KB   C. 4KB   D. 8KB

10. PC 中存放的是（　　　）。

    A. 下一条指令的首地址　　　　　　　　B. 当前正在执行的指令

    C. 当前正在执行指令的地址　　　　　　D. 下一条要执行的指令

答案：1. C　2. A　3. B　4. B　5. D　6. B　7. D　8. A　9. C　10. A

四、简答题

1. 想将中断服务程序放置在程序存储区的任意区域，在程序中应该如何设置？请举例说明。

答案： 如果要将中断服务程序放置在程序存储区的任意区域，需要在该中断的中断入口地址处设置跳转指令。

例如，外部中断 0 的中断服务程序 INT0P 放置在程序存储区的任意区域，此时，通过以下方式，可执行中断服务程序。

```
ORG 0003H
LJMP INT0P
```

列举其他中断跳转的例子也可以，但叙述的中断源要与中断地址相对应才可得分，如外部中断 0 对应 0003H 地址。

2. 简述子程序调用和执行中断服务程序的异同点。

答案：

相同点：均能中断主程序执行本程序，然后再返回断点地址继续执行主程序。

不同点：

（1）中断服务程序入口地址是固定的，子程序调用入口地址是用户自己设定的。

（2）中断服务子程序返回指令除具有子程序返回指令具有的全部功能之外，还有清除中断响应时被置位的优先级状态、开放较低级中断和恢复中断逻辑等功能。

（3）中断服务子程序是在满足中断申请的条件下，随机发生的；而子程序调用是用户主程序事先设定的。

3. 特殊功能寄存器 SCON 中的 SM2、RB8 和 TB8 分别是什么，简述它们在串口多机通信时的作用。

答案：

SM2：多机通信控制位。

TB8：发送数据的第 9 位。

RB8：接收数据的第 9 位。

在多机通信时，当主机发送地址帧时使 TB8=1，发送数据帧时使 TB8=0，所有从机接收后将第 9 位数据作为 RB8，从而获知主机发来的这一帧数据是地址还是数据。另外，当接收的是地址，且与本机地址一致的从机，会将本机的 SM2 改为 0，准备接收接下来的数据；而与本机地址不一致的从机，保持 SM2=1，即只接收地址帧，从而实现主机与所选从机之间的单独通信。

总结：TB8 和 RB8 用于指示所发送数据的性质（地址或数据），SM2 则用于控制数据的接收与否。

4. AT89S51 单片机有几个定时器/计数器？是多少位的？有几种工作方式？简述定时器/计数器的工作原理。

答案：

AT89S51 单片机有 2 个定时器/计数器，T0 和 T1，均是 16 位的，其中 T0 有 4 种工作方式，T1 有 3 种工作方式。

AT89S51 单片机的定时器与计数器的工作原理相同，均是根据输入的脉冲进行加 1 计数，当计数器溢出时，将溢出标志位置 1，表示计数到预定值。对固定时间间隔（单片机机器周期）的计数，即能实现定时操作。

五、结合如下图所示的硬件结构和程序，将下图中空缺的电路补充完整，并完成以下填空，已知单片机时钟频率为 6MHz。

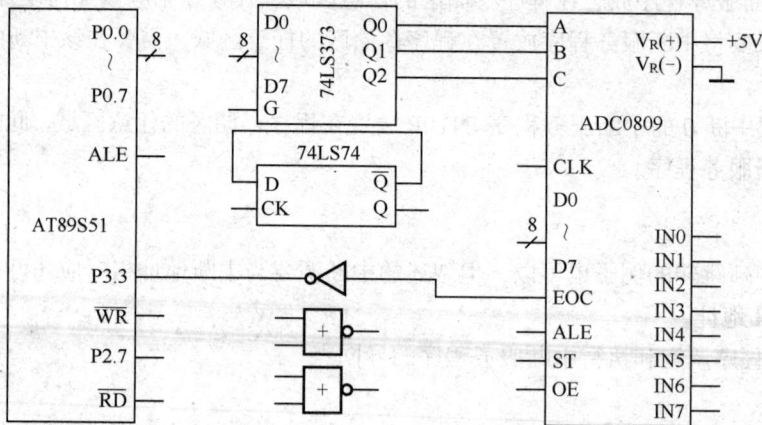

答案：

1. 该子程序的功能为：对通道 ___IN0～IN4___ 依次进行 ___模数转换___ 操作。
2. EOC 的作用是 反馈"转换完成"信息。
3. 指令"MOVX @DPTR,A"的作用是 启动 A/D 转换。
4. 程序运行结果存于 RAM 的 A0H～A4H。

```
SUBR:  MOV    DPTR, #7FF8H
       MOV    R0, #0A0H
       MOV    R2, #5
LOOP1: MOVX   @DPTR, A
       JB     P3.3, $      ; 查询转换是否结束
       MOVX   A, @DPTR
       MOVX   @R0,A
       INC    DPTR
       INC    R0
       DJNZ   R2, LOOP1
       RET
```

补充完整后的电路如下图所示。

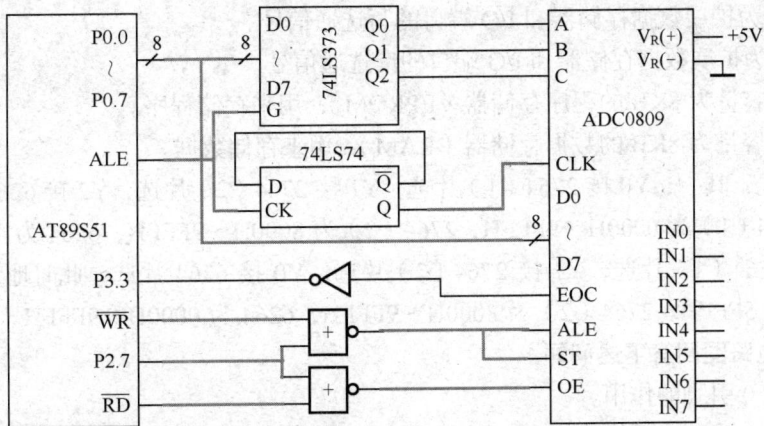

六、阅读下列硬件电路，完成如下题目。

1. 采用译码法补全连线。

2. 简单说明 ALE、$\overline{PSEN}$、$\overline{WR}$、$\overline{RD}$ 的功能。

3. 说明 2764 和 6264 的功能和容量，并计算其地址范围（没用到的地址设为 1）。

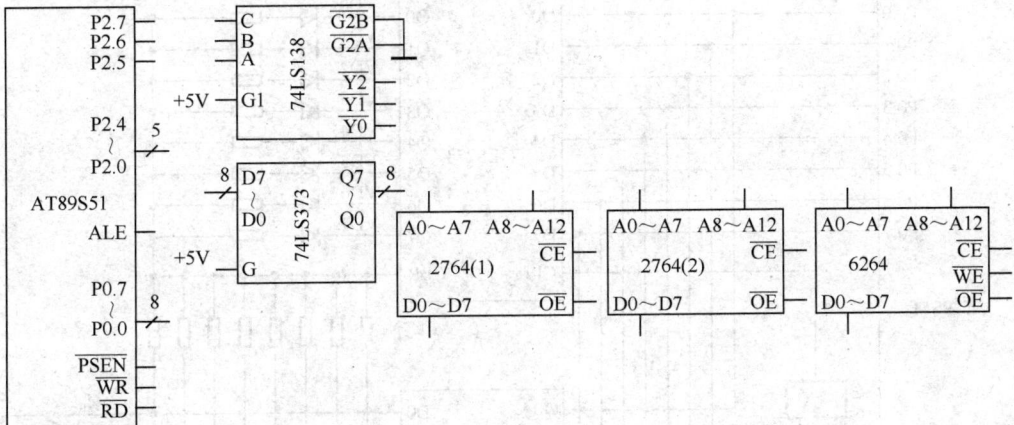

答案：

1.

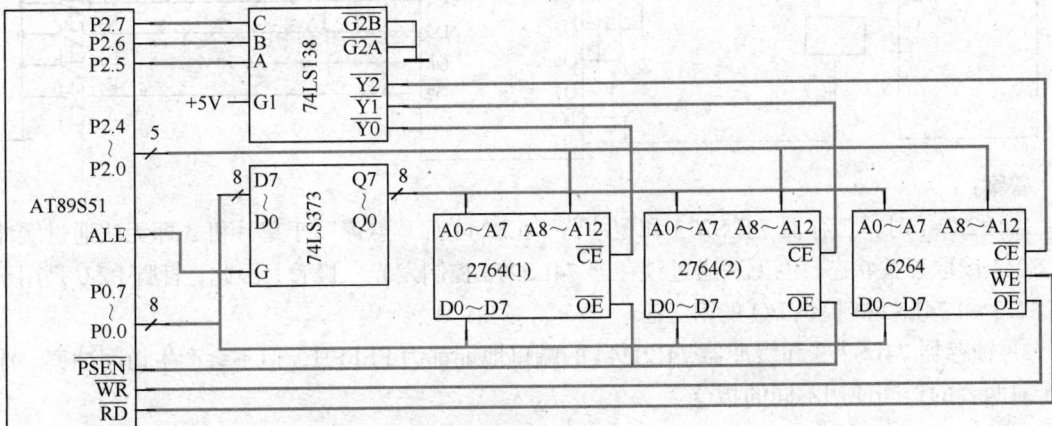

2. ALE 作地址锁存的选通信号，以实现低 8 位地址的锁存。

　PSEN*信号作扩展程序存储器的读选通信号。

WR*作为扩展数据存储器和I/O端口的写选通信号。

RD*作为扩展数据存储器和I/O端口的读选通信号。

3. 2764：容量为8KB的程序存储器（EPROM），用来存储程序。

6264：容量为8KB的数据存储器（RAM），用来存储数据。

有两种情况：其一，Y0接2764（1）片选，Y1接2764（2）片选，Y2接6264片选，此时地址范围为：2764（1）为0000H～9FFFH，2764（2）为8000H～9FFFH，6264为4000H～5FFFH。其二，Y2接2764（1）片选，Y1接2764（2）片选，Y0接6264片选，此时地址范围为：2764（1）为4000H～5FFFH，2764（2）为8000H～9FFFH，6264为0000H～9FFFH。

七、根据电路图回答下述问题。

1. 解释P2.0引脚的作用。

2. 锁存器74LS273和缓冲器74LS244的端口地址相同，但两者的访问不会产生冲突，解释其原因，并阐述其与单片机进行I/O通信的过程。

3. 编写程序实现：由开关K_0～K_7的状态分别控制发光二极管VD0～VD7的亮与灭，要求开关闭合时，发光二极管点亮，且实时显示。

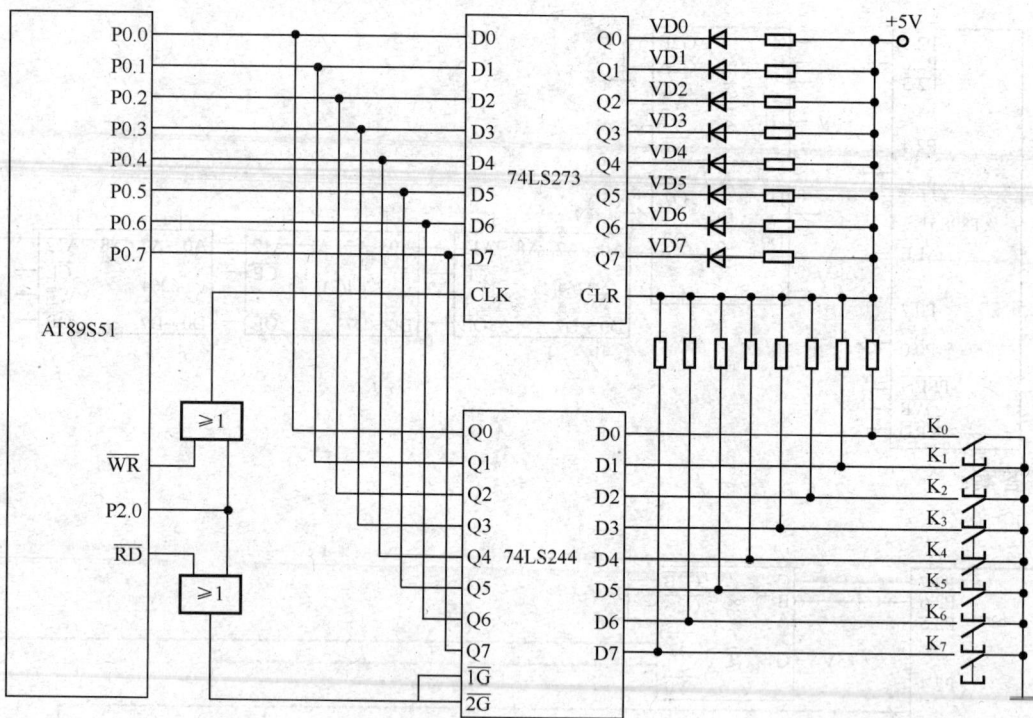

答案：

1. P2.0=1时，锁存器74LS273和缓冲器74LS244都"悬浮"于单片机，即无法通过缓冲器74LS244读取开关状态，也无法通过锁存器74LS273控制发光二极管，因此，管脚P2.0是用于给74LS273和74LS244提供I/O的第三态。

2. 锁存器74LS273和缓冲器74LS244的端口地址都为FEFFH，但不会产生访问冲突，原因在于对两者的访问使用不同的指令。

通信过程如下：当执行MOVX A,@DPTR指令时，会产生$\overline{RD}$管脚的低脉冲有效信号，同时缓冲器74LS244的端口地址由地址总线送出，致使P2.0=0，因此，74LS244的1G和2G管脚被使能，开关状态进而被接入数据总线，从而完成对 74LS244 的读操作；当执行 MOVX　@DPTR，A 指令时，会产生 $\overline{WR}$ 管脚的低脉冲有效信号，同时缓冲器 74LS273 的端口地址由地址总线送出，同样保证 P2.0 输出低电平，因此，74LS273 的 CLK 管脚接收到低脉冲，完成 P0 口数据的装载，并在低脉冲结束后，锁存该数据，实现发光二极管的点亮或者熄灭控制，这样便完成了单片机对 74LS273 的写操作。

3.

```
        MOV   DPTR, #0FEFFH
LP:     MOVX  A, @DPTR
        MOVX  @DPTR, A
        SJMP  LP
```

试题 13

一、填空题

1. 单片机、数字信号处理器和嵌入式微处理器的应用侧重点不同，单片机的专长是_____和_____，嵌入式微处理器可用于配置实时多任务操作系统，数字信号处理器擅长_____的运算。

2. AT89S51 单片机片内 RAM 单元划分为 3 个部分：_____、_____和_____。

3. 如果（DPTR）=507BH，（SP）=32H，（30H）=50H，（31H）=5FH，（32H）=3CH，那么顺序执行如下 3 条指令

```
POP DPH
POP DPL
POP SP
```

后，（DPH）=_____，（DPL）=_____，（SP）=_____。

4. AT89S52 单片机访问片外数据存储器的寻址方式是_____。

5. 若_____中的内容为 68H，那么 P 标志位为_____。

6. 单片机在响应中断时，等价于执行长调用指令，其过程包括：首先把_____的内容压入堆栈，以进行断点保护，然后把对应的_____地址送入 PC，使单片机执行相应的中断服务程序。

7. AT89S51 单片机中能够分时传送数据信号和地址信号的端口是_____。

8. 当定时/计数器 T0 或 T1 工作在计数器模式下时，外部输入的计数脉冲的最高频率为系统振荡器频率的_____。

9. D/A 转换器参数_____的含义是：单位数字量的输入变化所引起的模拟量的输出变化。

10. 若 AT89S51 单片机的串行口工作在方式 2 或方式 3 下，且采用奇偶校验，其数据的帧格式定义一个字符由 4 部分组成，即_____、_____、_____和停止位。

11. 扩展 AT89S51 单片机的存储器时，涉及的控制总线有：_____、_____、$\overline{WR}$ 和 $\overline{RD}$。

12. AT89S51 单片机有 6 个中断源，包括 3 个_____中断、2 个_____中断、1 个_____中断。

13. 在 AT89S51 单片机的 RST 引脚上加_____电平，并维持_____个机器周期以上，就可将单片机复位。

14. 键盘可分为＿＿＿＿式和矩阵式两类，也可以分为编码式和＿＿＿＿式两类。

15. AT89S51 单片机定时器/计数器 T0、T1 的工作方式 1 为＿＿＿＿位，如果系统晶振频率为 6MHz，则最大定时时间为＿＿＿＿。

16. AT89S51 单片机串行口的方式＿＿＿＿是同步串行口，其他方式都是异步串行口。

17. 相比于静态显示方式，LED 数码管的动态显示方式，更占用单片机的＿＿＿＿资源，更节省＿＿＿＿资源。

答案：1. 测量，控制，复杂、高速　2. 工作寄存器区，位寻址区，通用 RAM 区　3. 3CH，5FH，4FH　4. 寄存器间接寻址　5. A，1　6. PC，中断入口　7. P0 口　8. 1/24　9. 分辨率　10. 起始位，数据位，奇偶校验位　11. ALE，$\overline{EA}$，$\overline{PSEN}$　12. 定时器/计数器，外部，串行　13. 高，2　14. 独立，非编码　15. 16，131.072ms　16. 0　17. CPU，I/O

二、判断题

1. 在执行子程序调用指令或执行中断服务程序时都将产生压栈操作。（　　）

2. AT89S51 单片机的数据存储空间与程序存储空间是独立编址的。（　　）

3. 执行 CLR　30H 指令后，30H 字节单元被清零。（　　）

4. 在 8051 单片机的指令系统中，加法、减法、乘法和除法必须有累加器 A 的参与才能完成。（　　）

5. 单片机系统扩展时使用的锁存器，是用于锁存高 8 位地址。（　　）

6. 串行口的发送中断与接收中断各自有自己的中断入口地址。（　　）

7. 波特率反映了串行通信的速率。（　　）

8. AT89S51 单片机外扩的片外 I/O 与外扩的 ROM 是统一编址的。（　　）

9. 同级中断不能嵌套。（　　）

10. 并行接口芯片 82C55 的 PA 口可以按位置位和复位。（　　）

11. 指令 JNB　TF0,LP 的含义是：若 T0 未计满数，就转至标号 LP 处执行。（　　）

12. D/A 转换器的转换精度越高，其分辨率越高。（　　）

13. 在单片机的输入/输出方式中，中断请求方式比查询方式的执行效率高。（　　）

14. 定时器/计数器在使用前和溢出后，必须对其赋初值才能正常工作。（　　）

15. 在单片机 AT89S51 中，串行通信方式 1 和方式 3 的波特率是固定不变的。（　　）

答案：1. √　2. √　3. ×　4. √　5. ×　6. ×　7. √　8. ×　9. √　10. ×　11. √　12. ×　13. √　14. ×　15. ×

三、单选题

1. 下面的各种应用，（　　）不属于单片机的应用范围。
   A. 工业控制　　　B. 家用电器的控制　　　C. 数据库管理　　　D. 汽车电子设备

2. 单片机的 4 个并行 I/O 口中，驱动能力最强的是（　　）。
   A. P0 口　　　B. P1 口　　　C. P2 口　　　D. P3 口

3. DAC0832 工作在单缓冲方式时，其控制信号应满足（　　）。
   A. $\overline{WR2}$=1，$\overline{XFER}$=1　　　B. $\overline{WR2}$=1，$\overline{XFER}$=0
   C. $\overline{WR2}$=0，$\overline{XFER}$=1　　　D. $\overline{WR2}$=0，$\overline{XFER}$=0

4. 若要同时扩展 4 片 4KB 的 RAM 和 4 片 8KB 的 ROM，则最少需要（　　）根地址线。
   A. 13　　　B. 14　　　C. 15　　　D. 16

5. 以下外设中，只有（　　）是输入外设。

　　　A．LED　　　　　　　B．LCD　　　　　　　　C．打印机　　　　　　　D．BCD 码拨盘

6．AT89S51 单片机中的串行通信共有 4 种方式，其中（　　　）可用作同步移位寄存器来扩展并行 I/O 口。

　　　A．方式 0　　　　　　B．方式 1　　　　　　C．方式 2　　　　　　D．方式 3

7．数据指针 DPTR 是一个 16 位的专用地址指针寄存器，主要用来（　　　）。

　　　A．存放指令

　　　B．存放 16 位地址，作间接寻址寄存器使用

　　　C．存放下一条指令地址

　　　D．存放上一条指令地址

8．以下指令中，（　　　）指令执行后使标志位 CY 清零。

　　　A．INC　A　　　　　B．ADD　A,#00H　　　C．CLR　A　　　　　D．MOV　A,#00H

9．按键的机械抖动时间参数通常是（　　　）。

　　　A．0　　　　　　　　B．5～10μs　　　　　　C．5～10ms　　　　　　D．100ms

10．特殊功能寄存器 TCON 的作用不包括（　　　）。

　　　A．定时/计数器的启、停控制　　　　　　　　B．选择外部中断触发方式

　　　C．外部中断请求标志　　　　　　　　　　　　D．确定中断优先级

答案：1．C　2．A　3．D　4．C　5．D　6．A　7．B　8．B　9．C　10．D

四、简答题

1．AT89S51 单片机内部数据存储器的哪部分与特殊功能寄存器地址相同？对两者的访问分别使用什么寻址方式？举例说明。

答案：

（1）RAM 单元的 80H～FFH 与 SFR 的地址重叠。

（2）对 RAM 中的 80H～FFH 单元使用间接寻址方式，如

```
MOV    R0, #0FFH;
MOV    A, @R0;
```

对 SFR 采用直接寻址方式，如

```
MOV    A, #0FFH;
```

2．单片机对中断优先级的处理原则是什么？（从优先级和自然优先级的角度解释）

答案：

（1）低级不能打断高级，高级能够打断低级。

（2）一个中断已被响应，同级的中断请求不会打断其响应。

同级中断同时发出请求，按照自然优先级予以依次响应，自然优先级从高到低的顺序为，外部中断 0→定时器 T0→外部中断 1→定时器 T1→串行接口→定时器 T2。

3．根据 AT89S51 单片机主从结构多机通信的原理，简述下图中主机向 01H 从机发送一字节数据的过程。

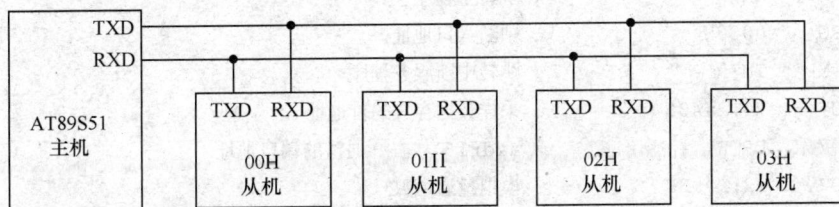

答案： 通信过程如下。

（1）各从机的 SM2 置 1。

（2）主机将 TB8 置位，并通过 MOVX SBUF,A 指令，发送地址帧 0000 0001B。

（3）各从机接收到第 9 位数据，即 RB8=1，将串行数据存入接收缓冲器 SBUF，置位 RI，产生中断。

（4）在中断服务程序中，各从机将接收到的地址与本机地址比较，01H 从机被选中，则其 SM2 清零；其他从机的 SM2 保持为 1。

（5）主机将 TB8 清零，并通过 MOVX SBUF,A 指令，发送数据帧×××××××B，此时 01H 从机的 SM2=0，接收到的第 9 位数据 RB8=0，满足数据接收条件，将数据存入接收缓冲器 SBUF，置位 RI，产生中断，在中断服务程序中取走主机发送来的数据；而其他从机 SM2=1，RB8=0，不满足数据接收条件，不接收该数据。

4. 简述行列式键盘扫描法的工作原理。

答案： 扫描键盘工作原理如下。

（1）通过单片机的 I/O 口给所有列线置低电平，扫描所有行线的 I/O 状态，若全为高电平，则没有键按下，若有低电平，则有键按下。

（2）若在步骤（1）中检测到有键按下，则依次置低列线，并扫描所有行线的状态，直至在某行检测到低电平，即可获知所按下按键的行线和列线，从而确定该键的位置。

五、AT89S51 单片机通过 ADC0809 进行 8 路模拟量到数字量的转换，采用中断控制方式，转换结果依次存放在片内数据存储器 40H～47H 单元中。请作答。

1. 标出图中①、②、③对应的引脚符号。

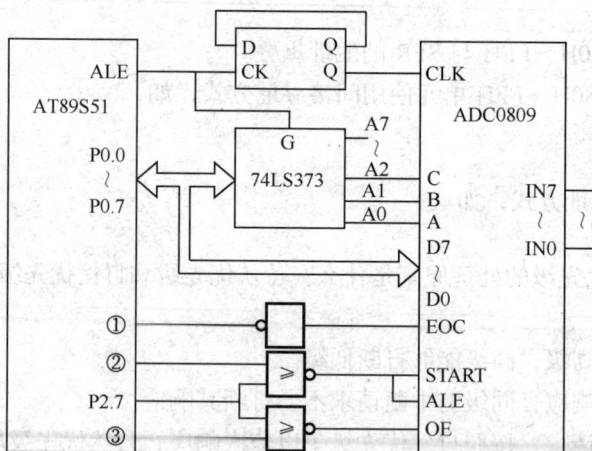

2. 计算 8 路模拟通道的端口地址（地址线未用到的位为 1）。

3. 填写程序或注释中的空白部分。

```
        ORG     0000H       ；主程序入口地址
        AJMP    MAIN        ；跳转主程序
        ORG     0003H       ；中断入口地址
        AJMP    INTR        ；跳转中断服务程序
MAIN:   MOV     R0, #40H    ；采样数据存放的首地址
        MOV     DPTR, #addr16  ；addr16 为 IN0 通道的端口地址
        MOV     R2, #08H    ；模拟量通道数
```

```
        MOVX    @DPTR, A            ; _____
        SETB    IT0                 ; 边沿触发
        SETB    EX0                 ; 允许中断
        _____            ; 开中断
HERE:   SJMP    HERE                ; 等待中断
INTR:   _____            ; 读 A/D 转换结果
        MOV     @R0, A              ; 存放结果
        INC     _____            ; 修改地址指针
        INC     DPTR
        DJNZ    R2, _____        ; 8 通道未完，则转换下一通道
        CLR     EX0                 ; 采集完毕，则停止中断
        SJMP    DONE
NEXT:   MOVX    @DPTR, A
DONE:   RETI
        END
```

答案：1. ①为"INT0"，②为"WR*"，③为"RD*"。

2. 模拟通道 IN0～IN7 的端口地址分别为 7FF8H～7FFFH。

3.

```
        ORG     0000H               ; 主程序入口地址
        AJMP    MAIN                ; 跳转主程序
        ORG     0003H               ; 中断入口地址
        AJMP    INTR                ; 跳转中断服务程序
MAIN:   MOV     R0, #40H            ; 采样数据存放的首地址
        MOV     DPTR, #addr16       ; addr16 为 IN0 通道的端口地址
        MOV     R2, #08H            ; 模拟量通道数
        MOVX    @DPTR, A            ; 启动模数转换
        SETB    IT0                 ; 边沿触发
        SETB    EX0                 ; 允许中断
        SETB    EA                  ; 开中断
HERE:   SJMP    HERE                ; 等待中断
INTR:   MOVX    A, @DPTR            ; 读 A/D 转换结果
        MOV     @R0, A              ; 存放结果
        INC     R0                  ; 修改地址指针
        INC     DPTR
        DJNZ    R2, NEXT            ; 8 通道未完，则采取下一通道
        CLR     EX0                 ; 采集完毕，则停止中断
        SJMP    DONE
NEXT:   MOVX    @R1, A
DONE:   RETI
        END
```

六、请回答以下问题。

1. 下图中外部扩展的程序存储器和数据存储器容量各是多少？

2. 使用线选法，完成程序存储器和数据存储器的扩展，补全连线，单片机不使用片内程序存储器。

3. 给出两片存储器芯片的地址范围。（地址线未用到的位填1）

4. 请编写程序，要求将内部 RAM 20H～5FH 中的内容送入 62128 的前 64 个单元。

答案：

1. 程序存储器 27128 的容量为 16KB，数据存储器 62128 的容量为 16KB。

2. 补全线路的电路图如下所示。

3. 27128 的地址范围为 8000H～BFFFH，62128 的地址范围为 4000H～7FFFH。

4. 程序如下。

```
        MOV     DPTR, #04000H
        MOV     R0,  #40H
        MOV     R3,  #20H
LOOP:   MOV     A, @R0
        MOVX    @DPTR, A
        INC     R0
        INC     DPTR
        DJNZ    R3,  LOOP
```

试题 14

一、填空题

1. AT89S51 单片机的内部硬件结构包括：_____、_____、_____和特殊功能寄存器、并行 I/O 口、串行口、中断系统、定时器/计数器、位处理器等部件，这些部件通过_____相连。

2. 在 AT89S51 单片机中，一个机器周期等于_____个时钟振荡周期，如果采用 3MHz 晶振，则一个机器周期为_____。

3. AT89S51 单片机响应中断后，产生长调用指令 LCALL，执行该指令的过程包括：首先将_____中的内容压入堆栈，以进行断点保护，然后把长调用指令的 16 位地址数据送入_____，程序执行转向_____中的中断入口地址。

4. 指令格式由标号、操作码、_____和注释组成，其中_____是指令中唯一不可或缺的部分。

5. 在 AT89S51 单片机的实际应用中，D/A 转换器的主要性能指标包括_____、建立时间和_____。

6. 若 A 中的内容是 63H，则 P 标志位的值是_____。

7. 在寄存器间接寻址方式中，其"间接"体现在指令中寄存器的内容不是操作数，而是操作数的_____。

8. AT89S51 单片机中能够分时传送数据信号和地址信号的 I/O 口是_____。

9. AT89S51 单片机的定时器/计数器用作定时器工作模式时，其计数频率由系统振荡器产生的_____分频提供，定时时间与_____和_____有关。

10. 采用 6MHz 的晶振，定时 1ms，用定时器/计数器方式 1 时的初值应为_____（十进制或十六进制数）。

11. AT89S51 访问片外存储器时，利用引脚_____锁存来自_____发出的低 8 位地址信号。

12. AT89S51 串行口方式 3 发送的第 9 位数据要事先写入_____寄存器的_____位。

13. AT89S51 单片机外部中断请求信号有电平触发和_____触发，在电平方式下，当采集到 INT0*、INT1*的有效信号为_____时，激活外部中断。

14. 矩阵式键盘可以通过_____法或_____法识别按键。

15. LED 数码管的两种显示方式中，_____显示方式更节省 I/O 资源，_____显示方式更节省 CPU 资源。

16. I/O 数据的传送方式包括：_____传送方式、查询传送方式、_____传送方式。

17. 晶振频率为 11.0592MHz，波特率倍增位为 0，定时器/计数器 T1 工作在方式 2，若要达到 9600bps 的串行通信速率，则定时器/计数器 T1 的初值为_____。

18. AT89S51 单片机的中断包括 3 种：_____中断、定时器/计数器中断、_____中断。

答案：1. CPU，RAM，ROM，内部总线　2. 12，4μs　3. PC，PC，程序存储器　4. 操作数，操作码　5. 分辨率，转换精度　6. 0　7. 地址　8. P0　9. 12，时钟频率，定时初始值　10. 65036　11. ALE，P0 口　12. SCON，TB8　13. 跳沿，低电平　14. 扫描，线反转　15. 动态，静态　16. 同步/无条件，中断　17. 253　18. 外部，串行口

二、判断题

1. 在家用电器中使用单片机属于微计算机的辅助设计应用。（　　）

2. 内部 RAM 的位寻址区，既能位寻址，又可字节寻址。（　　）

3. 扩展 AT89S51 单片机的存储器，无论是线选法还是译码法，最终都是为扩展芯片的片选端提供片选控制信号。（　　）

4. 汇编指令在汇编过程中都会产生与之相对应的机器码。（　　）

5. 寄存器 DPTR 可以通过指令访问，而 PC 不能用指令访问。（　　）

6. 指令中直接给出操作数称为直接寻址。（　　）

7. 假定累加器 A 中的内容为 30H，执行指令 1000H：MOVC A,@A+PC 后，是把程序存储器 1031H 单元中的内容送入累计器 A 中。（　　）

8. 同为高中断优先级，外部中断 0 能打断正在执行的定时器/计数器 T0 的中断服务程序。（　　）

9. 在串行通信中，收发双方对波特率的设定应该是相同的。（　　）

10. 只有在定时器/计数器停止工作时，才能对 AT89S51 单片机的寄存器进行读操作。（　　）

11. 当定时器/计数器 T0 工作在方式 3 时，TL0 具有定时和计数功能，而 TH0 只有定时功能，没有计数功能。（　　）

12. AT89S51 的定时器/计数器对外部脉冲进行计数时，要求输入的计数脉冲的高电平或低电平的持续时间不小于 1 个机器周期，以保证计数的准确性。（　　）

13. 软件延时程序比定时器的定时更精确。（　　）

14. DAC0832 的双缓冲工作方式通常用作多路且同步的数模转换输出。（　　）

15. AT89S51 单片机的片外总线可以同时外接存储器扩展芯片和 I/O 扩展芯片。（　　）

答案：1. ×　2. √　3. √　4. ×　5. √　6. ×　7. √　8. ×　9. √　10. ×　11. √　12. ×　13. ×　14. √　15. √

三、单选题

1. AT89S51 单片机程序存储器的读操作，只能使用（　　）。
   A. MOV 指令　　　　B. PUSH 指令　　　　C. MOVC 指令　　　　D. MOVX 指令

2. 中断请求能够立刻被响应的前提是（　　）。
   A. 该中断源的中断允许位为 1　　　　B. IE 寄存器中的中断总允许位为 1
   C. 无同级或更高级中断正在被响应执行　　D. 以上均正确

3. 区分 AT89S51 单片机片外程序存储器和片外数据存储器最可靠的方法是（　　）。
   A. 看其位于地址范围的低端还是高端　　B. 看其离 AT89S51 单片机芯片的远近
   C. 看其芯片的型号是 ROM 还是 RAM　　D. 看其是与 $\overline{RD}$ 连接还是与 $\overline{PSEN}$ 连接

4. 在 CPU 内部，反映程序运行状态和运算结果的寄存器是（　　）。
   A. PC　　　　B. PSW　　　　C. A　　　　D. SP

5. 执行子程序或中断子程序时，保护的断点是（　　）。
   A. 调用指令的首地址　　　　B. 调用指令的末地址
   C. 调用指令下一条指令的首地址　　D. 返回指令的末地址

6. 单片机能直接识别的语言是（　　）。
   A. 汇编语言　　　　B. 机器语言　　　　C. 低级语言　　　　D. 高级语言

7. 关于 AT89S51 单片机的堆栈操作，下列描述正确的是（　　）。

A. 遵循先进先出，后进后出的原则　　　　B. 压栈时栈顶地址自动减 1

C. 调用子程序及子程序返回与堆栈无关　　D. 中断响应及中断返回与堆栈有关

8. AT89S51 有一个可编程的（　　）异步通信串行口。

A. 单工　　　　　　　B. 半双工　　　　C. 全双工　　　　　D. 以上均不正确

9. 所谓 CPU，是指（　　）。

A. 运算器和控制器　　　　　　　　　　B. 运算器和存储器

C. 输入/输出设备　　　　　　　　　　　D. 控制器和存储器

10. LED 数码管的段码与（　　）有关。

A. 极性（共阴极/共阳极）　　　　　　　B. 发光二极管的段数（8 段/7 段）

C. I/O 管脚的连接次序　　　　　　　　　D. 以上均正确

答案：1. C　2. D　3. D　4. B　5. C　6. B　7. D　8. C　9. A　10. D

四、简答题

1. 说明伪指令的作用。"伪"的含义是什么?请举出 3 个常用的伪指令，并说明其功能如何。

答案：伪指令是程序员发给汇编程序的命令，只有在汇编前的源程序中才有伪指令，即在汇编过程中的用来控制汇编过程的命令。

所谓"伪"是体现在汇编后，伪指令没有相应的机器代码产生。

常用伪指令及其功能如下。

ORG，汇编起始地址命令；END，汇编终止命令；EQU，标号赋值命令；DB，定义数据字节命令；DW，定义数据字命令；DS，定义存储区命令；BIT，位定义命令。

2. 为什么要消除按键的机械抖动? 软件消除按键机械抖动的原理是什么?

答案：在按键的闭合和断开过程中，开关的机械特性导致了按键抖动产生。如果不消除按键的机械抖动，按键的状态读取将有可能出现错误。

软件去抖动的原理：在第一次检测到有键按下时，该键对应的行线为低电平，执行一段延时 10ms 的子程序后，确认该行线电平是否仍然为低电平，如果仍为低电平，则确认为该行确实有键按下。

3. 简述 AT89S51 单片机使用 TTL、RS-232、RS-422A 和 RS-485 进行串行通信的接口方法及其优缺点。

答案：使用 TTL 通信，收发单片机的 RXD 与 TXD 互连，其优点是设计简单，成本低，缺点是传输距离短，抗干扰能力差。

采用 RS-232，需要将 TTL 电平与 232 电平进行转换，RS-232 采用负逻辑，增大了 0、1 信号的电平差，与直接以 TTL 电平串行传输相比，传输距离较远，可达几十米。其缺点仍是距离短，抗干扰能力差。

RS-422A 和 RS-485 都采用差分信号传输，使用平衡驱动和差分接收电路，抗干扰能力强，可实现远距离信号传输，传输距离可达 1000m 以上。其中 RS-422A 为全双工，RS-485 为半双工。

4. 给出 I/O 端口和 I/O 接口的定义，简述 I/O 接口的 3 种功能。

答案：I/O 端口简称 I/O 口，常指 I/O 接口电路中具有端口地址的寄存器或缓冲器。

I/O 接口是指单片机与外设间的 I/O 接口电路的总称。

I/O 接口的功能：（1）实现和不同外设的速度匹配；（2）输出数据缓存；（3）输入数据三态缓冲。

五、完成如下内容。

1. 在下图中采用译码法补全连线。

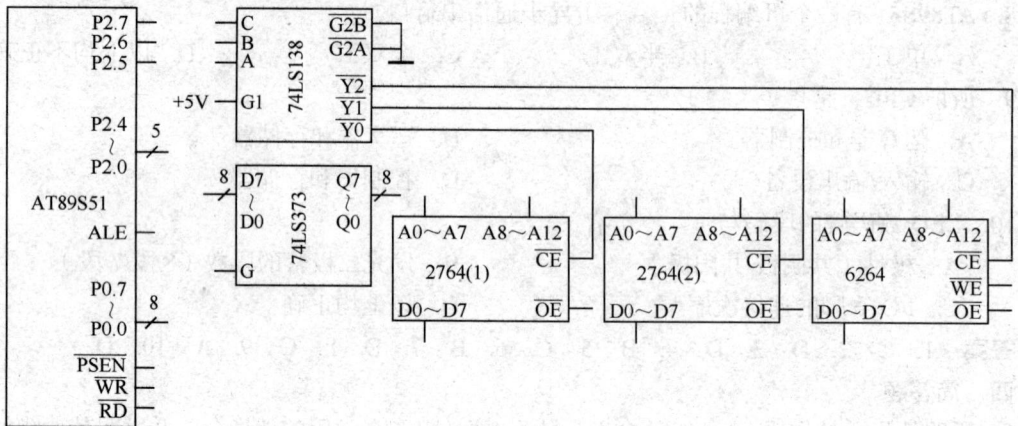

2. 说明 2764 和 6264 的功能和容量，并计算其地址范围（没用到的地址设为 1）。

3. 编写汇编子程序，将内部 RAM 40H～7FH 中的内容转存至 6264 中以 4000H 为首地址的 64 个单元中。

答案：

1. 补全连线后的电路。

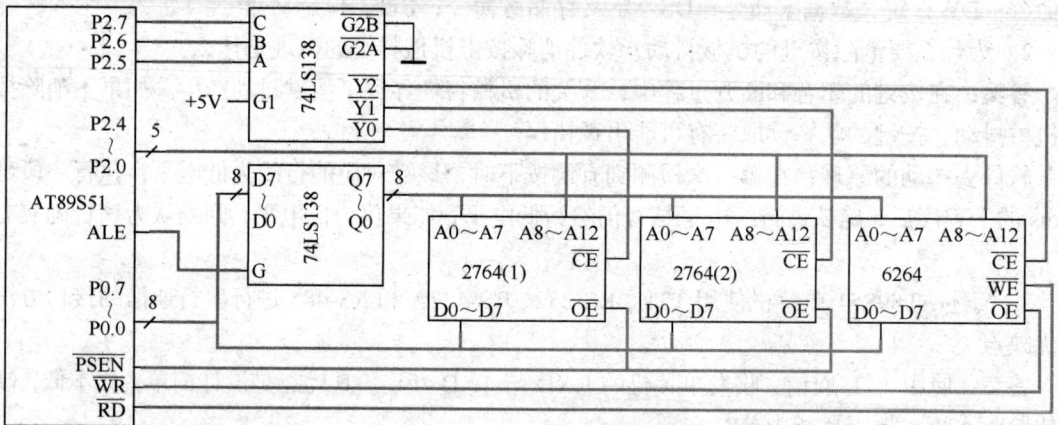

2.

2764：容量为 8KB 的程序存储器（EPROM）用来存储程序。

6264：容量为 8KB 的数据存储器（RAM）用来存储数据。

地址范围为：2764（1）为 0000H～1FFFH，2764（2）为 2000H～3FFFH，6264 为 4000H～5FFFH。

3.

程序如下。

```
SAVE: MOV    DPTR, #04000H
      MOV    R0, #40H
      MOV    R3, #40H
LOOP: MOV    A, @R0
      MOVX   @DPTR, A
```

```
INC     R0
INC     DPTR
DJNZ    R3, LOOP
RET
```

六、如下图所示，假设某单片机系统采用中断查询方式扩展 3 个中断源，要求外部设备的中断请求均为高电平有效，自然优先处理次序从低到高依次为：外设 1、外设 2、外设 3。

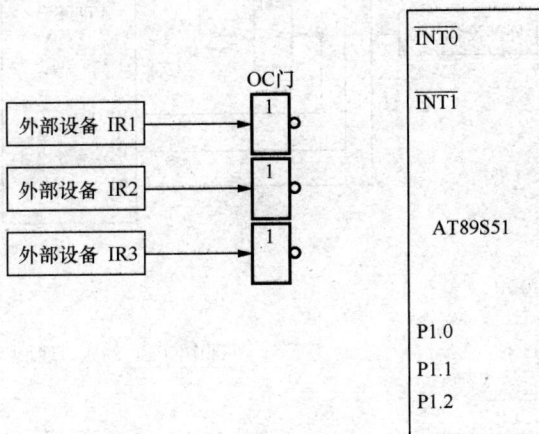

1. 结合程序，完成多路外部中断源扩展电路的连接图。

2. 补充缺失的程序及注释。

程序如下。

```
        ORG     0000H
        LJMP    MAIN
        ORG     0013H           ; _____的入口地址
        LJMP    _____
        ORG     0030H
MAIN:   SETB    IT1             ; 中断采用_____触发方式
        SETB    _____      ; 允许外部中断 1
        SETB    EA              ; 总中断允许
WAIT:   SJMP    WAIT            ; 循环等待中断
        ORG     0100H
INT_EX: JB      P1.0, _____
        JB      P1.1,   INT_IR2
        JB      P1.2, _____
        _____
        ORG     0200H
INT_IR1: 外部设备 1 的中断处理程序
        RETI
        ORG     0400H
INT_IR2: 外部设备 2 的中断处理程序
        RETI
        ORG     0600H
INT_IR3: 外部设备 3 的中断处理程序
        RETI
```

答案：1．连线结果如下图所示。

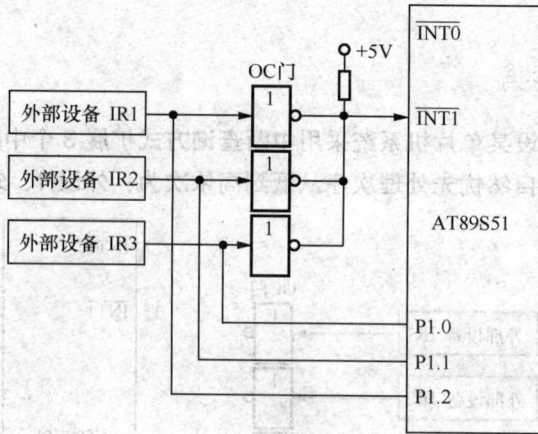

2. 程序如下。

```
            ORG     0000H
            LJMP    MAIN
            ORG     0013H                    ; 外部中断 1 的入口地址
            LJMP    INT_EX
            ORG     0030H
MAIN:       SETB    IT1                      ; 中断采用 跳沿 触发方式
            SETB    EX1                      ; 允许外部中断 1
            SET     EA                       ; 总中断允许
WAIT:       SJMP    WAIT                     ; 循环等待中断
            ORG     0100H
INT_EX      JB P1.0, INT_IR3
            JB P1.1, INT_IR2
            JB P1.2, INT_IR1
            RETI
            ORG     0200H
INT_IR1：外部设备 1 的中断处理程序
            RETI
            ORG     0400H
INT_IR2：外部设备 2 的中断处理程序
            RETI
            ORG     0600H
INT_IR3：外部设备 3 的中断处理程序
            RETI
```

试题 15

一、填空题

1. AT89S51 单片机有_____个中断源，中断优先级_____级。

2. AT89S51 单片机为_____电平复位，该电平持续时间应大于_____个机器周期。

3. AT89S51 单片机指令系统的寻址方式共有 7 种，写出其中 6 种：_____、_____、_____、_____、_____、_____。

4. AT89S51 访问片外存储器时，利用_____信号锁存来自_____口发出的低 8 位地址信号。

5. 当 AT89S51 执行 MOVC　A,@A+DPTR 指令时，伴随着_____控制信号有效。

6. AT89S51 内部提供_____个可编程的 16 位定时器/计数器，定时器有_____种工作方式。

7. 若 A 中的内容为 17H，那么，P 标志位为_____。

8. AT89S51 单片机的 P0 口用作总线口使用时，为_____口；P2 口用作高 8 位地址口时，为_____口。

9. AT89S51 的数据总线是_____位，地址总线是_____位，外部数据存储器的最大可扩展容量是_____。

10. 设计一个以 AT89C51 单片机为核心的系统，如果不外扩程序存储器，使其内部 4KB 闪烁程序存储器有效，则其 EA 引脚应该接_____。

11. 数据指针 DPTR 有_____位，程序计数器 PC 在上电复位后为_____H。

12. 当 AT89S51 单片机响应中断后，必须用软件清除的中断请求标志是_____。

13. 已知 8 段共阴极 LED 显示器显示字符"H"的段码为 76H，则 8 段共阳极 LED 显示器显示字符"H"的段码为_____。

14. 使用双缓冲方式的 D/A 转换器，可实现多路模拟信号的_____输出。

15. AT89S51 单片机扩展并行 I/O 口时，对扩展的 I/O 接口芯片的基本要求是：输出应具有_____功能；输入应具有_____功能。

16. AT89S51 晶振的频率为 6MHz 时，一个机器周期为_____μs。

答案：1. 5，2　2. 高，2　3. 寄存器寻址，直接寻址，寄存器间接寻址，立即数寻址，相对寻址或位寻址，基址寄存器加变址寄存器间接寻址　4. ALE，P0　5. PSEN*　6. 2，4　7. 0　8. 双向，输出 9. 8，16，64KB　10. 高　11. 16，0000　12. TI/RI　13. 89H　14. 同步　15. 数据锁存，三态缓冲　16. 2

二、判断题

1. AT89S51 单片机进行串行通信时，要占用一个定时器作为波特率发生器（如串行通信方式 0 不需要定时器作为波特率发生器）。（　　）

2. 指令 SJMP 的跳转范围是 2KB。（　　）

3. 判断指令的正误：MOVX　A,6017H。（　　）

4. 判断指令的正误：MOV　T0,#3CF0H。（　　）

5. 分辨率相同的两个 A/D 转换器，它们的精度一定相同。（　　）

6. 如果 AT89S51 单片机的某一高优先级中断请求正在被响应，此时不会再发生中断嵌套。（　　）

7. AT89S51 单片机外部 RAM 和外部 I/O 是统一编址的，它们的访问指令相同。（　　）

8. 逐次比较型 A/D 转换器的转换速度比双积分 A/D 转换器快。（　　）

9. 串行口的发送缓冲器和接收缓冲器共用 1 个单元地址。（　　）

10. 某特殊功能寄存器的字节地址为 80H，对它既能字节寻址，也能位寻址。（　　）

11. AT89S51 单片机只能做控制用，不能完成算术运算。（　　）

12. 当 AT89S51 单片机复位时，SP=00H。（　　）

13. 当向堆栈压入一字节的数据后，SP 中的内容减 1。（　　）

14. 当 AT89S51 执行 MOVX　A,@R0 指令时，伴随着 $\overline{WR}$ 信号有效。（　　　）

15. 指令所占字节数越多，执行时间越长。（　　　）

答案：1. ×　2. ×　3. ×　4. ×　5. ×　6. √　7. √　8. √　9. √　10. √　11. ×　12. ×　13. ×　14. ×　15. ×

三、简答题

1. AT89S51 采用 6MHz 的晶振，利用 T0 的方式 2 定时 0.2ms，请描述其工作过程（包括初值设置为多少，溢出后的工作过程等）

答案：首先需要计算初值，6MHz 下机器周期为 $2\mu s$，T0 方式 2 为 8 位定时器，初值应设为 156（十进制），即 9CH。

计算初值后，将 TL0 和 TH0 的初值均设为 9CH，启动计数器，计数器的 TL0 计满后溢出，溢出时将标志 TF0 置 1 的同时，还自动将 TH0 中的初值送至 TL0，使 TL0 从初值开始重新计数，从而产生 0.2ms 的定时。

2. 请描述利用线反转法对如下矩阵式键盘进行检测的具体操作步骤。

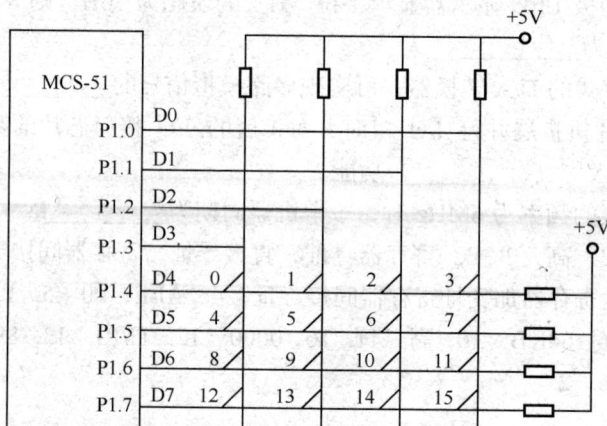

答案：上图中 P1.4～P1.7 为行线，P1.0～P1.3 为列线。

下面以键 3 按下为例，说明用线反转法检测键盘的步骤。

（1）将所有行线置为输入，将所有列线置为输出，并让所有列线输出为 0，读各行线的电平，输入为低的行线有键按下，在本例中为 P1.4 所在行有键按下。

（2）将所有列线置为输入，将所有行线置为输出，并让所有行线输出为 0，读各列线的电平，输入为低的列线有键按下，在本例中为 P1.0 所在列有键按下。

通过上述两步，即可确定按下键的行号和列号。

3. 请列出 AT89S51 的三总线（地址总线、数据总线、控制总线）信号名称及其作用。

答案：

（1）地址总线：P0 口，地址总线低 8 位；P2 口，地址总线高 8 位。

（2）数据总线：P0 口。

（3）控制总线：

① PSEN* 作为外扩程序存储器的读选通控制信号。

② RD* 和 WR* 为外扩数据存储器和 I/O 的读、写选通控制信号。

③ ALE 作为 P0 口发出的低 8 位地址锁存控制信号。

④ EA*为片内片外程序存储器的选择控制信号。

4．请给出 AT89ST51 响应外部中断 0 中断请求的条件。

答案：

（1）总中断允许，即 IE 寄存器中的 EA=1。

（2）该中断源发出中断请求，即对应中断请求标志为"1"。

（3）该中断源中断允许位=1，即该中断被允许。

（4）无同级或更高级中断正在被服务。

四、综合设计题

1．根据图 1 电路，按要求完成如下任务。

（1）输入端口 74LS244 的端口地址为_____H，输出端口 74LS273 的端口地址为_____ H。

注意： 没有用到的地址位必须为 1。

（2）编写汇编程序（要有注释）把按钮开关状态通过图 1 中的发光二极管显示出来，即某个开关合上时，对应位的发光二极管点亮。（注：74LS244 的 D0 与开关 K_0 相连，D1 与 K_1 相连，以此类推。）

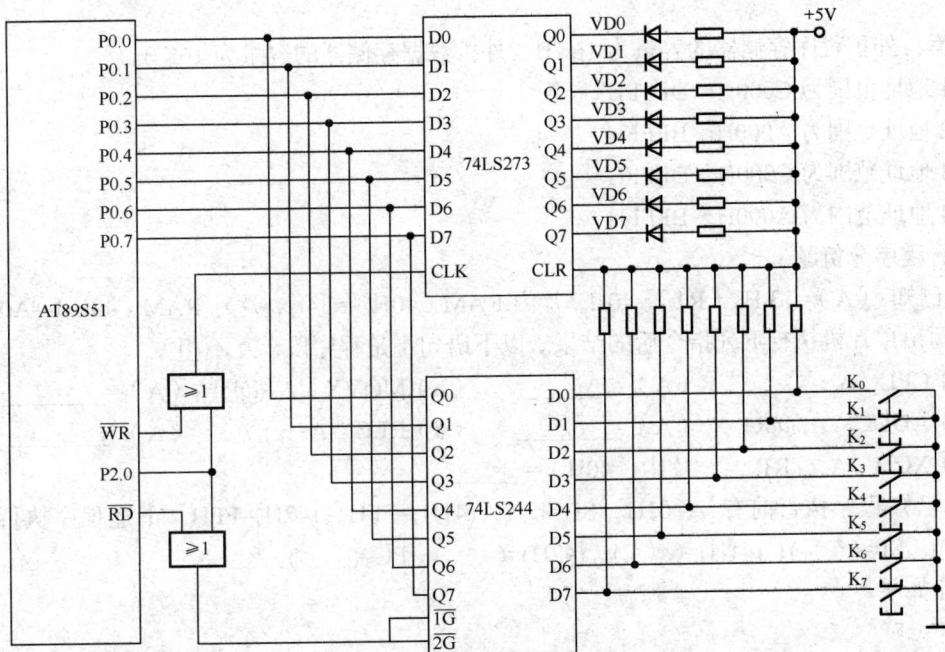

图 1

答案：

（1）FEFF，FEFF

（2）程序如下。

```
DDIS: MOV DPTR, #0FEFFH    ; 端口地址赋给 DPTR
LP:   MOVX A, @DPTR        ; 按钮开关状态读入 A 中
      MOVX @DPTR,A         ; A 中数据送显示端口
      SJMP LP              ; 反复连续执行
```

2．计算图 2 中外扩的程序和数据存储器容量各是多少？

列出 4 片存储器（IC1、IC2、IC3、IC4）的地址范围分别是多少？（注：地址线未用到的位

必须填1）

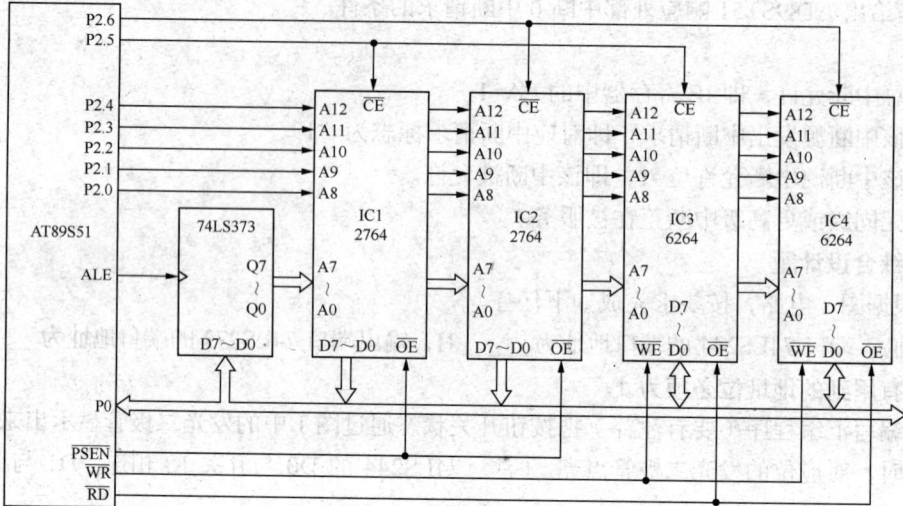

图 2

答案：外扩程序存储器的容量为 16KB，外扩数据存储器的容量为 16KB。

IC1 地址范围为 C000H～DFFFH

IC2 地址范围为 A000H～BFFFH

IC3 地址范围为 C000H～DFFFH

IC4 地址范围为 A000H～BFFFH

五、程序分析题

1. 已知：（A）=13 H，（R1）=40H，片内 RAM（40H）=34H，片外 RAM（40H）=A0H，（C）=1。请写出单片机执行下列指令后的结果。以下语句不是程序段，互不相关。

（a）CPL A 　　　　（A）=_____ 　　（b）MOVX A,@R1 （A）=_____

（c）ADDC A,@R1 　（A）=_____ 　　（d）RLC A 　　　（A）=_____

（e）XCH A,@R1 　　片内（40H）=_____

2. 已知程序执行前有 A=01H，SP=42H，(41H)=FFH，(42H)=FFH。下述程序执行后，则 A=( )；SP=( )；(41H)=( )；(42H)=( )；PC=( )。

程序如下。

```
POP    DPH
POP    DPL
MOV    DPTR, #3000H
RL     A
MOV    B, A
MOVC   A, @A+DPTR
PUSH   Acc
MOV    A, B
INC    A
MOVC   A, @A+DPTR
PUSH   Acc
RET
ORG    3000H
DB     10H, 80H, 30H, 80H, 50H, 80H
```

答案：

1.

（a）CPL　A　　　　　（A）=　<u>ECH</u>　　　（b）MOVX　A,@R1　（A）=<u>A0H</u>

（c）ADDC　A,@R1　（A）=　<u>48H</u>　　　（d）RLC　A　　　　　（A）=<u>27H</u>

（e）XCH　A,@R1　　片内（40H）=　<u>13H</u>

2.

```
POP    DPH              ; DPH=FFH,（SP）=41H
POP    DPL              ; DPL=FFH,（SP）=40H
MOV    DPTR, #3000H
RL     A                ; A=02H
MOV    B, A             ; B=02H
MOVC   A, @A+DPTR       ; A=30H
PUSH   Acc              ; SP=41H,（41H）=30H
MOV    A, B             ; A=02H
INC    A                ; A=03H
MOVC   A, @A+DPTR       ; A=80H
PUSH   Acc              ; SP=42H,（42H）=80H
RET                     ; PCH=80H, PCL=30H, SP=40H
ORG    3000H
DB     10H, 80H, 30H, 80H, 50H, 80H
```

试题 16

一、填空题

1. 以 AT89S51 为核心的单片机最小系统，单片机片外要有_____电路和_____电路。

2. PSW 寄存器中的_____标志位，是累加器 A 的进位标志位。

3. AT89S51 单片机复位时，P1 口为_____电平。

4. AT89S51 单片机片内有_____个 16 位定时器，闪烁存储器有_____个字节。

5. AT89S51 单片机的一个机器周期为 1μs 时，此时它的晶振频率为_____MHz。

6. PSW 中的 RS0、RS1=10B，此时 R1 的字节地址为_____。

7. 当 AT89S51 单片机复位后，中断优先级最低的中断源是_____。

8. AT89S51 单片机可采用的最高时钟频率为_____MHz；若系统时钟采用外部振荡器，XTAL2 引脚应该接_____，XTAL1 引脚应该接_____。

9. 如果定时器的启动和停止由两个信号 TRx（x=0,1）和 $\overline{INT}$x（x=0,1）来共同控制，此时寄存器 TMOD 中的 GATEx 位必须为_____。

10. 当 AT89S51 单片机执行指令 MOVX　@DPTR,A 时，伴随着控制信号_____有效，而当有效，执行指令 MOVC　A,@A+PC 时，伴随着控制信号_____有效。

11. 如果不使用 AT89S51 单片机片内的 4KB 闪存，则其_____引脚应该接_____。

12. 已知 8 段共阴极 LED 数码显示器要显示字符"5"（a 段为最低位），此时的段码为_____。

13. 某数据存储器芯片的存储容量为 16KB，那么它的地址线为_____根。

14. 当 AT89S51 单片机与慢速外设进行数据传输时，最佳的数传方式是采用_____。

15. 单片机执行子程序的最后一条指令是_____。

16. 欲使 P1 口的高 4 位输出 1，低 4 位不变，应执行_____指令。

17. 若实现 D/A 转换器的多路模拟信号的同步输出，必须使用_____方式的 D/A 转换器。

18. 当键盘的按键数目少于 8 个时，应采用_____式键盘，当键盘的按键数目为 64 个时，应采用_____式键盘。

19. 若串行口方式 0 的波特率为 2MB/s 时，此时的单片机的晶振时钟频率为_____。

20. A/D 转换器的两个重要的技术指标是_____和_____。

21. 某 10 位 A/D 转换器的转换电压范围为 0～5V，其分辨率为_____mV。

22. 若 A 中的高 6 位均为 0，且 P 标志位为 1，则 A 的内容可能为_____H 或_____H。

23. 串行口方式 3 接收数据时，接收的第 9 位数据应写入_____寄存器的_____位中。

24. D/A 转换器是将输入的_____转换为_____输出的器件。

25. 若 AT89S51 外扩一片数据存储器 6264，其首地址若为 4000H，则末地址为_____H。

26. 在寄存器 R7 初值为 00H 的情况下，DJNZ R7,rel 指令将循环执行_____次。

答案：1. 复位，时钟 2. Cy 3. 高 4. 3，256 5. 12 6. 09H 7. 串行口 8. 33，悬空，外部振荡器的输出信号 9. 1 10. WR*，PSEN* 11. EA*，地 12. 6DH 13. 14 14. 中断方式 15. RET 16. ORL P1,0F0H 17. 双缓冲 18. 独立，矩阵 19. 24MHz 20. 分辨率，转换时间 21. 4.88 22. 01，02 23. SCON，RB8 24. 数字量，模拟量 25. 5FFF 26. 256

二、判断题

1. 单片机也称为嵌入式控制器。（　　）

2. AT89S51 单片机片外 RAM 与外部 I/O 是统一编址的，对它们的访问，可采用不同的指令。（　　）

3. AT89S51 单片机的堆栈区不可设在片外的 RAM 区。（　　）

4. AT89S51 单片机的时钟为 12MHz，可对外部计数输入的 1MHz 脉冲计数。（　　）

5. 分辨率相同的两个 A/D 转换器，它们的精度一定相同。（　　）

6. 单片机访问片外 RAM 的低 128 字节与访问片内 128 个 RAM 单元的指令是相同的。（　　）

7. 并行 I/O 接口芯片 82C55，具有 3 个并行的 I/O 口。（　　）

8. AT89S51 单片机对片内的闪存存储器和外部扩展的 EPROM 的访问指令是相同的。（　　）

9. 当单片机执行 MOVX @Ri,A 指令时，P2 口输出的是寄存器 Ri 中的内容。（　　）

10. 跳转指令跳转空间最大为 64KB 范围的指令是 SJMP。（　　）

11. AT89S51 单片机访问片外的程序存储器与访问片内的闪存存储器的指令相同。（　　）

12. AT89S51 单片机的 P0 口如果作为通用 I/O 端口使用时，必须接上拉电阻。（　　）

13. 指令"MOVX A,@R1"是错误的。（　　）

14. AT89S51 单片机串行口的方式 0，TXD 引脚一定输出串行移位脉冲。（　　）

15. AT89S51 的中断嵌套，只发生在低优先级中断执行，被高优先级中断打断的情况下。（　　）

16. 单总线的串行扩展系统中，所有器件都挂在一条数据输入/输出线 DQ 上。（　　）

答案：1. √ 2. × 3. √ 4. × 5. × 6. √ 7. √ 8. √ 9. × 10. × 11. √

12. √　13. ×　14. √　15. √　16. √

三、简答题

1. AT89S51 采用 12MHz 晶振，现需定时 1ms，如用定时器方式 1，求出定时器的初值 x（以十六进制数表示），并写出计算过程。

答案：12MHz 的晶振的机器周期为 1μs。

又方式 1 为十六进制定时器，故

$(2^{16}-x) \times 10^{-6} = 1 \times 10^{-3}$　　　即 $2^{16}-x=1000$

因此：$x=65536-1000=64536$　　　即初值 x=FC18H

2. I/O 接口和 I/O 端口有什么区别？I/O 接口的功能是什么？

答案：

（1）I/O 端口简称 I/O 口，是指 I/O 接口电路中具有端口地址的寄存器或缓冲器；I/O 接口是指单片机与外设间的 I/O 接口电路或芯片。

（2）I/O 接口功能：①实现单片机与不同外设的速度匹配；②输出数据锁存；③输入数据三态缓冲。

四、编写程序，将外部数据存储器中的 1000H～10FFH 单元全部清零，该段程序的起始地址为 1000H。

答案：

```
        ORG   1000H
        MOV   DPTR, #1000H
        MOV   R0, #00H
        CLR   A
LOOP:   MOVX  @DPTR, A
        INC   DPTR
        DJNZ  R0, LOOP
HERE:   SJMP  HERE
```

五、请回答以下问题。

1. 写出下图单片机外扩的数据存储器的总的容量。

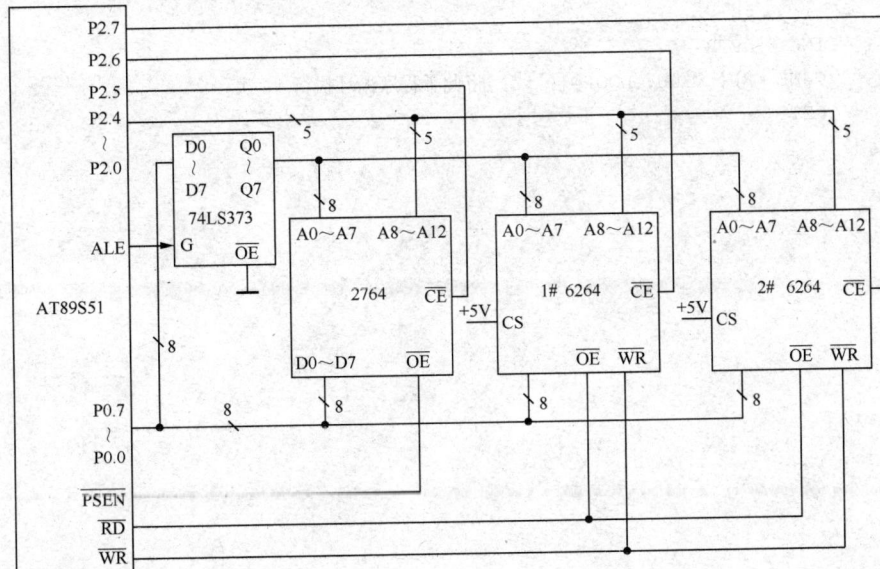

2. 写出三片存储器芯片各自的地址范围（单片机发地址时，每次只能选中一片芯片）。

3. 用汇编语言编程，指令后要有注释，要求如下。

（1）将内部 RAM 50H～57H 中的内容送入 1# 6264 的前 8 个单元中；

（2）将 2# 6264 的前 16 个单元的内容送入片内 RAM 单元 40H～4FH 中。

答案：

1. 外扩的数据存储器容量为：8KB×2=16KB

2. 程序存储器 2764 的地址范围为：

A15	A14	A13
1	1	0

地址范围为：C000H～DFFFH

数据存储器 1#6264 的地址范围为：

A15	A14	A13
1	0	1

地址范围为：A000H～BFFFH

数据存储器 2#6264 的地址范围为：

A15	A14	A13
0	1	1

地址范围为：6000H～7FFFH

3. 编写程序

（1）
```
      MOV   R0, #50H
      MOV   DPTR, #0A000H        ; 设置数据指针为 A000H
LOOP: MOV   A, @R0               ; 将片内 RAM50～57H 单元中内容送入 A 中
      MOVX  @DPTR, A             ; 将 A→@DPTR 指向的外部数据存储器
      INC   R0
      INC   DPTR
      CJNE  R0, #08H, LOOP       ; 将此子程序，循环执行 8 次
      RET
```

（2）
```
      MOV   R0, #40H
      MOV   DPTR, #6000H         ; 设置数据指针为 6000H
LOOP: MOVX  A, @DPTR
      MOV   @R0, A               ; 将外部数据存储器内容送入到片内 RAM
      INC   R0
      INC   DPTR
      CJNE  R0, #10H, LOOP       ; 将此子程序循环执行 16 次
      RET
```